国内外海洋仪器设备大全
（上册）

中国人民解放军海洋环境专项办公室

国防工业出版社

·北京·

图书在版编目(CIP)数据

国内外海洋仪器设备大全/中国人民解放军海洋环境专项办公室编.—北京：国防工业出版社，2015.11
ISBN 978-7-118-10960-3

Ⅰ.①国… Ⅱ.①中… Ⅲ.①海洋监测—实验室仪器—介绍—世界 Ⅳ.①P716

中国版本图书馆CIP数据核字（2016）第132632号

国内外海洋仪器设备大全（上册）

作　　者	中国人民解放军海洋环境专项办公室
责任编辑	王　鑫
出版发行	国防工业出版社
地　　址	北京市海淀区紫竹院南路23号　100048
印　　刷	北京市雅迪彩色印刷有限公司
开　　本	880×1230　1/16
印　　张	36
字　　数	570千字
版 印 次	2015年11月第1版第1次印刷
印　　数	1—1500册
总 定 价	850.00元
本册定价	360.00元

（本书如有印装错误，我社负责调换）

国防书店：(010)88540777	发行邮购：(010)88540776
发行传真：(010)88540755	发行业务：(010)88540717

编辑委员会

主任委员：陈锦荣

副主任委员：刘　俊　苏振东　卢晓亭　李彦庆

委　　　员：刘先富　王卫平　张信学　吴　镝

编写人员：王　凯　余军浩　黄金星　牛　涛　徐全军
　　　　　　韩　佳　袁　辉　张　旭　徐晓刚　许昭霞
　　　　　　王泽元　郭立印　石　涛　张云海　马　明
　　　　　　齐久成　李　清　叶玲玲　李复宝　田建光
　　　　　　苏　强　石新刚　程　芮　文盖雄　王　兵
　　　　　　黄　冬　郭隆华　王　敏　董　琳　赖　鸣
　　　　　　杨清轩　王　达　姜琳婕　刘　晓

前 言

2000 多年前,古罗马著名哲学家西塞罗说"谁控制了海洋,谁就控制了世界"。纵观历史,世界强国的崛起无不伴随着海洋科学技术的大发展。

海洋科学技术发展至今,可分为三大阶段。

第一阶段是海洋探险与航海开拓阶段,那是一个从地理大发现开始到 18 世纪的英雄时代。航海家们用罗盘、六分仪、天文钟、测深铅锤、旋桨式风速风向仪和旋桨式海流计等原始设备,观测海洋并获取了珍贵的航海定位、水深、风、浪、流、潮、温等数据。

第二阶段可称为海洋考察与学科创建阶段,那是一个从 19 世纪开始到 20 世纪中叶的学派时代。从海洋教学与研究机构走出来的海洋学家们,带着他们研发或改进的回声测深仪、Nansen 采水器与颠倒温度表、Ekman 海流计、验潮井式验潮站、浮游生物采集网、阿氏底拖网、蚌式采泥器、重力取样管、海水氯度滴定法、溶解氧滴定法,借助"贝格尔"号、"挑战者"号、"流星"号等海洋综合观测平台,积累并完成了诸如《海洋自然地理学》《物种起源》《海洋》等在当时仍颇具争议的学院巨著。

第三阶段被视为海洋系统监测与动力学预报应用阶段。这是一个因二战军事需求所推动，又因战后工业经济高速发展而逐渐完善的业务化时代，时间跨度从20世纪中叶到21世纪初。在美国NOAA（国家海洋和大气管理局）为代表的国家海洋业务机构，以及WMO（世界气象组织）、SCOR、IOC等国际海洋组织的主导下，运用无线电定位技术、雷达定位技术、卫星定位技术、多波束测深、地震探测、浅剖、声纳、ADCP、压力测深计、电导盐度计、电化学法测量溶解氧、玻璃电极pH计、CTD、浮标、卫星遥感、水下机器人、信号记录、数据库、数值模型、^{14}C测量初级生产力、同位素海洋学方法等现代技术产品武装起来的海洋研究船队与立体监测系统，共同组织了诸如国际地球物理年（1957—1958）、国际海洋考察10年（1971—1980）等一系列国际合作计划，并透过海洋专业刊物、系列报告和海洋数据库，向社会发布与共享。

经过上述三个阶段的努力，海洋立体监测系统已经发展成为人类对地球系统的环境与生态问题进行多尺度、多层次、连续、动态信息应用的典范。海洋立体监测系统大规模地引入了遥感遥测等新技术，在实施大范围海面瞬间信息监测，建立数年至几十年长序列全球海洋数据库等方面，将海洋监测从常规调查迅速提升到了地球系统科学所需水准。20世纪末开始的信息革命，将人类社会带入了数字时代，也迎来了海洋科学与技术发展史新阶段。这是一个技术上以海洋监测网络为代表，而科学上以地球系统科学为牵引的新阶段；这是一个各层次海洋业务机构、国际海洋组织与各阶层公众共同参与的新阶段；这是一个将移动互联网、云计算、海洋研究平台群、立体观测系统有机结合形成的海洋数据结构体系。

显而易见，海洋数据结构体系中基础数据获取依托的是随海洋技术发展而来的各类海洋仪器设备，这些设备是人们得以持续探知海洋、获取信息的基础。2013年，作者在工作中发现，海洋仪器设备品种繁多、技术指标复杂，但市场上缺乏海洋仪器设备方面的工具书，信息查询仅能靠网上或从代理商处获取，且相关信息分类不清，一般人难以系统了解某类海洋仪器设备的总体情况，于是有了编撰一本系统实用的海洋仪器设备工具书的想法。历经一年，编撰的《国内外海洋仪器设备大全》终于面世了，上册系统介绍了海洋环境测量类仪器设备的功能与技术参数；下册系统介绍了海洋物探类仪器设备、海洋测绘类仪器设备、水下工程类仪器设备和海洋观测辅助设备的功能与技术参数；供应商名录分册介绍了海洋仪器设备的国内外主要供应商。

本书是中国人民解放军海洋环境专项办公室与中国船舶重工集团公司第七一四研究所集体智慧和共同劳动的结晶。中国人民解放军海洋环境专项办公室陈锦荣全程组织了本书提纲的编写、初稿的讨论、全书的统稿和终稿的审定，中国船舶重工集团公司第七一四研究所李彦庆对全书进行了审校，王凯、余军浩、黄金星、王兵、黄冬、郭隆华、文盖雄、苏强、石新刚、程芮等同志参加了有关章节的编写工作。

在本书即将出版之际，我们特别感谢中国人民解放军海洋环境专项办公室原总工程师王卫平、厦门大学商少平教授、浙江大学徐文教授等专家对全书整体结构、目录、内容等给出的重要意见和建议。在本书的编写过程中，还有一部分同志也参与了讨论，提供了有用的素材，为本书的出版作出了贡献，在此对这些默默付出的同志们表示感谢。

本书在分类介绍海洋仪器设备有关知识的基础上，着重综合、对比和归纳了现阶段海洋立体监测系统应用的主流技术与成果，利于从事涉海工作的科技人员和管理人员了解海洋仪器设备全貌，便于工作中对海洋仪器设备的选型、采购，也可作为海洋科学与海洋技术专业高年级本科生和研究生的参考书。

囿于受作者水平的限制，书中不当与错误之处实在难免，恳请广大读者不吝指教。

编　者

2015 年 9 月于北京

目 录

第一部分　海洋环境测量

1　海流测量 003

1.1　单点海流计 004

1.1.1　美国 TRDI 公司 DVS 海流计 004

1.1.2　美国 SonTek 公司 ADV 海流计 005

1.1.3　美国 FSI 公司 ACM 海流计 006

1.1.4　美国 InterOcean 公司 S4 海流计 007

1.1.5　美国 NOBSKA 公司 MAVS-3 海流计 009

1.1.6　挪威 Nortek 公司 Vector 系列海流计 010

1.1.7　挪威 Nortek 公司 Aquadopp 海流计 012

- 1.1.8 挪威 AADI 公司 RCM Blue 海流计 ... 013
- 1.1.9 英国 Valeport 公司系列螺旋桨式海流计 ... 015
- 1.1.10 英国 Valeport 公司 802 型海流计 ... 016
- 1.1.11 英国 Valeport 公司 MIDAS ECM 海流计 ... 017
- 1.1.12 英国 Valeport 公司 803 型 ROV 专用海流计 ... 017
- 1.1.13 日本 JFE Adv 公司 Infinty-EM 海流计 ... 018

1.2 垂直海流剖面仪 ... 020

- 1.2.1 美国 TRDI 公司 Ocean Surveyor ADCP 海流剖面仪 ... 020
- 1.2.2 美国 TRDI 公司 Ocean Observer ADCP 海流剖面仪 ... 021
- 1.2.3 美国 TRDI 公司 WorkHorse Mariner ADCP 海流剖面仪 ... 023
- 1.2.4 美国 TRDI 公司 WorkHorse Sentinel ADCP 海流剖面仪 ... 025
- 1.2.5 美国 TRDI 公司 WorkHorse Monitor ADCP 海流剖面仪 ... 027
- 1.2.6 美国 TRDI 公司 WorkHorse Quartermaster ADCP 海流剖面仪 ... 028
- 1.2.7 美国 TRDI 公司 WorkHorse Long Ranger ADCP 海流剖面仪 ... 030
- 1.2.8 美国 TRDI 公司 Sentinel V ADCP 海流剖面仪 ... 032
- 1.2.9 美国 LinkQuest 公司 FlowQuest ADCP 海流剖面仪 ... 034
- 1.2.10 美国 RTI 公司 SeaProfiler ADCP 海流剖面仪 ... 035
- 1.2.11 美国 RTI 公司 SeaProfiler 多普勒矩阵 ADCP 海流剖面仪 ... 037
- 1.2.12 美国 RTI 公司 SeaProfiler 双频 ADCP 海流剖面仪 ... 038
- 1.2.13 美国 SonTek 公司 ADP 海流剖面仪 ... 040
- 1.2.14 挪威 Nortek 公司 Aquadopp ADCP 海流剖面仪 ... 041
- 1.2.15 挪威 Nortek 公司 Signature ADCP 海流剖面仪 ... 043
- 1.2.16 挪威 AADI 公司 RDCP600 海流剖面仪 ... 045
- 1.2.17 杭州应用声学研究所走航式相控阵声学海流剖面仪 ... 046
- 1.2.18 杭州应用声学研究所自容式相控阵声学海流剖面仪 ... 048
- 1.2.19 杭州应用声学研究所 STH150 相控阵声学多普勒海流计程仪 ... 049
- 1.2.20 中国科学院声学研究所系列自容式海流剖面仪 ... 050
- 1.2.21 青岛海山海洋装备有限公司 HISUN ADCP 海流剖面仪 ... 051

1.2.22 青岛海山海洋装备有限公司声学多普勒计程仪 053

1.3 水平海流剖面仪 055

    1.3.1 美国 TRDI 公司 WorkHorse H-ADCP 海流剖面仪 055

    1.3.2 美国 LinkQuest 公司 FlowQuest H-ADCP 海流剖面仪 056

    1.3.3 杭州应用声学研究所 SLS150H 水平海流剖面仪 058

1.4 抛弃式海流计 060

    1.4.1 美国 Sippican 公司抛弃式海流计 060

2 波浪测量 061

2.1 波浪浮标 062

    2.1.1 荷兰 Datawell 公司 MK Ⅲ 测波浮标 062

    2.1.2 荷兰 Datawell 公司 GPS 测波浮标 063

    2.1.3 荷兰 Datawell 公司 DWR4/ACM 测波浮标 064

    2.1.4 荷兰 Datawell 公司 SG 测波浮标 065

    2.1.5 加拿大 AXYS 公司 Triaxys 方向波浪浮标 066

    2.1.6 加拿大 AXYS 公司 Triaxys 迷你波浪浮标 067

    2.1.7 加拿大 AXYS 公司 Triaxys 波流浮标 068

    2.1.8 丹麦 EIVA 公司 Toughboy Panchax 波浪浮标 069

    2.1.9 中国海洋大学 SZF 波浪浮标 070

    2.1.10 山东省科学院海洋仪器仪表研究所 SBF3-1 波浪浮标 071

    2.1.11 中山市探海仪器有限公司 OSB-W3 波浪浮标 072

    2.1.12 中山市探海仪器有限公司 OSB-W4 波浪浮标 073

    2.1.13 中山市探海仪器有限公司 OSB-W5 波浪浮标 074

    2.1.14 中山市探海仪器有限公司 OSB-W7 波浪浮标 075

    2.1.15 天津市海华技术开发中心 GPS 测波浮标 076

    2.1.16 杭州应用声学研究所 SBF 波浪浮标系统 077

    2.1.17 中国船舶重工集团公司第七一〇研究所 HMBL-1 波浪浮标 ... 078

2.2 波浪仪 080

    2.2.1 加拿大 ASL 公司波浪仪 080

- 2.2.2 加拿大 RBR 公司 RBRduo T.D|wave 浪潮仪 080
- 2.2.3 美国 FSI 公司波浪仪 082
- 2.2.4 美国 TRDI 公司 WHW 波浪仪 083
- 2.2.5 美国 LinkQuest 公司 FlowQuest 波浪仪 083
- 2.2.6 美国 SeaBird 公司 SBE26 Plus 浪潮仪 084
- 2.2.7 德国 General Acoustics 公司 LOG_a Level 浪潮仪 085
- 2.2.8 挪威 AADI 公司 Seaguard WTR 浪潮仪 086
- 2.2.9 挪威 Nortek 公司 AWAC 波浪仪 087
- 2.2.10 日本 JFE Adv 公司 Infinity-WH 波浪仪 088
- 2.2.11 天津市海华技术开发中心 SBA3-2 声学波浪仪 089

2.3 测波雷达 091

- 2.3.1 荷兰 Radac 公司单探头测波雷达 091
- 2.3.2 荷兰 Radac 公司三探头测波雷达 092
- 2.3.3 荷兰 Radac 公司 WaveGuide 船用测波雷达 093
- 2.3.4 挪威 Miros 公司 WaveX 波浪雷达 093
- 2.3.5 挪威 Miros 公司 SM-050 波流雷达 095
- 2.3.6 德国 Helzel 公司 Wera 地波雷达 096
- 2.3.7 德国 OceanWaveS 公司 WaMoS II 波流雷达 098
- 2.3.8 英国 RS Aqua 公司 WaveRadar REX 波浪水位雷达 099
- 2.3.9 美国 CODAR 公司 SeaSonde 波流雷达 099
- 2.3.10 日本 TSK 公司 WM-2 型船用测波仪 101
- 2.3.11 中船重工中南装备有限责任公司 OSMAR071 型阵列式高频地波雷达 102
- 2.3.12 中国船舶重工集团公司第七二四研究所 OS071X 型 X 波段测波雷达 105
- 2.3.13 中国船舶重工集团公司第七二四研究所 OS081H 阵列式高频地波雷达 107
- 2.3.14 武汉德威斯电子技术有限公司 OSMAR-S100 型便携式高频地波雷达 109
- 2.3.15 武汉德威斯电子技术有限公司 WR-1 型 X 波段测波雷达 110

2.3.16　北京海兰信全自动海浪探测系统 112

3　潮汐测量 113

3.1　浮子式验潮仪 114
3.1.1　美国 Campbell 公司 CS410 浮子式验潮仪 114
3.1.2　天津市海华技术开发中心 SCA11-3 型浮子式验潮仪 115

3.2　声学和压力式验潮仪 116
3.2.1　美国 FSI 公司验潮仪 116
3.2.2　美国 Aquatrak 公司 Aquatrak 5000 声学验潮站 117
3.2.3　美国 Aquatrak 公司 Aquatrak 4110 声学验潮站 118
3.2.4　法国 NKE 公司 SP2TD10A 验潮仪 119
3.2.5　英国 Valeport 公司迷你验潮仪 120
3.2.6　英国 Valeport 公司 Tide Master 验潮仪 121
3.2.7　英国 OHMEX 公司 Tide M8 验潮仪 122
3.2.8　加拿大 RBR 公司 TGR-1050HT 验潮仪 123
3.2.9　加拿大 RBR 公司 RB16-TWR-2050 验潮仪 124
3.2.10　挪威 SAIV A/S 公司 TD304 验潮仪 125
3.2.11　天津市海华技术开发中心 SCA6-1 声学验潮仪 127

3.3　雷达水位计 128
3.3.1　荷兰 Radac 公司船用雷达水位计 128
3.3.2　荷兰 Radac 公司 Stilling Well 雷达水位计 129
3.3.3　美国 Campbell 公司 CS47X 系列雷达水位计 130
3.3.4　挪威 Miros 公司 SM-140 雷达水位计 131

4　温盐测量 133

4.1　通用型 134
4.1.1　美国 SeaBird 公司 SBE16 Plus V2 温盐深仪 134
4.1.2　美国 SeaBird 公司 SBE911 Plus 温盐深仪 134
4.1.3　美国 SeaBird 公司 SBE917 Plus 温盐深仪 135

- 4.1.4 美国 SeaBird 公司 SBE25 Plus 温盐深仪 136
- 4.1.5 美国 SeaBird 公司 SBE19 Plus V2 SEACAT 温盐深仪 137
- 4.1.6 美国 SeaBird 公司 SBE37 温盐深—溶解氧仪 138
- 4.1.7 美国 SeaBird 公司 SBE37 MicroCAT 温盐深仪 139
- 4.1.8 美国 SeaBird 公司 SBE56 温度仪 140
- 4.1.9 美国 TRDI 公司 Citadel 温盐深仪 141
- 4.1.10 美国 MEAS 公司 Trublue585 温盐深仪 142
- 4.1.11 加拿大 AML 公司温盐深仪 143
- 4.1.12 加拿大 RBR 公司 RBRconcerto CTD 温盐深仪 143
- 4.1.13 意大利 Idronaut 公司 Ocean Seven 304 温盐深仪 145
- 4.1.14 意大利 Idronaut 公司 Ocean Seven 305 Plus 温盐深仪 146
- 4.1.15 德国 Sea & Sun Technology 公司 CTD 48M 温盐深仪 147
- 4.1.16 德国 Sea & Sun Technology 公司 CTD 60M 温盐深仪 147
- 4.1.17 德国 Sea & Sun Technology 公司 CTD 90M 温盐深仪 149
- 4.1.18 英国 Valeport 公司迷你温盐深仪 150
- 4.1.19 英国 Valeport 公司迷你快速温盐深仪 150
- 4.1.20 英国 Valeport 公司迷你温盐仪 151
- 4.1.21 英国 Valeport 公司 MIDAS CTD 温盐深仪 152
- 4.1.22 英国 Valeport 公司 MIDAS CTD Plus 温盐深仪 153
- 4.1.23 英国 Valeport 公司 Monitor CTD 温盐深仪 154
- 4.1.24 英国 Valeport 公司 Monitor CTD Plus 温盐深仪 154
- 4.1.25 日本 JFE Adv 公司 Infinity-CT 温盐仪 155
- 4.1.26 日本 JFE Adv 公司 Infinity-CTW 温盐仪 156
- 4.1.27 天津市海华技术开发中心 YRY3-1 温度仪 157
- 4.1.28 天津市海华技术开发中心 YQS9-1 低电导率仪 158
- 4.1.29 天津市海华技术开发中心 WS1 温深仪 159
- 4.1.30 天津市海华技术开发中心 SZC15-2 温盐深仪 160
- 4.1.31 天津市海华技术开发中心 SZC15-3 温盐深仪 161
- 4.1.32 山东省科学院海洋仪器仪表研究所 SZC2-1 温盐深仪 163
- 4.1.33 青岛海山海洋装备有限公司 HISUN 温盐深仪 163

4.2 专用型 165
    4.2.1 美国 SeaBird 公司水下滑翔机专用 GPCTD 温盐深仪 165
    4.2.2 美国 SeaBird 公司 SBE21 CT 船用温盐仪 165
    4.2.3 美国 SeaBird 公司 SBE45 CT 船用温盐仪 166
    4.2.4 美国 SeaBird 公司 SBE49 FastCAT 温盐深仪 167
    4.2.5 美国 Ocean Science 公司 UCTD 温盐深仪 168
    4.2.6 杭州应用声学研究所 HYYQ-1 光纤温深仪 169

4.3 抛弃型 171
    4.3.1 日本 TSK 公司抛弃式温盐深仪 171
    4.3.2 美国 Sippican 公司抛弃式温探仪 172
    4.3.3 天津市海华技术开发中心 SZC16-1 抛弃式温深仪 173
    4.3.4 中国科学院声学所东海站抛弃式温深仪 174
    4.3.5 山东省科学院海洋仪器仪表研究所 SWC1-1 抛弃式温深仪 ... 175
    4.3.6 西安天和防务技术股份有限公司 TH-B311 抛弃式温深仪 176

5 海冰测量 179

5.1 浮标测冰 180
    5.1.1 加拿大 Metocean 公司 CALIB 浮标 180
    5.1.2 加拿大 Metocean 公司 IceBeacon 浮标 181
    5.1.3 加拿大 Metocean 公司 IMB 浮标 182
    5.1.4 加拿大 Metocean 公司 M-CAD 浮标 183
    5.1.5 加拿大 Metocean 公司 POPS 系统 184
    5.1.6 加拿大 Metocean 公司 ITP 系统 185

5.2 声学测冰 186
    5.2.1 加拿大 ASL 公司 SWIP 浅水冰层剖面仪 186

6 海啸测量 187

6.1 英国 Mooring Systems 公司 Arrow 海啸浮标 188
6.2 英国 Sonardyne 公司海啸浮标 189

6.3 美国 SAIC 公司 STB 海啸浮标 190

6.4 意大利 Envirtech 公司 MKI-4 海啸浮标 191

6.5 意大利 Envirtech 公司 MK III 海啸浮标 192

6.6 德国 Geopro 公司海啸浮标 193

7 声光测量 195

7.1 声速仪 196

7.1.1 美国 Ocean Science 公司走航式声速仪 196

7.1.2 美国 Sippican 公司抛弃式声速仪 197

7.1.3 加拿大 AML 公司声速仪 198

7.1.4 英国 Valeport 公司迷你声速仪 198

7.1.5 英国 Valeport 公司 UltraSV 声速仪 199

7.1.6 英国 Valeport 公司 UV-SVP 声速仪 200

7.1.7 英国 Valeport 公司 MIDAS SV X2 声速仪 201

7.1.8 丹麦 Reson 公司 SVP70 和 SVP71 声速仪 202

7.1.9 中国科学院声学所东海站 USM2000 声速仪 203

7.2 噪声测量 204

7.2.1 美国 C-products 公司 C-Phone 水听器 204

7.2.2 丹麦 Reson 公司系列水听器 205

7.2.3 荷兰 Geo 公司 Geo-Sense 系列水听器 206

7.2.4 加拿大 Ocean Sonics 公司 icListen 智能水听器 207

7.2.5 中国船舶重工集团公司第七一〇研究所 HMZS-1 海洋
环境噪声监测浮标 208

7.2.6 杭州应用声学研究所海洋环境噪声监测浮标 209

7.2.7 杭州应用声学研究所 LSS32 海洋环境噪声监测潜标 210

7.3 海洋光学测量 212

7.3.1 美国 WETLabs 公司 C-Star 透射计 212

7.3.2 美国 WETLabs 公司 AC-S 高光谱吸收/衰减仪 213

7.3.3 美国 WETLabs 公司 BB9 后向散射仪 214

7.3.4 美国 HOBILabs 公司 HydroRad 水下高光谱仪 215

7.3.5 美国 HOBILabs 公司 HydroRad 水下光谱仪 216

7.3.6 美国 HOBILabs 公司 HydroScat-4S 多谱后向散射仪 217

7.3.7 美国 HOBILabs 公司 Walrus II 浮标式高光谱仪 218

7.3.8 美国 HOBILabs 公司体散射相函数测定仪 219

7.3.9 美国 HOBILabs 公司 Gamma 水体光衰减测量仪 220

7.3.10 美国 HOBILabs 公司 C-Beta 光衰减测量仪 221

7.3.11 美国 HOBILabs 公司 a-Sphere 水体光吸收测量仪 222

7.3.12 美国 HOBILabs 公司 HydroScat-6 后向散射测量仪 223

7.3.13 德国 TriOS GMBH 公司 RAMSES-ACC 水下高光谱辐射计.... 224

7.3.14 加拿大 Satlantic 公司 HyperPro II 自由落体式水下高光谱剖面仪 225

7.3.15 加拿大 Satlantic 公司 HyperSAS 海面高光谱仪 227

7.3.16 加拿大 Satlantic 公司 HyperOCR 高光谱海洋水色辐射计..... 228

7.3.17 加拿大 Satlantic 公司 OCR-500 多波段光谱仪 230

8 生化测量 233

8.1 海洋生物调查 234

8.1.1 加拿大 ODIM Brooke Ocean 公司 LOPC 型激光浮游生物计数器 234

8.1.2 加拿大 ASL 公司 AZFP 水体声学剖面仪 235

8.1.3 美国 Fluid Imaging 公司 FlowCAM 流式细胞摄像仪 236

8.1.4 美国 Mclane 公司 ESP 环境样品处理器 237

8.1.5 荷兰 Cytobuoy 公司系列浮游植物流式细胞仪 238

8.2 溶解气体测量 240

8.2.1 美国 ApolloSciTech 公司 AS-P2 型二氧化碳分析仪 240

8.2.2 美国哈希公司 G1100 荧光法微量溶解氧分析仪 241

8.2.3 美国 SeaBird 公司 SBE43 系列溶解氧分析仪 242

8.2.4 美国 SeaBird 公司 SBE63 溶解氧分析仪 243

8.2.5	美国 Eutech 公司 CyberScan 系列溶解氧分析仪	244
8.2.6	美国 Eutech 公司 EcoScan DO6 溶解氧分析仪	245
8.2.7	美国 Eutech 公司 Eutech DO700 溶解氧分析仪	246
8.2.8	德国 Contros 公司 HydroC 水下二氧化碳分析仪	247
8.2.9	德国 Contros 公司 HydroC 水下甲烷分析仪	248
8.2.10	挪威 AADI 公司海洋卫士溶解氧分析仪	249
8.2.11	加拿大 RBR 公司 Solo DO 溶解氧分析仪	250
8.2.12	加拿大 Pro-oceanus 公司 CO_2-Pro 水下二氧化碳分析仪	251
8.2.13	新西兰 Zebra-Tech 公司 D-Opto 溶解氧分析仪	252
8.3	重金属测量	253
8.3.1	意大利 Idronaut 公司 VIP 重金属在线分析仪	253
8.4	营养盐测量	254
8.4.1	美国 SubChem 公司 APNA 自记式水下营养盐分析仪	254
8.4.2	美国 SubChem 公司 ChemFin 营养分析仪	255
8.4.3	美国 EnviroTech 公司 EcoLAB2 多通道营养盐分析仪	256
8.4.4	美国 EnviroTech 公司 MicroLAB 营养盐监测仪	257
8.4.5	美国 EnviroTech 公司 AutoLAB4 自动营养盐分析仪	259
8.4.6	美国 EnviroTech 公司 Aqua Sentinel 在线营养盐分析仪	260
8.4.7	美国 EnviroTech 公司 NAS-3X 原位营养盐分析仪	261
8.4.8	意大利 SYSTEA 公司 WIZ 营养盐分析仪	263
8.4.9	意大利 SYSTEA 公司 NPAPro 营养盐分析仪	263
8.4.10	意大利 SYSTEA 公司 DPAPro 深海在线分析仪	264
8.4.11	意大利 SYSTEA 公司 μMAC-1000 便携式分析仪	264
8.4.12	意大利 SYSTEA 公司 MicroMacc 在线分析仪	265
8.4.13	德国 SubCtech 公司 Marine Systea 营养盐分析仪	266
8.4.14	加拿大 Satlantic 公司 ISUS 和 SUNA 水下硝酸盐分析仪	267
8.5	叶绿素测量	269
8.5.1	德国 TriOS GMBH 公司 MicroFlu-chl 叶绿素 α 分析仪	269
8.5.2	英国 Valeport 公司 Hyperion-C 叶绿素 α 荧光计	270
8.6	浊度测量	271

- 8.6.1 美国 Campbell 公司 OBS-3A 浊度仪 271
- 8.6.2 美国 Eutech 公司 CyberScan TB 1000 浊度仪 271
- 8.6.3 美国 YSI 公司 600TBD 型浊度仪 273
- 8.6.4 英国 AQUAtec 公司 AQUAlogger 210TY 浊度仪 274
- 8.6.5 日本 JFE Adv 公司 Infinity-Turbi 浊度仪 275

8.7 多参数测量设备 277
- 8.7.1 美国哈希公司 Hydrolab 多参数水质分析仪 277
- 8.7.2 美国 WETLabs 公司 WQM 型水质分析仪 277
- 8.7.3 美国 Xylem 公司多参数在线分析仪 278
- 8.7.4 德国 Sea & Sun Technology 公司 MSS 系列微观结构探头 279
- 8.7.5 加拿大 RBR 公司多参数水质分析仪 280
- 8.7.6 加拿大 Satlantic 公司 LOBO 水环境长期实时监测系统 282
- 8.7.7 挪威 SAIV A/S 公司 SD204 型温盐深水质分析仪 283
- 8.7.8 日本 TSK 公司多参数水质自动分析仪 285
- 8.7.9 天津市海华技术开发中心多要素水质分析仪 286
- 8.7.10 天津市海华技术开发中心 CSS2 水质分析仪 287
- 8.7.11 天津市海华技术开发中心 FZS4-1 生态水质监测浮标 288
- 8.7.12 中国船舶重工集团公司第七一〇研究所 HMSZ-1 水质监测浮标 289
- 8.7.13 杭州应用声学研究所 FHS 水质环境监测浮标 290

9 海洋气象测量 293

9.1 风速测量 294
- 9.1.1 美国 R.M.Young 公司 05103 风速风向仪 294
- 9.1.2 美国 R.M.Young 公司 05108 风速风向仪 295
- 9.1.3 美国 R.M.Young 公司 A100LK 风速仪 296
- 9.1.4 美国 R.M.Young 公司 27106T 风速仪 297
- 9.1.5 美国 R.M.Young 公司 03002 风速风向仪 298
- 9.1.6 美国 R.M.Young 公司 81000 三维超声波风速仪 300

9.1.7 美国 R.M.Young 公司 85000 二维超声波风速风向仪 301

9.1.8 美国 MetOne 公司 034B 风速风向仪 302

9.1.9 美国 MetOne 公司 014A/024A 风速风向仪 303

9.1.10 美国 MetOne 公司 010C/020C 风速风向仪 305

9.1.11 美国 Campbell 公司 CSAT3 三维超声波风速仪 306

9.1.12 英国 Gill 公司 HS 系列三维超声波风速仪 308

9.1.13 英国 Gill 公司 Wind Master 超声波风速风向仪 309

9.1.14 英国 Gill 公司 Wind Observer 二维超声波风速风向仪 311

9.1.15 英国 Gill 公司 Wind Sonic 二维超声波风速风向仪 313

9.1.16 英国 Gill 公司 R3-50/100 三维超声波风速仪 314

9.1.17 德国 Thies Clima 公司三维超声波风速风向仪 315

9.1.18 芬兰 Vaisala 公司 WM30 风速风向仪 317

9.1.19 芬兰 Vaisala 公司 WINDCAP WMT52 超声波风速风向仪 318

9.1.20 芬兰 Vaisala 公司 WMT700 超声波风速风向仪 319

9.1.21 天津市海华技术开发中心 XFY3 风速风向仪 319

9.1.22 深圳市智翔宇仪器设备有限公司 CFF2D-2 二维超声波
风速风向仪 320

9.1.23 深圳市智翔宇仪器设备有限公司 CFF3D-1 三维超声波
风速风向仪 322

9.2 温湿测量 324

9.2.1 美国 R.M.Young 公司 41342/41382 温湿传感器 324

9.2.2 美国 Campbell 公司 HC2S3 温湿传感器 325

9.2.3 美国 Campbell 公司 CS215 温湿传感器 326

9.2.4 美国 Campbell 公司 109SS 温湿传感器 328

9.2.5 芬兰 Vaisala 公司 HMP60 温湿传感器 329

9.2.6 芬兰 Vaisala 公司 HMP155A 温湿传感器 329

9.3 气压测量 331

9.3.1 美国 R.M.Young 公司 61302 气压传感器 331

9.3.2 芬兰 Vaisala 公司 PTB110 气压传感器 332

9.3.3 芬兰 Vaisala 公司 PTB210 气压传感器 333

9.3.4　芬兰 Vaisala 公司 PTB330 气压传感器 334

9.3.5　芬兰 Vaisala 公司 PTU300 气压传感器 335

9.4　能见度测量 337

9.4.1　美国 R.M.Young 公司 CS120 能见度传感器 337

9.4.2　芬兰 Vaisala 公司 PWD50 能见度传感器 338

9.4.3　英国 Biral 公司 VPF 系列能见度传感器 339

9.5　降水测量 340

9.5.1　美国 R.M.Young 公司 52202 加热型翻斗式雨量计 340

9.5.2　美国 R.M.Young 公司 50202 加热型虹吸式雨量计 341

9.5.3　美国 YES 公司 TPS-3100 实时雨量计 342

9.6　辐射测量 343

9.6.1　美国 Radiometrics 公司 MP-3000A 地基微波辐射计 343

9.6.2　美国 Radiometrics 公司 PR-8900 辐射计 344

9.6.3　美国 YES 公司 MFR-7 辐射计 345

9.6.4　美国 YES 公司 UVB-1/UVA-1 紫外辐射计 346

9.6.5　美国 Solar Light 公司 540MICRO-PS Ⅱ 太阳光度计 347

9.6.6　美国 Solar Light 公司 PMA2140 全辐射计 348

9.6.7　美国 Solar Light 公司 PMA2100 紫外光照度计 349

9.6.8　美国 Solar Light 公司 PMA2110 UVA 辐射计 350

9.7　云和气溶胶测量 351

9.7.1　美国 SigmaSpace 公司 MPL-4B 微脉冲激光雷达 351

9.7.2　美国 SigmaSpace 公司迷你 MPL 微脉冲激光雷达 352

9.7.3　美国 YES 公司 TSI-880 全天空成像仪 353

9.7.4　德国 Jenoptik 公司 CHM 15k 激光云高仪 354

9.7.5　英国 Biral 公司 Aspect 气溶胶粒径及形状测定仪 355

9.8　气象站 357

9.8.1　美国 CES 公司 WeatherPak 军事气象站 357

9.8.2　美国 CES 公司便携式太阳能航空气象站 359

9.8.3　美国 CES 公司 ZENO 科研级梯度气象站 359

9.8.4　美国 CES 公司石油和天然气平台气象站 362

9.8.5 美国 CES 公司 WeatherPak MTR 自动气象站 362

9.8.6 深圳市智翔宇仪器设备有限公司 MULTI-5P 五参数
微气象站 364

9.8.7 深圳市智翔宇仪器设备有限公司 MULTI-6P 六参数
微气象站 365

10 采样器 367

10.1 采水器 368

10.1.1 美国 SeaBird 公司 SBE32 采水器 368

10.1.2 美国 SeaBird 公司 SBE55 ECO 小型采水器 369

10.1.3 美国 Campbell 公司采水器 370

10.1.4 美国 McLane 公司 WTS-LV 大体积水样抽滤设备 372

10.1.5 德国 Hydro-Bios 公司 Multi-Limnos 自动采水器 373

10.1.6 德国 Hydro-Bios 公司 Slimline 多通道采水器 374

10.1.7 丹麦 KC 公司多通道采水器 375

10.1.8 丹麦 KC 公司 Niskin 多通道采水器 376

10.1.9 丹麦 KC 公司小型不锈钢采水器 377

10.1.10 丹麦 KC 公司沉积物孔隙水提取器 378

10.1.11 日本 NIGK 公司 NWS-11C5 时间序列采水器 379

10.1.12 日本 NIGK 公司 NWS-1000 大容量采水器 380

10.1.13 天津市海华技术开发中心 QCC9-1 表层油类分析采水器 ... 381

10.1.14 天津市海华技术开发中心大容量采水器 382

10.1.15 天津市海华技术开发中心 QCC15 系列卡盖式采水器 383

10.1.16 天津市海华技术开发中心 QCC15-A 系列横式卡盖式
采水器 383

10.1.17 天津市海华技术开发中心 QCC10 系列球阀采水器 384

10.1.18 天津市海华技术开发中心 QCC14-1 击开式采水器 385

10.2 生物采样器 386

10.2.1 美国 McLane 公司 PPS 浮游生物采样器 386

- 10.2.2 美国 McLane 公司时间序列浮游动物采样器 387
- 10.2.3 德国 Hydro-Bios 公司 MultiNet 浮游生物网 388
- 10.2.4 德国 Hydro-Bios 公司 Apstein 浮游生物网 389
- 10.2.5 德国 Hydro-Bios 公司浮游生物计数管 391
- 10.2.6 德国 Hydro-Bios 公司浮游生物沉降器 392
- 10.2.7 丹麦 KC 公司 KC-denmark 浮游生物采集泵 393
- 10.2.8 丹麦 KC 公司 KC-denmark 小型浮游生物采集网 393
- 10.2.9 丹麦 KC 公司 Bongo 浮游生物网 394
- 10.2.10 丹麦 KC 公司 Wp2 闭合网 395
- 10.2.11 天津市海华技术开发中心浅海浮游生物网Ⅰ型 396
- 10.2.12 天津市海华技术开发中心浅海浮游生物网Ⅱ型 397
- 10.2.13 天津市海华技术开发中心浅海浮游生物网Ⅲ型 397
- 10.2.14 中国船舶重工集团公司第七一〇研究所射网式大型生物采样器 398
- 10.2.15 中国船舶重工集团公司第七一〇研究所泵吸式大型生物采样器 399
- 10.2.16 中国船舶重工集团公司第七一〇研究所诱捕式大型生物采样器 400
- 10.2.17 中国船舶重工集团公司第七一〇研究所海底微生物垫采样器 401
- 10.2.18 中国船舶重工集团公司第七一〇研究所铲撬式大型生物采样器 402
- 10.2.19 中国船舶重工集团公司第七一〇研究所水体微生物原位定植培养系统 403

10.3 沉积物采样器 405
- 10.3.1 美国 McLane 公司时间序列沉积物采样器 405
- 10.3.2 德国 Hydro-Bios 公司 Saarso 沉降物采样器 407
- 10.3.3 德国 iSiTEC 公司 iSitrap 型沉积物采样器 408
- 10.3.4 丹麦 KC 公司 Multi-corer 大型原位沉积物采样器 409
- 10.3.5 丹麦 KC 公司重力沉积物采样器 410

- 10.3.6 丹麦 KC 公司 Piston corer 沉积物原位采样器 ... 411
- 10.3.7 丹麦 KC 公司 Haps 沉积物采样器 ... 411
- 10.3.8 丹麦 KC 公司 Kajak 柱状沉积物采样器 ... 412
- 10.3.9 日本 NIGK 公司沉积物采样器 ... 414

10.4 采泥器 ... 415

- 10.4.1 丹麦 KC 公司 Box Corer 采泥器 ... 415
- 10.4.2 丹麦 KC 公司 Day grab 静力式底泥采样器 ... 416
- 10.4.4 丹麦 KC 公司自由落体式底泥采样器 ... 418
- 10.4.5 丹麦 KC 公司 Ekman 底泥采样器 ... 419
- 10.4.6 天津市海华技术开发中心 QNC3-1 小型重力式采泥器 ... 420
- 10.4.7 天津市海华技术开发中心 QNC6 系列挖斗式采泥器 ... 420
- 10.4.8 天津市海华技术开发中心 QNC5 系列箱式采泥器 ... 421
- 10.4.9 天津市海华技术开发中心 QNC4-1 不锈钢静力采泥器 ... 422

11 观测平台 ... 425

11.1 漂流浮子 ... 426

- 11.1.1 美国 PacificGyre 公司 Microstar 漂流浮子 ... 426
- 11.1.2 美国 PacificGyre 公司 SVP 漂流浮子 ... 427
- 11.1.3 加拿大 Metocean 公司 Argosphere 漂流浮子 ... 427
- 11.1.4 加拿大 Metocean 公司 Isphere 漂流浮子 ... 428
- 11.1.5 加拿大 Metocean 公司 ISVP 漂流浮子 ... 429
- 11.1.6 西班牙 AMT 公司 Boyas 漂流浮子 ... 430
- 11.1.7 日本 NIGK 公司 NDB-IT GPS 漂流浮子 ... 431
- 11.1.8 天津市海华技术开发中心 FZS3-1 表层漂流浮子 ... 432

11.2 自沉浮式剖面浮标 ... 433

- 11.2.1 美国 SeaBird 公司 Navis 自沉浮式剖面浮标 ... 433
- 11.2.2 加拿大 Metocean 公司自沉浮式剖面浮标 ... 434
- 11.2.3 美国 Webb 公司 APEX 自沉浮式剖面浮标 ... 434
- 11.2.4 法国 NKE 公司 Provor CTS4 自沉浮式剖面浮标 ... 435

- 11.2.5 日本 TSK 公司 NINJA 自沉浮式剖面浮标 436
- 11.2.6 青岛海山海洋装备有限公司 C-Argo 自沉浮式剖面浮标 437
- 11.2.7 天津市海华技术开发中心自沉浮式剖面浮标 438

11.3 定点升降剖面仪 439
- 11.3.1 加拿大 ODIM Brooke Ocean 公司 SeaHorse 定点升降剖面仪 439
- 11.3.2 美国 McLane 实验室 MMP 定点升降剖面仪 440

11.4 浮标 441
- 11.4.1 美国 Ocean Science 公司 Clamparatus 浮标 441
- 11.4.2 美国 SOSI 公司浮标 442
- 11.4.3 美国 Mooring Systems 公司 Guardian 海面浮标 443
- 11.4.4 美国 InterOcean 公司浮标 444
- 11.4.5 加拿大 AXYS 公司 3m 浮标 445
- 11.4.6 德国 Optimare 公司弹出浮标 446
- 11.4.7 天津市海华技术开发中心多功能海洋环境监测浮标 447
- 11.4.8 杭州应用声学研究所 FHS 气象水文监测浮标 449
- 11.4.9 中国航天科技集团第五研究院第五一三所基于 AIS 的海洋浮标设备 451

11.5 潜标 453
- 11.5.1 青岛海山海洋装备有限公司实时传输潜标 453
- 11.5.2 天津市海华技术开发中心海洋潜标 454
- 11.5.3 中国船舶重工集团公司第七一〇研究所实时监测传输潜标 ... 455
- 11.5.4 杭州应用声学研究所 SLQ 深海内波探测潜标 456

11.6 无人水面艇 457
- 11.6.1 美国 Ocean Science 公司 1800 Z 型水面艇 457
- 11.6.2 美国 Ocean Science 公司 1800MX Z 型水面艇 458
- 11.6.3 美国 Ocean Science 公司 Q-Boat1800 无线遥控水面艇 459
- 11.6.4 美国 Ocean Science 公司高速 Riverboat 无人水面艇 460
- 11.6.5 美国 DOE 公司 H-1750 无人水面艇 461
- 11.6.6 美国 DOE 公司 I-1650 无人水面艇 462

11.6.7 法国 ACSA 公司 BASIL 无人水面艇 463

11.6.8 法国 Eca Hytec 公司 Inspector MK Ⅱ 无人水面艇 464

11.6.9 德国 Evologics 公司 Sonobot 无人水面艇 465

11.6.10 珠海云洲智能科技有限公司 ESM30 无人水面艇 467

11.6.11 珠海云洲智能科技有限公司 ME70 云洲无人水面艇 468

11.6.12 中国船舶重工集团公司第七一〇研究所 CU-11 多用途无人水面艇 469

11.6.13 北京海兰信波浪能水面无人艇 470

11.6.14 北京海兰信混合动力自扶正水面无人艇 471

11.7 自主水下机器人（AUV） 472

11.7.1 法国 Eca Hytec 公司 Alister18 Twin 多功能自主水下机器人 472

11.7.2 法国 Eca Hytec 公司 Alister27 多任务自主水下机器人 472

11.7.3 美国 FSI 公司 SAUV Ⅱ 太阳能自主水下机器人 473

11.7.4 美国 Bluefin 公司 Bluefin-21 自主水下机器人 474

11.7.5 美国 MIT 水下机器人实验室 Odyssey Ⅳ 自主水下机器人 476

11.7.6 美国 WHOI 研究所 ABE 自主水下机器人 477

11.7.7 美国 WHOI 研究所 REMUS100 自主水下机器人 478

11.7.8 美国 WHOI 研究所 REMUS600 自主水下机器人 478

11.7.9 美国夏威夷大学 SAUVIM 自主水下机器人 480

11.7.10 美国 Ocean Server 公司 Iver2 自主水下机器人 480

11.7.11 英国 SAAB Seaeye 公司 Sabertooth 混合水下机器人 482

11.7.12 英国 NOCS 研究所 Autosub 自主水下机器人 484

11.7.13 加拿大 ISE 公司 Arctic Explorer 自主水下机器人 484

11.7.14 加拿大 ISE 公司自主水下机器人 485

11.7.15 瑞典 SAAB 公司 AUV62-MR 自主水下机器人 486

11.7.16 瑞典 SAAB 公司 Double Eagle MkⅡ/Ⅲ 自主水下机器人 488

11.7.17 丹麦 ATLAS Maridan ApS 公司 Sea Otter MkⅡ 自主水下机器人 489

11.7.18 挪威 Konsberg Maritime 公司 Hugin3000 自主水下机器人 ...490

11.7.19	挪威 Konsberg Maritime 公司 Hugin1000 自主水下机器人	491
11.7.20	日本东京大学 URA 实验室 R1 自主水下机器人	492
11.7.21	日本 JAMSTEC "浦岛"号自主水下机器人	493
11.7.22	中国科学院沈阳自动化研究所"探索者"号水下机器人	494
11.7.23	中国科学院沈阳自动化研究所 CR-01 自主水下机器人	494
11.7.24	中国科学院沈阳自动化研究所 CR-02 自主水下机器人	495
11.7.25	中国科学院沈阳自动化研究所"潜龙一号"自主水下机器人	496
11.7.26	中国科学院沈阳自动化研究所半潜式自主水下机器人	498
11.7.27	中国科学院沈阳自动化研究所长航程自主水下机器人	499
11.7.28	中国船舶重工集团公司第七一〇研究所 Merman200 自主水下机器人	499
11.7.29	中国船舶重工集团公司第七一〇研究所 Merman300 自主水下机器人	500
11.7.30	中国船舶重工集团公司第七一〇研究所投送型巨型自主水下机器人	501
11.7.31	中国船舶重工集团公司第七一〇研究所 ASSV-1 半潜式自主水下机器人	502
11.7.32	杭州应用声学研究所 ZQQ 型自主水下机器人	503
11.7.33	天津市海华技术开发中心小型水下自主水下机器人	505
11.8	水下滑翔机	507
11.8.1	美国 Liquid Robotics 公司 SV3 波能滑翔机	507
11.8.2	美国 Exocetus 公司沿海水下滑翔机	508
11.8.3	美国 Webb 公司 Slocum G2 水下滑翔机	510
11.8.4	美国 Bluefin 公司 Spray Glider 水下滑翔机	511
11.8.5	美国 iRobot 公司 Deepglider 水下滑翔机	512
11.8.6	法国 ACSA 公司 Sea Explorer 水下滑翔机	513
11.8.7	天津深之蓝海洋设备科技有限公司"远游一号"水下滑翔机	514

11.8.8　中国船舶重工集团公司第七一〇研究所 C-Glider 水下滑翔机 516

11.8.9　中国海洋大学 OUC-I 声学水下滑翔机 517

11.8.10　天津大学"海燕"水下滑翔机 518

11.8.11　中国科学院沈阳自动化研究所水下滑翔机 519

11.8.12　天津市海华技术开发中心"蓝鲸"系列水下滑翔机 521

11.8.13　华中科技大学电能驱动型深海滑翔机 522

11.8.14　华中科技大学喷水推进型深海滑翔机 524

11.9　拖曳平台 526

11.9.1　加拿大 ODIM Brooke Ocean 公司走航式剖面测量设备 526

11.9.2　美国 SOSI 公司便携式海洋环境测量设备 527

11.9.3　美国 SOSI 公司玻璃纤维水下拖曳式测量仪器箱 528

11.9.4　美国 SOSI 公司开放框架拖曳式测量仪器箱 529

11.9.5　中国船舶重工集团公司第七一〇研究所 TDUV-1 水下三维拖曳平台 530

11.9.6　杭州应用声学研究所 CZT 系列拖曳式多参数剖面测量系统 531

第二部分　海洋物探

12　海洋重力测量 535

12.1　美国 Micro-g Lacoste 公司 TAGS-6 型航空重力仪 536

12.2　美国 Micro-g Lacoste 公司 MGS-6 海洋重力仪 538

12.3　美国 ZLS 公司 ZLS 海空重力仪 540

12.4　德国 BGGS 公司 KSS 32-M 海洋重力仪 542

12.5　加拿大 CMG 公司 GT-2M 海洋重力仪 543

12.6　加拿大 CMG 公司 GT-2A 航空重力仪 545

12.7　俄罗斯 Elektropribor 公司 Chekan-AM 海洋重力仪 547

- 12.8 中国科学院测量与地球物理研究所研制 CHZ 型海洋重力仪 548
- 12.9 国产 CHAGS 航空重力仪 549
- 12.10 国产 SGA-WZ01 型捷联航空重力仪 550
- 12.11 国产 GDP-1 型动态重力仪 551

13 海洋磁力测量 553

- 13.1 美国 Geometrics 公司 G-882 铯光泵磁力仪 554
- 13.2 美国 Geometrics 公司 G-882 TVG 海洋磁力梯度仪阵列 556
- 13.3 美国 JW Fishers 公司 Proton 4 海洋磁力仪 558
- 13.4 加拿大 Marine Magnetics 公司 Sea Spy 海洋磁力仪 560
- 13.5 加拿大 Marine Magnetics 公司 Explorer 微型海洋磁力仪 562
- 13.6 加拿大 Marine Magnetics 公司 Sentinel 磁力仪基站 564
- 13.7 加拿大 Marine Magnetics 公司 SeaQuest 三维磁力梯度仪 566
- 13.8 法国 iXBlue 公司 MAGIS 海洋磁力仪 567
- 13.9 杭州应用声学研究所 RS-YGB6A 海洋氦光泵磁力仪 568
- 13.10 杭州应用声学研究所 RS-GB8 氦光泵磁力仪/梯度仪 569
- 13.11 中国船舶重工集团公司第七一〇研究所 MS3A 三分量磁通门传感器 570
- 13.12 中国船舶重工集团公司第七一〇研究所磁梯度张量仪 572

14 海底热流测量 573

- 14.1 德国 Fielax 公司 Heat Flow Probe 热流探针 574
- 14.2 德国 Fielax 公司 VibroHeat 热流探针 575
- 14.3 法国 NKE 公司 CTH 海底热流探针 576
- 14.4 法国 NKE 公司 THP 海底热流探针 578
- 14.5 台湾大学海洋研究所 HR-3 海底热流探针 580
- 14.6 广州海洋地质调查局"针鱼"1 海底热流探针 581

15 海洋地震测量 ... 583

15.1 地震仪 ... 584
- 15.1.1 法国 Sercel 公司 MicrOBS 地震仪 ... 584
- 15.1.2 德国 GeoPro 公司 SEDIS Ⅵ 单球海底地震仪 ... 585
- 15.1.3 德国 GeoPro 公司双球海底地震仪 ... 586
- 15.1.4 英国 Guralp 公司海底地震仪 ... 587
- 15.1.5 美国 FSI 公司 HMS-620 便携式低频声学地震仪 ... 588
- 15.1.6 意大利 Micromed 公司 SoilSpy Rosina 数字地震仪 ... 589
- 15.1.7 台湾大学海洋研究所 IOOBS V1&V2 海底地震仪 ... 591
- 15.1.8 国产 IGGCAS-B-4C 海底地震仪 ... 592

15.2 震源 ... 593
- 15.2.1 法国 SIG 公司 SIG Plus S1 能源箱 ... 593
- 15.2.2 法国 SIG 公司 SIG Plus M2 能源箱 ... 594
- 15.2.3 法国 SIG 公司 SIG Plus L5 能源箱 ... 595
- 15.2.4 法国 SIG 公司系列电极阵列 ... 596
- 15.2.5 荷兰 GEO 公司 Geo-Spark 1000 电火花震源 ... 597
- 15.2.6 荷兰 GEO 公司 Geo-Spark 2000X-7kJ 电火花电源 ... 598
- 15.2.7 荷兰 GEO 公司 Geo-Spark 6kJ & 16kJ 电火花电源 ... 599
- 15.2.8 荷兰 GEO 公司 Geo-Source 200 电火花震源发射阵系统 ... 600
- 15.2.9 荷兰 GEO 公司 Geo-Source 400 电火花震源发射阵系统 ... 601
- 15.2.10 荷兰 GEO 公司 Geo-Source 800 电火花震源发射阵系统 ... 602
- 15.2.11 荷兰 GEO 公司 Geo-Source 1600 电火花震源发射阵系统 ... 603
- 15.2.12 荷兰 GEO 公司 Geo-Boomer 300-500 电火花震源发射阵系统 ... 604
- 15.2.13 中国船舶重工集团公司第七一〇研究所 G25 气枪震源 ... 605
- 15.2.14 中国船舶重工集团公司第七一〇所 LPUT 水下大功率低频声源 ... 606
- 15.2.15 国产"海鳗"20kJ 电火花震源系统 ... 607

15.3 拖缆 608
 15.3.1 荷兰 GEO 公司 Geo-Sense 多通道拖缆 608
 15.3.2 法国 SIG 公司 SIG 16 拖缆 609
 15.3.3 苏州桑泰海洋仪器研发有限责任公司 iCable Array 数字式拖缆 610

16 海底静力触探 611

16.1 荷兰 A.P.V.D 公司 WISON 海底静力触探仪 612
16.2 荷兰 A.P.V.D 公司 ROSON 海底静力触探仪 613
16.3 荷兰 Geomil 公司 MANTA-200 海底静力触探仪 614

第三部分　海洋测绘

17 单波束测深仪 617

17.1 美国 Odom 公司 Hydrotrac II 精密单频测深仪 618
17.2 美国 Odom 公司 Echotrac CVM 便携式测深仪 619
17.3 美国 Odom 公司 Echotrac MKIII 测深仪 620
17.4 美国 SyQwest 公司 Bathy-1500C 双频调查型回声测深仪 621
17.5 美国 SyQwest 公司 Bathy-2010 浅地层剖面仪/单波束测深仪 622
17.6 美国 SyQwest 公司 Bathy-500DF 回声测深仪 624
17.7 美国 SyQwest 公司 EchoBox 回声测深仪 625
17.8 加拿大 Knudsen 公司 Sounder 系列单波束测深仪 627
17.9 加拿大 Knudsen 公司单波束测深仪 629
17.10 加拿大 Imagenex 公司 881A 数字回声测深仪 631
17.11 德国 Elac 公司 VE5900 回声测深仪 633
17.12 德国 Elac 公司 HydroStar 4300 单波束双频浅水测深仪 634
17.13 德国 Elac 公司 HydroStar 4900 型单波束深海测深仪 636
17.14 德国 Atlas 公司 DESO 系列单波束测深仪 638

17.15 挪威 Kongsberg Maritime 公司 EA 系列单波束测深仪 639
17.16 芬兰 Meridata 公司 MD500 单波束测深仪 640
17.17 韩国 EOFE 公司 Echologger AA400 水声测深仪 641
17.18 韩国 EOFE 公司 Echologger EU400 水声测深仪 643
17.19 无锡市海鹰加科海洋技术有限责任公司 HY1500 数字测深仪 645
17.20 无锡市海鹰加科海洋技术有限责任公司 HY1600 精密测深仪 647
17.21 无锡市海鹰加科海洋技术有限责任公司 HY1601 数字测深仪 649
17.22 广州中海达卫星导航技术股份有限公司 HD310 全数字单频
　　　测深仪 651
17.23 广州中海达卫星导航技术股份有限公司 HD360 蓝牙便携式
　　　测深仪 652
17.24 广州中海达卫星导航技术股份有限公司 HD380 全数字双变频
　　　测深仪 653
17.25 广州中海达卫星导航技术股份有限公司 HD-MAX 海测站 654
17.26 广州中海达卫星导航技术股份有限公司 HD370 全数字变频
　　　测深仪 656
17.27 苏州桑泰海洋仪器研发有限责任公司 DS-01 型单波束测深仪 658

18　多波束测深仪 659

18.1 美国 R2Sonic 公司 Sonic 系列多波束测深仪 660
18.2 英国 Marine Electronic 公司 Dolphin 多波束测深仪 662
18.3 丹麦 Reson 公司 T20-P 高准确度多波束测深仪 663
18.4 丹麦 Reson 公司 SeaBat 7125 多波束测深仪 665
18.5 丹麦 Reson 公司 SeaBat 7101 多波束测深仪 667
18.6 丹麦 Reson 公司 HydroBat 多波束测深仪 669
18.7 加拿大 Imagenex 公司 DT101 多波束测深仪 670
18.8 德国 Elac 公司系列多波束测深仪 671
18.9 德国 Atlas 公司 Fansweep 20 多波束测深仪 673
18.10 德国 Atlas 公司 Hydrosweep MD/50 多波束测深仪 675

18.11　德国 Atlas 公司 Hydrosweep DS 多波束测深仪 676

18.12　德国 Atlas 公司 Hydrosweep MD/30 多波束测深仪 678

18.13　芬兰 Meridata 公司 MD300 多波束测深仪 679

18.14　挪威 Kongsberg Maritime 公司系列多波束测深仪 681

18.15　广州中海达卫星导航技术股份有限公司 HD390 多探头多波束
　　　 测深仪 683

18.16　广州中海达卫星导航技术股份有限公司 iBeam 浅水多波束
　　　 测深仪 685

18.17　杭州应用声学研究所 DMC195 型浅水多波束测深仪 687

18.18　哈尔滨工程大学便携式高分辨浅水多波束测深仪 689

19　浅地层剖面仪 691

19.1　美国 EdgeTech 公司 2000 浅地层剖面仪 692

19.2　美国 EdgeTech 公司 3100 型浅地层剖面仪 694

19.3　美国 EdgeTech 公司 3300-HM 深水浅地层剖面仪 695

19.4　美国 EdgeTech 公司 3200XS 浅地层剖面仪 696

19.5　美国 SyQwest 公司 StrataBox 浅地层剖面仪 698

19.6　美国 SyQwest 公司 StrataBox 3510 型双频浅地层剖面仪 700

19.7　美国 SyQwest 公司 Bathy-2010P 型便携式浅地层剖面仪 702

19.8　挪威 Kongsberg Maritime 公司 TOPAS18 浅地层剖面仪 704

19.9　法国 iXBlue 公司 SBP 收缩压 ECHOES1500 浅地层剖面仪 706

19.10　杭州应用声学研究所深海浅地层剖面仪 707

19.11　杭州应用声学研究所 DDT0116 型浅水浅地层剖面仪 708

19.12　杭州应用声学研究所 DDT0216 型深海浅地层剖面仪 710

19.13　中国科学院声学所东海站 GPY2000 浅地层剖面仪 712

20　侧扫声纳 713

20.1　美国 EdgeTech 公司 2200 AUV/ROV 专用声纳 714

20.2　美国 EdgeTech 公司 2400 型组合式深海拖曳 715

20.3	美国 EdgeTech 公司 4125 便携式侧扫声纳	717
20.4	美国 EdgeTech 公司 4200 型侧扫声纳	719
20.5	美国 FSI 公司 HMS-1400 便携式侧扫声纳	720
20.6	美国 Klein Assocoates 公司 Klein 3000 双频数字侧扫声纳	722
20.7	美国 Klein Associates 公司 HydroChart 3500 浅水侧扫声纳	724
20.8	美国 Klein Associates 公司 HydroChart 5000 浅水侧扫声纳	725
20.9	加拿大 Imagenex 公司 SportScan 侧扫声纳	727
20.10	加拿大 Imagenex 公司 RGB 侧扫声纳	728
20.11	英国 Marine Electronics 公司侧扫声纳	730
20.12	英国 Tritech 公司 StarFish 侧扫声纳	731
20.13	中国科学院声学研究所高分辨率侧扫声纳	732

21　水下成像声纳　733

21.1	美国 BlueView 公司 BV5000 水下三维全景成像声纳	734
21.2	美国 Klein Associates 公司 Klein 5000 V2 声纳	736
21.3	美国 Sound Metrics 公司 DIDSON 300 声纳	737
21.4	美国 Sound Metrics 公司 DIDSON 3000 声纳	739
21.5	英国 Marine Electronics 公司 Pin Point 3D 入侵探测声纳	741
21.6	英国 Marine Electronics 公司 3D 成像声纳	743
21.7	挪威 Kongsberg Maritime 公司 MS1000 影像声纳	745
21.8	苏州桑泰海洋仪器研发有限责任公司合成孔径侧扫声像声纳	746
21.9	苏州桑泰海洋仪器研发有限责任公司三维前视声成像声纳	747
21.10	杭州应用声学研究所相控阵三维声学摄像声纳	748

22　配套软件　751

22.1	美国 Triton 公司 MB 多波束声纳套装软件	752
22.2	美国 Triton 公司 SS 侧扫声纳套装软件	753
22.3	美国 Triton 公司 HarborSuite 套装软件	754
22.4	美国 Trimble 公司 HydroPro 海洋导航测量软件	755

22.5　美国 Oceanic Imaging 公司 CleanSweep 后处理软件 756

22.6　美国 Chesapeake 公司 SonarWiz 侧扫和浅剖后处理软件 757

22.7　美国 HYpak 公司 HYpack 软件 758

22.8　丹麦 EIVA 公司海洋调查软件 759

22.9　法国 iXBlue 公司 Delph Seismic 数据采集及处理系统 760

22.10　广州中海达卫星导航技术股份有限公司 HiMAX 海洋测量软件 761

22.11　广州南方测绘仪器有限公司南方海洋测量导航软件 762

第四部分　水下工程

23　远程遥控潜水器 765

23.1　美国 DOE 公司观察检测级系列远程遥控潜水器 766

23.2　美国 Phoenix International 公司 Remora 远程遥控潜水器 767

23.3　美国 MBARI 研究所 Ventana 远程遥控潜水器 769

23.4　美国 MBARI 研究所 Tiburon 远程遥控潜水器 770

23.5　加拿大 Shark Marine 公司 Sea-Wolf 远程遥控潜水器 771

23.6　加拿大 Shark Marine 公司 Sea-Wolf 5 远程遥控潜水器 772

23.7　加拿大 Shark Marine 公司 Sea-Dragon 远程遥控潜水器 774

23.8　瑞典 Ocean Modules 公司 V8 Sii 远程遥控潜水器 776

23.9　英国 PSSL 公司系列远程遥控潜水器 778

23.10　英国 SMD 公司 Atom 作业级远程遥控潜水器 779

23.11　英国 SMD 公司 Quantum 作业级远程遥控潜水器 780

23.12　英国 Hydro-Lek 公司 HyBIS 系统 782

23.13　英国 Sub-Atlantic 公司 Comanche Small 作业级远程遥控潜水器 783

23.14　法国 Eca Hytec 公司 ROVing Bat 综合型远程遥控潜水器 784

23.15　法国 Eca Hytec 公司 H300 MKII 远程遥控潜水器 786

23.16　法国 Cybernetix 公司 Alive 轻型作业级远程遥控潜水器 788

23.17 德国 Mariscope 公司 Magnus Tow 拖航潜水器 789

23.18 德国 Mariscope 公司 Comander 远程遥控潜水器 790

23.19 德国 Mariscope 公司 FR 远程遥控潜水器 791

23.20 西班牙 AMT 公司远程遥控潜水器 792

23.21 挪威 Argus 公司 Rover 远程遥控潜水器 793

23.22 挪威 Argus 公司 Worker XL 远程遥控潜水器 795

23.23 挪威 Argus 公司 Bathysaurus XL 远程遥控潜水器 797

23.24 挪威 Argus 公司 Mariner XL 远程遥控潜水器 799

23.25 中科院沈阳自动化研究所大功率多功能水下遥控作业平台 801

23.26 中国科学院沈阳自动化研究所 1000m 作业型远程遥控潜水器 802

23.27 中国科学院沈阳自动化研究所"海潜"II 型远程遥控潜水器 804

23.28 天津深之蓝海洋设备科技有限公司缆控水下机器人—"河豚" 806

23.29 天津深之蓝海洋设备科技有限公司缆控水下机器人—"江豚" 807

23.30 中国船舶重工集团公司第七一〇研究所轻型观察级远程遥控
潜水器 808

23.31 中国船舶重工集团公司第七一〇研究所轻型作业级远程遥控
潜水器 809

23.32 中国船舶重工集团公司第七一〇研究所"猎手"IV 远程遥控
潜水器 810

23.33 青岛海山海洋装备有限公司远程遥控爬行潜水器 811

24 载人潜水器 813

24.1 美国 Alvin 号载人潜水器 814

24.2 美国 New Alvin 号载人潜水器 816

24.3 美国 Deep Flight 公司"深水挑战者"号潜水器 818

24.4 美国 Deep Flight 公司"深水飞行"1 号载人潜水器 819

24.5 美国 Deep Flight 公司"深水飞行"2 号载人潜水器 820

24.6 美国 Triton Submarines 公司 Triton 载人潜器 821

24.7 美国 SEAmagine 公司潜水器 822

24.8	英国 PSSL 公司 LR 系列救生潜水器	824
24.9	法国 Nautile 号载人潜水器	825
24.10	日本 Shinkai 6500 号载人潜水器	827
24.11	俄罗斯 Mir1/Mir2 号载人潜水器	829
24.12	中国"蛟龙"号载人潜水器	831

25 水下作业组件 ... 833

25.1	英国 PSSL 公司 TA 系列多功能机械手	834
25.2	英国 PSSL 公司水下作业工具	835
25.3	英国 Hydro-Lek 公司水下工具	836
25.4	英国 Hydro-Lek 公司液压元件	837
25.5	英国 Hydro-Lek 公司液压缸	838
25.6	英国 Hydro-Lek 公司液压机械手	839
25.7	英国 Hydro-Lek 公司机械手组件	840
25.8	英国 Hydro-Lek 公司核废料处理工具	841
25.9	英国 Hydro-Lek 公司 HLK-40500R 七功能机械手	842
25.10	英国 Hydro-Lek 公司 HLK-8100 机械手和切割机工具包	844
25.11	英国 Tritexndt 公司 Multigauge ROV 用探头固定器	845
25.12	挪威 Imenco 公司三指钳式机械手	846
25.13	挪威 Imenco 公司四指钳式机械手	847
25.14	加拿大 Shark Marine 公司 Sea Wolf 2 ROV 五功能液压机械手	848
25.15	法国 Eca Hytec 公司 ARM 系列五功能电动机械手	849
25.16	法国 Eca Hytec 公司 ARM7E 七功能电动机械手	851
25.17	法国 Eca Hytec 公司 ARM5E 迷你型五功能电动机械手	852
25.18	新西兰 Zebra-Tech 公司水下卡尺	853
25.19	中国科学院沈阳自动化研究所 7000m 深海液压机械手	854
25.20	中国科学院沈阳自动化研究所水下作业工具包	855
25.21	天津深之蓝海洋设备科技有限公司推进器	856

26 水下施工 ... 857

26.1 英国 SMD 公司 QTrencher2800 自驱动式挖沟机 ... 858
26.2 英国 SMD 公司 LBT1100 自驱动式牵引车 ... 859
26.3 英国 SMD 公司 UD4400 拖动式水下犁 ... 860
26.4 国产大口径喷冲式海底管道后挖沟机"神龙" ... 861
26.5 中国科学院沈阳自动化所 CISTAR 型自走式海缆埋设机 ... 862

27 水声定位系统 ... 865

27.1 长基线定位 ... 866
27.1.1 法国 ACSA 公司 Gib-Lite 水下 GPS 定位系统 ... 866
27.1.2 英国 Marine Electronics 公司声学收发器 ... 867
27.1.3 嘉兴中科声学科技有限公司 LBL 水声定位系统（浮标式）... 868
27.1.4 嘉兴中科声学科技有限公司 LBL 水声定位系统（潜标式）... 870

27.2 短基线定位 ... 872
27.2.1 法国 ACSA 公司 DETETOR-1000 声学定位系统 ... 872
27.2.2 嘉兴中科声学科技有限公司 SBL 水声定位系统 ... 873

27.3 超短基线定位 ... 875
27.3.1 美国 EdgeTech 公司 Track Point3 型超短基线声学定位系统 ... 875
27.3.2 美国 EdgeTech 公司 Track Point3P 型超短基线声学定位系统 ... 875
27.3.3 美国 EdgeTech 公司 USBL 宽频声学追踪系统（BATS）... 876
27.3.4 美国 EdgeTech 公司组合信标 ... 877
27.3.5 美国 LinkQuest 公司 Track Link 系列声学跟踪和通信系统 ... 877
27.3.6 英国 Sonardyne 公司 Scout 系列超短基线定位系统 ... 879
27.3.7 英国 Sonardyne 公司 Fusion 系列超短基线定位系统 ... 880
27.3.8 英国 Sonardyne 公司 Ranger 系列超短基线定位系统 ... 880
27.3.9 德国 EvoLogics 公司 S2CR 型超短基线定位系统 ... 882

27.3.10　法国 iXBlue 公司 Posidonia II 超深远程超短基线定位系统 . 882

27.3.11　法国 iXBlue 公司 GAPS 型全球声学定位系统 883

27.3.12　嘉兴中科声学科技有限公司 USBL 水声定位系统 884

27.3.13　哈尔滨工程大学 HEU 型系列高精度超短基线定位系统 886

28　水下图像采集 889

28.1　美国 OIS 公司 DSC24000 水下数字照相机 890

28.2　美国 OIS 公司水下视频观测记录系统 891

28.3　美国 OIS 公司 3731 远程遥控水下摄像机 893

28.4　美国 OIS 公司 3831 型闪光灯 894

28.5　美国 OIS 公司 3883 型闪光灯 895

28.6　美国 OIS 公司 400-37 型深海激光器 896

28.7　美国 AirMar 公司 CA500 水下摄像头 897

28.8　英国 C-Tecnics 公司 C-Vision 高清海底录像系统 899

28.9　英国 C-Tecnics 公司 C-Vision 海底录像系统 900

28.10　英国 Bowtech 公司 Surveyyor-HD Pro 水下摄像机 901

28.11　德国 Mariscope 公司迷你观测器 902

28.12　德国 Sea & Sun Technology 公司 HDCS11 高清晰度摄像机 903

28.13　德国 Mariscope 公司激光指示器 904

28.14　法国 Eca Hytec 公司 DTR120Z 网络彩色变焦可旋转摄像机 905

28.15　法国 Eca Hytec 公司 VSE 45 水下卤素灯 907

28.16　法国 Eca Hytec 公司 VSPTH300 全方位观测系统 908

28.17　法国 Eca Hytec 公司 EVO80IF 全方位观测系统 909

28.18　瑞典 Laser OPtronix 公司 AquaLynx 激光选通成像系统 911

28.19　瑞典 LYYN 公司 T38 型图像增强仪 912

28.20　瑞典 LYYN 公司 Griffin 图像增强仪 913

28.21　瑞典 LYYN 公司 HAWK 集成板 914

28.22　台湾 Dwtek 公司海洋观测高清摄像头 915

28.23　青岛海山海洋装备有限公司水下电视系统 916

28.24　天津深之蓝海洋设备科技有限公司水下摄像机 917

第五部分　辅助设备

29　浮力设备及固定支架 921

29.1　浮力设备 922

29.1.1　美国 Deepwater Buoyancy 公司高强度浮体 922

29.1.2　美国 Deepwater Buoyancy 公司 Rovits 系绳球 922

29.1.3　美国 Deepwater Buoyancy 公司硬质浮球 923

29.1.4　美国 Deepwater Buoyancy 公司圆形 ADCP 浮球 924

29.1.5　美国 Deepwater Buoyancy 公司椭圆形 ADCP 浮球 924

29.1.6　美国 Deepwater Buoyancy 公司静态锚系 ADCP 浮球 925

29.1.7　美国 Deepwater Buoyancy 公司锚系浮球 925

29.1.8　美国 Deepwater Buoyancy 公司缆绳浮球 926

29.1.9　美国 Deepwater Buoyancy 公司标志浮球 926

29.1.10　美国 Deepwater Buoyancy 公司仪器项圈 927

29.1.11　美国 Deepwater Buoyancy 公司聚氨酯弹性体产品 927

29.1.12　美国 Deepwater Buoyancy 公司 ROV 浮体材料 928

29.1.13　美国 Benthos 公司玻璃浮球 928

29.1.14　德国 Nautilu 公司 Vitrovex 深海玻璃浮球 929

29.1.15　美国 Mooring Systems 公司 ADCP 浮球 930

29.1.16　美国 Mooring Systems 公司塑料水下浮球 931

29.1.17　美国 Mooring Systems 公司钢制水下浮球 932

29.1.18　美国 Mooring Systems 公司椭球形低阻力浮球 933

29.1.19　美国 McLane 公司玻璃锚泊浮球 934

29.1.20　美国 McLane 公司钢制锚泊浮球 935

29.1.21　戴铂新材料公司环氧玻璃微珠浮力材料 936

29.1.22　戴铂新材料公司 Divinycell HCP 高性能浮力材料 937

- 29.1.23 湖北海山科技有限公司高性能浮力材料 938
- 29.1.24 湖北海山科技有限公司 ROV 浮体材料 939

29.2 海床基底座 940
- 29.2.1 美国 Deepwater Buoyancy 公司海床基底座 940
- 29.2.2 美国 Ocean Science 公司"海蜘蛛"ADCP 底座 940
- 29.2.3 美国 Ocean Science 公司"藤壶"53 ADCP 底座 941
- 29.2.4 美国 Mooring Systems 公司小型防拖网海床基底座 942
- 29.2.5 天津市海华技术开发中心海床基底座 943
- 29.2.6 中国船舶重工集团公司第七一〇研究所海床基底座 944

29.3 固定支架 946
- 29.3.1 美国 Deepwater Buoyancy 公司 ADCP 在线支架 946
- 29.3.2 美国 Mooring Systems 公司海洋仪器固定框架 946
- 29.3.3 中国船舶重工集团公司第七一〇研究所深海观测支架 947

30 航海仪 949

30.1 导航定位仪 950
- 30.1.1 美国 Garmin 公司 GPS MAP60CSX 手持导航仪 950
- 30.1.2 美国 Garmin 公司 GPS MAP62S 手持导航仪 950
- 30.1.3 美国 Garmin 公司 GPS MAP8000 系列多功能导航仪 951
- 30.1.4 美国 AirMar 公司 GH2183 GPS 航向传感器 952
- 30.1.5 美国 AirMar 公司 H2183 航向传感器 953
- 30.1.6 美国 NavCom 公司 SF-3050 接收仪 954
- 30.1.7 美国 Magellan 公司 Explorist210 GPS 导航手持机 955
- 30.1.8 美国 Crossbow 公司 NAV440 惯性导航系统 957
- 30.1.9 法国 iXBlue 公司 Phins 惯性导航系统 959
- 30.1.10 法国 iXBlue 公司 Octans 型光纤罗经 / 运动传感器 960
- 30.1.11 法国 iXBlue 公司 Quadrans 高性能光纤陀螺罗和姿态参考系统 962
- 30.1.12 英国 CDL 公司 TOGS 光纤罗经系统 963

30.1.13　加拿大 Hemisphere 公司 R100 信标机 ………………………… 964

30.1.14　加拿大 Hemisphere 公司 V110 信标机 ………………………… 966

30.1.15　英国 CDL 公司 Micro Gyro 机械式罗经系统 …………………… 968

30.1.16　德国 HS-Engineers 公司水下罗经 ……………………………… 969

30.1.17　北京星网宇达科技股份有限公司 XW-GI5630 MEMS 惯性组合导航系统 ……………………………………………… 970

30.1.18　北京星网宇达科技股份有限公司 XW-GI7635 光纤惯性组合导航系统 ……………………………………………… 971

30.1.19　北京星网宇达科技股份有限公司 XW-IN9100 激光惯性导航系统 …………………………………………………… 972

30.1.20　北京星网宇达科技股份有限公司 XW-SC3661 双 BDS/GPS 接收机 …………………………………………………… 974

30.1.21　北京星网宇达科技股份有限公司 XW-SC3668 双 BDS/GPS 接收机 …………………………………………………… 975

30.1.22　中国船舶重工集团公司第七一〇研究所 MCX3500 型磁罗盘 ……………………………………………………………… 977

30.1.23　中国船舶重工集团公司第七一〇研究所 MCC201 型磁罗盘 ……………………………………………………………… 978

30.2　姿态仪 ……………………………………………………………………… 980

30.2.1　挪威 Kongsberg Maritime 公司 MRU-5 海测用动态俯仰传感器 …………………………………………………………… 980

30.2.2　挪威 Kongsberg Maritime 公司 MRU-H 海测用精密俯仰传感器 …………………………………………………………… 981

30.2.3　美国 EdgeTech 公司 MRU 型运动传感器 …………………… 982

30.2.4　瑞典 SMC 公司 IMU 型运动传感器 ………………………… 983

30.2.5　天津市海华技术开发中心 QPY3-1 型船用电子倾斜仪 ……… 984

30.2.6　中国船舶重工集团公司第七一〇研究所 MCL203 倾斜仪 …… 985

31　水下通信 …………………………………………………………… 987

31.1 德国 Elac 公司水下通信系统 988

31.2 德国 Evologics 公司 S2C 系列声学通信机 989

31.3 美国 LinkQuest 公司水声调制解调器 990

31.4 英国 C-Tecnics 公司 C-phone 通信设备 991

31.5 澳大利亚 DSPComm 公司 AquaNetwork 水下通信系统 993

31.6 苏州桑泰海洋仪器研发有限责任公司水下对讲机 994

31.7 苏州桑泰海洋仪器研发有限责任公司水声通信机 995

31.8 杭州应用声学研究所水声通信调制解调器 996

31.9 中国航天科技集团第五研究院第五一三所水声通信机 998

32 声学释放器 1001

32.1 美国 EdgeTech 公司 PORT 主动推离式声学释放器 1002

32.2 美国 EdgeTech 公司 PORT 弹射式声学释放器 1003

32.3 美国 EdgeTech 公司 CAT 型声学释放器 1004

32.4 美国 EdgeTech 公司 PORT 型声学释放器 1005

32.5 美国 EdgeTech 公司 8242XS 型声学释放器 1006

32.6 美国 EdgeTech 公司 8011M 型声学释放器甲板单元 1007

32.7 美国 EdgeTech 公司 PACS 型甲板单元 1008

32.8 美国 EdgeTech 公司应急释放回收系统 1009

32.9 美国 Benthos 公司 865H 声学释放器 1010

32.10 美国 Benthos 公司 866A 声学释放器 1011

32.11 美国 Benthos 公司 875-TD/TE 浅水型声学释放器 1012

32.12 美国 Benthos 公司 SMART 智能声学释放器 1013

32.13 法国 iXBlue 公司 OCEANO 声学释放器 1014

32.14 英国 Marine Electronics 公司声释放器 1015

32.15 英国 Sonardyne 公司 ORT 7409 声学释放器 1016

32.16 英国 Sonardyne 公司 LRT 7986 声学释放器 1017

32.17 澳大利亚 Fiomarine 公司 Fiobuoy 浅水声学释放器 1018

32.18 嘉兴中科声学科技有限公司 ART 系列声学释放器 1019

32.19 中国科学院声学所东海站声学释放器 1021

33 系泊缆 1023

33.1 美国杜邦公司 Kevlar 1024

33.2 日本帝人公司帝人芳纶 1025

33.3 青岛华凯海洋科技有限公司潜标缆 1026

33.4 青岛华凯海洋科技有限公司浮标缆 1027

33.5 扬州巨神绳缆有限公司芳纶纤维绳 1028

33.6 天津深之蓝海洋设备科技有限公司零浮力缆 1029

34 腐蚀保护 1031

34.1 美国 DCS 公司阴极保护检测系统 1032

34.2 美国 DCS 公司 RetroPod 阴极保护系统 1033

34.3 美国 DCS 公司 Polatrak CP Gun 水下腐蚀探测器 1034

34.4 美国 DCS 公司 ROV Ⅱ 腐蚀监测探测器 1035

34.5 美国 DCS 公司 I-Rod 条状热塑防腐蚀管道 1036

35 水密接插件 1037

35.1 美国 Impulse 公司水密连接器 1038

35.2 美国 MacArtney 公司标准圆形水密连接器 1039

35.3 美国 MacArtney 公司金属外壳水密连接器 1040

35.4 美国 MacArtney 公司电源水密连接器 1041

35.5 美国 MacArtney 公司穿舱水密连接器 1042

35.6 美国 MacArtney 公司特殊连接器 1043

35.7 美国 MacArtney 公司扁平直角水密连接器 1044

35.8 美国 MacArtney 公司分瓣水密连接器 1045

35.9 美国 MacArtney 公司 OptoLink 水下多模光纤连接器 1046

35.10 美国 MacArtney 公司 OptoLink API 水密光纤连接器 1047

35.11 美国 ODI 公司鹦鹉螺电连接器 1048

35.12 美国 ODI 公司旋转水密光电混装连接器 1049

35.13 德国 GISMA 公司 Hybrid Series 10 水下插拔连接器 1050

35.14 德国 GISMA 公司 Series 系列连接器 1051

35.15 德国 GISMA 公司水下接驳盒 1053

35.16 德国 Sea & Sun Technology 公司 DTS-6 深海接驳盒 1054

35.17 台湾 Dwtek 公司水密接头 1055

35.18 中国科学院沈阳自动化所水密连接器 1056

35.19 浙江中航电子有限公司 YW10 系列深海水密连接器 1057

35.20 中国船舶重工集团公司第七一○研究所光电旋转连接器 1059

35.21 杭州应用声学研究所 ZQQ 型无人自主式航行器水下接驳设备 ... 1060

36 起吊设备 1063

36.1 船用 A 型架 1064

36.1.1 英国 Caley 公司 A 型架 1064

36.1.2 英国 Caley 公司 RIB 型吊艇架 1064

36.1.3 英国 SAAB Seaeye 公司 A 型架布放回收系统 1065

36.1.4 英国 SAAB Seaeye 公司 ROV 布放回收系统 1066

36.1.5 英国 Caley 公司 ROV/AUV 布放回收系统 1067

36.1.6 天津市海华技术开发中心系列 A 型架 1068

36.2 绞车 1069

36.2.1 英国 Caley 公司海洋绞车 1069

36.2.2 美国 SOSI 公司中型拖车和 CTD 绞车 1069

36.2.3 美国 SOSI 公司 UCW-4478-L-200 脐带式绞车 1071

36.2.4 美国 SOSI 公司脐带式绞车 (UCW-67064-ORAL-350) 1072

36.2.5 德国 Hydro-Bios 公司手动绞车 1073

36.2.6 丹麦 EIVA 公司 OceanEnviro 1.7 绞车 1074

36.2.7 丹麦 EIVA 公司 OceanEnviro 10.4 绞车 1075

36.2.8 日本 TSK 公司 TS 电动液压绞车 1077

36.2.9 日本 TSK 公司系列绞车 1078

36.2.10 上海劳雷仪器系统有限公司系列绞车 1078

36.2.11 天津市海华技术开发中心系列绞车 1079

36.2.12 中国船舶重工集团公司第七一〇研究所 600m 液压自动
收放绞车 1080

36.2.13 中国船舶重工集团公司第七一〇研究所 3500m 电动收放
绞车 1081

36.2.14 中国船舶重工集团公司第七一〇研究所水下电动绞车 1082

36.3 定制式布放回收系统 1083

36.3.1 加拿大 ODIM Brooke Ocean 公司 ORCA 舰载布放和
回收系统 1083

36.3.2 加拿大 ODIM Brooke Ocean 公司 Dorado 水下机器人
布放和回收系统 1084

第一部分
海洋环境测量

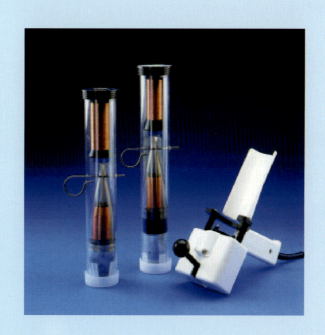

1　海流测量

　　海流是指海洋中较大规模的相对稳定的海水运动，是最重要的海洋要素之一。单位时间内海水流动的距离称流速，单位为米/秒；海水流去的方向称流向，北向为零，顺时针计量，单位为度。海流按照不同的方法有着不同的分类，按照流经海区温度的差异可分为寒流和暖流；按照与海岸的关系可分为沿岸流、离岸流和向岸流；按照海流的成因可分为风海流、密度流、倾斜流和补偿流等。

　　海流测量的基本要素为流速和流向，其测量设备多种多样，根据测量原理分为机械式、电磁式、声学式和时间差海流计；根据测量的维度分为二维和三维海流计；根据测量方法分为漂流、定点、走航（与定点的不同在于，走航需要设备具有底跟踪功能）和雷达遥感；根据测量范围分为单点海流计、垂直海流剖面仪和水平海流剖面仪。

　　本书根据测量范围对海流设备进行分类，把其余海流设备分为漂流浮子、雷达和抛弃式剖面海流仪。其中漂流浮子发展到今天，已经不再是单一要素的测量设备，而成为了一种综合观测平台，因此相关信息收录在《观测平台》一章。同样雷达一般是为测量波浪而设计，仅可测量表层海流，因此雷达相关信息收录在《波浪测量》一章。所以，本章收录了常见单点海流计、垂直海流剖面仪、水平海流剖面仪和抛弃式海流计的相关信息。

1.1 单点海流计

1.1.1 美国 TRDI 公司 DVS 海流计

◆ 设备简介

Doppler Volume Sampler 简称 DVS，它采用四波束配置，最大程度减少了流速误差；同样较高的采样频率，大大提高了测量准确度。它适合安装于定点锚系上进行长期观测，可以实时传输或自容式存储。

◆ 技术参数

剖面参数	量程	标准3m，最大5m
	层数	1~5
	流速准确度	1.0% ± 0.5cm/s
	流速分辨率	0.1cm/s
	流速测量范围	±6m/s
	采样时间	1s
换能器及硬件	工作频率	2457.6kHz
	波束角	45°
	换能器结构	4 束凸型
	通信方式	RS-232，感应式
	工作水深	750/6000m 可选
标准传感器	温度传感器	测量范围：–5~45℃，准确度：±0.5℃，分辨率：0.01℃
	罗经/姿态仪	罗经准确度：1°，纵横摇准确度：±0.3°，分辨率：0.1°
供电	电压	10.6~28VDC
	内部电池	18VDC
环境	工作温度	–5~40℃
	储存温度	–25~60℃
重量	空气中	7kg（750m），19kg（6000m）
	水中	2kg（750m），10kg（6000m）
尺寸		DVS 750m：长635mm，直径102mm；DVS 6000m：长658mm，直径133mm

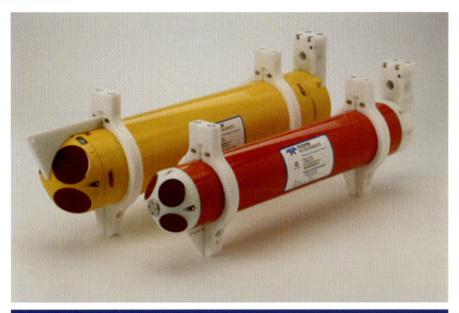

◆ 图1　美国 TRDI 公司 DVS 海流计

1.1.2　美国 SonTek 公司 ADV 海流计

◆ 设备简介

　　ADV 声学多普勒流速仪最初是 SonTek 公司为美国陆军工程兵团水道实验室设计制造的。它采用多普勒原理，对离探头一定距离的采样点进行测量。如今，ADV 已成为水利及海洋实验室的标准流速测量仪器。ADV 有两种频率：16MHz 和 10MHz。

　　实验室声学多普勒流速仪：16MHz Micro ADV 用于实验室平均流速、边界层流速、紊流（雷诺应力）和波浪谱测量。小于 0.09cm³ 的采样体积和高达 50Hz 的采样频率对低流速和紊流研究来说是一件理想的实验室仪器。

　　现场型声学多普勒流速仪：10MHz ADV 用于现场平均流速和紊流（雷诺应力）测量，既适用于实验室也适用于野外现场测量，具有极强的适应性和可靠性。

◆ 技术参数

型号	16MHz Micro ADV	10MHz ADV
采样频率	0.1~50Hz	0.1~25Hz
采样单元	0.09cm³	0.25cm³

换能器到采样单元距离	5cm	5 或 10cm
分辨率	0.01cm/s	0.01cm/s
流速量程	3，10，30，100，250cm/s	3，10，30，100，250cm/s
准确度	流速的 1% ± 0.25cm/s	
工作水深	60m	60m

◆ 图 2　美国 SonTek 公司 ADV 系列海流计

1.1.3　美国 FSI 公司 ACM 海流计

◆ 设备简介

　　该产品装有二维或者三维声学换能器，利用相移原理，测出二维或三维矢量平均流速和流向。配有承重 1.5t 的框架，适用于吊挂在锚系上进行定点测量。

◆ 技术参数

参数	类型	测量范围	准确度	分辨率
流速	声学	0~6m/s	2% 或 1cm/s	0.01cm/s
流向	2/3 轴磁力计	0~360°	±2°	0.01°

续表

姿态仪	2轴加速计	0~45°（二维），0~30°（三维）	0.5°	0.01°
温度	半导体	−2~35℃	0.5℃	0.01℃
供电	8~32VDC			
采样频率	最大10Hz			
工作深度	200/7000m可选			
通信方式	RS-232，RS-485			
空气中重量	不含电池3.63kg（200m），不含电池5.44kg（7000m）			
水中重量	不含电池1.81kg（200m），不含电池2.95kg（7000m）			

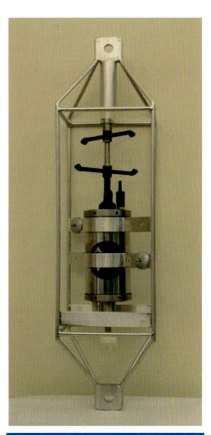

◆ 图3　美国FSI公司ACM海流计

1.1.4　美国InterOcean公司S4海流计

◆ 设备简介

美国InterOcean公司S4型海流计是一种新型的电磁海流计，该仪器的外壳是一个直径为25cm的球体，所有电子装置、磁通门罗盘、资料存储器及电源等全部封装在球形壳体中。球形壳体的每一半都有一对钛电极，两对电极对称。球形壳体的表面有沟槽以产生稳定的流体动力特性。最深可放至水下6000m，搭配其他可选传感器，可用于对水体剖面和波浪进行测量。测量的参数包括水的流速、流向、波向、潮汐、温盐深、密度、声速、浊度、叶绿素含量和固体悬浮物等。

◆ 技术参数

流速		
测量范围	0~3.5m/s（标准），0~0.5，1.0，6.0，7.5m/s 可选	
准确度	测量值的 2% ± 1cm/s	
采样频率	S4/S4A	2Hz
	S4AH	5Hz
分辨率	2Hz	0.03~0.35cm/s
	5Hz	0.037~0.43cm/s
流向		
测量范围	0~360°	
分辨率	0.5°	
准确度	±2°（倾斜 <5°）	
供电	自带电池	
工作水深	S4	1000m
	S4D	6000m
直径	S4	25cm
	S4D	35.5cm
重量	S4	空气中 11kg，水中 1.5kg
	S4D	空气中 34.5kg，水中 10.5kg

◆ 图4　美国 InterOcean 公司 S4 海流计

1.1.5 美国 NOBSKA 公司 MAVS-3 海流计

◆ 设备简介 ....

该设备是一款利用时间差原理设计的三维海流计,可记录矢量平均值,也可随机触发,记录瞬时值。它配有特殊设计的三维声学传感器,测量海流时不受仪器倾斜的影响,提高了测流的准确度,适用于深海锚系测流作业。

◆ 技术参数 ....

流速	测量范围:0~2m/s,准确度:±0.3cm/s,分辨率:0.03cm/s
流向	测量范围:0~360°,准确度:±2°,分辨率:1°
电导率	测量范围:0~75mS/cm,准确度:0.2mS/cm,分辨率:0.02mS/cm
压力	测量范围可选,最大10000bar,准确度:0.5%F.S.,分辨率:0.024%
工作水深	2000/6000m 可选
供电	13.5VDC
通信方式	RS-232,RS-485

◆ 图5 美国 NOBSKA 公司 MAVS-3 海流计

1.1.6　挪威 Nortek 公司 Vector 系列海流计

◆ 设备简介

　　Vector 系列海流计属于高准确度三维仪器，用来研究流速的快速波动，可用于实验室或者海洋中。该仪器有三个或者四个聚焦换能器，以很高的采样频率测量一个很小点的流速。该系列包括 Vector、Vectrino 和 Vectrino 流速剖面仪三种产品，适合于进行湍流、边界层、破碎带的定点测量。

◆ 技术参数

Vector			
流速测量范围	±0.01，0.1，0.3，2，4，7m/s 可选	流速准确度	0.01cm/s± 流速的 0.5%
采样频率	1~64Hz	采样点距探头	0.15m
采样点直径	1.5cm	采样点高度	0.5~2cm(可选)
声频	6MHz	回声分辨率	0.45dB
回声强度量程	90dB	温度传感器类型	热敏电阻
温度测量范围	−4~40℃	温度准确度 / 分辨率	0.1/0.01℃
温度响应时间	10min	罗经最大倾斜	30°
罗经准确度 / 分辨率	2°/0.1°（＜20°）	姿态仪准确度 / 分辨率	0.2°/0.1°
姿态仪上 / 下视	自动识别	压力传感器类型	压敏电阻
压力测量范围	0~20bar	压力准确度 / 分辨率	0.25%/<0.005%F.S.
通信方式	RS-232，RS-422	软件	Vectrino
内存	9MB	供电	9~15VDC，自带 13.5VDC 电池
工作温度	−4~40℃	储存温度	−20~60℃
抗震	IEC 721-3-2	承压	300m
尺寸 (直径 × 长)	75mm × 573mm	空气中重量	5.0kg
水中重量	1.5kg		
Vectrino			
流速测量范围	±0.01，0.1，0.3，2，4，7m/s 可选	流速准确度	0.01cm/s± 流速的 0.5%
输出频率	1~25Hz(标准) 1~200Hz(高级)	采样点距探头	0.05m

续表

采样点直径	0.6cm	采样点高度	0.3~1.5cm
声频	10MHz	回声强度量程	60dB
温度传感器类型	热敏电阻	温度测量范围	−4~40℃
温度准确度/分辨率	0.1/0.01℃	温度响应时间	5min
通信方式	RS-232	软件	Vectrino
供电	12~48VDC	工作温度	−4~40℃
储存温度	−15~60℃	抗震	IEC 721-3-2
尺寸(直径×长)	70mm×347mm	空气中重量	1.3kg
水中重量	0.1kg		
Vectrino 流速剖面仪			
流速测量范围	±3m/s	Ping 时间间隔	1s~1h
流速准确度	流速的 ±0.5% 或 0.01cm/s	采样频率	1~100Hz
测量剖面范围	0.02~2m	层厚	0.1~0.4cm
采样剖面量程	30mm	采样点距探头	4.5~7.5cm
采样点高度	0.3~1.5cm	采样直径	0.6cm
采样层厚	0.1~0.4cm	声频	10MHz
回声强度量程	25dB	温度传感器类型	热敏电阻
温度测量范围	−4~40℃	温度准确度/分辨率	0.1/0.01℃
温度响应时间	5min	通信方式	RS-485
软件	Vectrino	供电	12~48VDC
工作温度	−4~40℃	抗震	IEC 721-3-2
储存温度	−20~60℃	尺寸(直径×长)	70mm×347mm
空气中重量	1.2kg	水中重量	中性

◆ 图6 挪威 Nortek 公司 Vector 系列海流计

1.1.7 挪威 Nortek 公司 Aquadopp 海流计

◆ 设备简介

Aquadopp 是一款三维海流计，可应用于任意海域的流速测量。Aquadopp 分为三种类型，分别为 300m、3000m 和 6000m。另外还有三种改进型，集成了一个 SeaBird 电感应调制解调器模块，可以将数据沿着锚系护套电缆传递到水表浮标，分别是 IM300、IM3000 和 IM6000 型号，除了通信方式外，其余参数不变。小阔龙系列设备适合于进行定点测量。

◆ 技术参数

型号	300m	3000m	6000m
流速测量范围	±5m/s	±3m/s	±3m/s
流速准确度	1%	1%	1%
最大输出频率	4Hz	1Hz	1Hz
内部采样频率	23Hz	23Hz	23Hz
采样层厚	0.75m		
采样点距探头	0.35~5.0m		
声频	2MHz		
回声分辨率	0.45dB		
回声强度量程	90dB		
温度传感器	热敏电阻，测量范围：−4~40℃，准确度/分辨率：0.1/0.01℃，响应时间：10min		
罗经准确度/分辨率	2°/0.1°（倾斜<20°）		
姿态仪准确度/分辨率	0.2°/0.1°		
最大倾斜	30°		
姿态仪上/下视	自动识别		
压力	量程：300/3000/6000bar 可选，准确度/分辨率：0.5%/0.005%F.S.		
通信方式	RS-232，RS-422		
软件	Aquadopp 或 Aquadopp DW		
内存	9MB，32/176/352MB 可选		
供电	9~15VDC，自带 13.5VDC 电池		
工作温度	−5~40℃		

续表

存储温度	−20~60℃		
抗震	IEC 721-3-2		
工作水深	300/3000/6000m 可选		
空气中重量	2.3kg	3.6kg	7.6kg
水中重量	中性	1.2kg	4.8kg

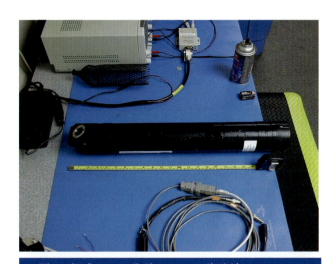

◆ 图7　挪威 Nortek 公司 Aquadopp 海流计

1.1.8　挪威 AADI 公司 RCM Blue 海流计

◆ 设备简介

　　RCM Blue 海流计是在 RCM 数据记录平台和多普勒海流传感器基础上开发的完全新的一代海流计，并结合了现代计算机技术的先进数字信号处理技术，可提供准确和精细的数据。一整套微型传感器可实现测量参数的选择，包括温度、压力和电导率，该传感器有 300m、2000m 和 6000m 三种型号，适合于进行定点测量。

◆ 技术参数

流速测量范围	0~3m/s
流速分辨率	0.01cm/s

续表

平均准确度	±0.15cm/s		
流速相对误差	读数的 ±1%		
流速统计误差	0.3cm/s(Z Pulse 模式)，0.45cm/s		
流向测量范围	0~360°		
分辨率	0.01°		
流向准确度	±2°		
姿态仪测量范围	0~50°		
姿态仪分辨率	0.01°		
姿态仪	±2°		
声波频率	1.9~2.0MHz		
波束角	2°		
供电	6~14VDC，自带 7V，35Ah 电池		
内存	>2GB		
型号	300m	2000m	6000m
工作水深	300m	2000m	6000m
空气中重量	7.6kg	11.5kg	12.4kg
水中重量	2.0kg	5.2kg	7.2kg
尺寸（高 × 直径）	356mm×139mm	352mm×140mm	368mm×143mm

◆ 图 8　挪威 AADI 公司 RCM Blue 海流计

1.1.9　英国 Valeport 公司系列螺旋桨式海流计

◆ 设备简介

英国 Valeport 公司生产 106、108 和 308 三款轻便型旋桨式海流计，可用于实时测量或中短期定点自动测量，同时可测量温度、电导率和压力。

◆ 技术参数

型号	106	108	308
流速测量范围	0.03~5m/s		
流速准确度	±1.5%V（V>0.15m/s），±0.004m/s（V<0.15m/s）		
流向测量范围	0~360°		
流向准确度	±2.5°		
流向分辨率	0.5°		
温度测量范围	−5~35℃		
温度准确度	±0.2℃	±0.02℃	
温度分辨率	0.01℃	0.002℃	
压力量程	50/100/200/500bar 可选	100/200/500/1000/2000bar 可选	
压力准确度	±0.2%F.S.	±0.1%F.S.	
压力分辨率	0.025% F.S.	0.005% F.S.	
电导率测量范围		0.1~60mS/cm	0.1~60mS/cm
电导率准确度		±0.05mS/cm	±0.05mS/cm
电导率分辨率		0.003mS/cm	0.003mS/cm
供电	12~20VDC，自带电池		
通信方式	RS-232，RS-485 可选		
工作水深	50/100/200/500m 可选	100/200/500/1000/2000m 可选	

◆ 图9　英国 Valeport 公司系列螺旋桨式海流计

1.1.10 英国 Valeport 公司 802 型海流计

◆ 设备简介

英国 Valeport 公司 802 型海流计是 Valeport 公司新研发的一款电磁式海流计，准确度高、稳定性好，适合于进行边界层流速测量，包括 Discus 和 Spherical 两款，每款又包含几种不同尺寸的海流计。

◆ 技术参数

Discus	
直径尺寸	3.2/5.5/11cm
流速准确度	直径 3.2cm：±12mm/s， 直径 5.5cm：±10mm/s， 直径 11cm：±2mm/s
姿态仪	5%（25°）
Spherical	
直径尺寸	3.2/5.5cm
流速准确度	直径 3.2cm：±20mm/s，直径 5.5cm：±15mm/s
姿态仪	5%（90°）
采样频率	1/2/4/8/16Hz
通信	RS-232
供电	12~24VDC

◆ 图 10　英国 Valeport 公司 802 型海流计

1.1.11　英国 Valeport 公司 MIDAS ECM 海流计

◆ 设备简介

英国 Valeport 公司 MIDAS ECM 是一个高度灵活的单点电磁海流计，结实、安装使用方便。可以搭载压力、温度、电导率和浊度等多个传感器，适合于进行实时定点海流测量。

◆ 技术参数

传感器	测量范围	准确度	分辨率
流速	0~5m/s	读数的 ±1%	0.001m/s
流向	0~360°	±1°	0.001°
压力	0~5000bar	±0.01%F.S.	0.001%
温度	−5~35℃	±0.005℃	0.002℃
电导率	0~80mS/cm	±0.01mS/cm	0.002mS/cm
浊度	0~2000FTU	±2%	0.002%

◆ 图 11　英国 Valeport 公司 MIDAS ECM 型海流计

1.1.12　英国 Valeport 公司 803 型 ROV 专用海流计

◆ 设备简介

英国 Valeport 公司 803 型专用海流计是专为 ROV 和其他潜水器使用设计的，提供实时的相对速度。它可以安装在 ROV 上，提供 ROV 在水中的航行速度，或配合 Tether Management Systems 软件得到局部流场条件。

◆ 技术参数

流速测量范围	±5m/s
流速准确度	0.01m/s+1% 测量值
流速分辨率	0.001m/s
通信方式	RS-232，RS-485 可选
采样频率	1Hz
供电	7~29VDC
工作水深	3000/4000m 可选
尺寸（直径 × 长）	76mm×350mm
重量	水中 3.5kg

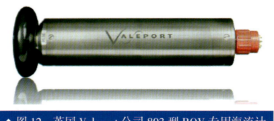

◆ 图 12　英国 Valeport 公司 803 型 ROV 专用海流计

1.1.13　日本 JFE Adv 公司 Infinty-EM 海流计

◆ 设备简介

　　Infinty-EM 是一个二维的电磁海流计，即使在低频段也能提供高准确度的数据，测量范围宽，仪器设计紧凑，包括浅海型和深海型两种。

◆ 技术参数

Infinty-EM			
	流速	流向	温度
测量范围	0~5.0m/s	0~360°	-3~45℃
分辨率	0.02cm/s	0.01°	0.001℃

续表

准确度	±1cm/s 或 ±2%	±2°	±0.02℃ (3~31℃)
采样周期	0.1~600s		
采样数	1~18000		
电池	CR-V3 锂电池		
通信方式	USB 2.0		
重量	空气中 1.0kg，水中 0.6kg		
工作水深	1000m		

Infinty-Deep					
	流速	流向	温度	深度	姿态仪
测量范围	0~±100cm/s	0~360°	-3~45℃	0~6000m	0~±30°
分辨率	0.02cm/s	0.01°	0.001℃	0.1m	0.01°
准确度	±1cm/s，±2%	±2°	±0.02℃，3~31℃	±0.3%F.S.	±1°
采样频率	0.1~600s				
采样数	1~18000				
电池	CR-V3 锂电池				
通信	USB 2.0				
重量	空气中 3.9kg，水中 2.4kg				
工作水深	6000m				

◆ 图13　日本 JFE Adv 公司 Infinty-EM 海流计

1.2 垂直海流剖面仪

1.2.1 美国 TRDI 公司 Ocean Surveyor ADCP 海流剖面仪

◆ 设备简介

这是 TRDI 公司近年来推出的一种崭新船载测流系统,它的声学换能器由数百个小基元组成,通过以相控阵原理为基础的波束形成电路构成四个声波束。由于这一新技术的应用,声学换能器的体积和重量大为减小,仅为常规换能器的 1/10 左右,从而简化了换能器船底安装的结构。该类设备有 38kHz、75kHz 和 150kHz 三种频率的产品,适用于走航观测。

◆ 技术参数

	大量程模式	38kHz		75kHz		150kHz	
	层厚	量程	准确度	量程	准确度	量程	准确度
	4m					>350m	30cm/s
	8m			>650m	30cm/s	>400m	16cm/s
剖面测量	16m	>1000m	30cm/s	>700m	16cm/s		
	24m	>1000m	20cm/s				
	高分辨率模式	38kHz		75kHz		150kHz	
	层厚	量程	准确度	量程	准确度	量程	准确度
	4m					>225m	15cm/s
	8m			<425m	15cm/s	>250m	8cm/s
	16m	>900m	15cm/s	>450m	7cm/s		
	24m	>950m	10cm/s				
剖面参数	流速分辨率	±1.0%/±0.5cm/s		±1.0%/±0.5cm/s		±1.0%/±0.5cm/s	
	流速测量范围	−5~9m/s		−5~9m/s		−5~9m/s	
	层数	1~128		1~128		1~128	
	最高 ping 率	0.4Hz		0.7Hz		1.5Hz	
底跟踪	最大深度(准确度<2cm/s)	1700m		950m		540m	
回声强度	垂直分辨率	与层厚一致					
	动态范围	80dB					
	精度	±1.5dB					

续表

传感器和硬件	波束角	30°
	换能器结构	4束相控换能器
	通信及输出格式	RS-232或RS-422，ASCII或二进制格式输出，输出1200~115200bps
供电	电压	90~250VAC，47~63Hz
	功率	1400W
标准配备传感器	温度传感器	测量范围：-5~45℃，误差：±0.1℃，分辨率：0.03℃
软件		VMDAS——数据采集，WinADCP——数据显示与导出
环境要求	工作温度	-5~45℃
	存储温度	-30~60℃
尺寸		38kHz：直径914.4mm，75kHz：直径480mm，150kHz：直径305mm

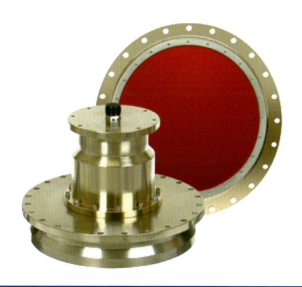

◆ 图14　美国TRDI公司Ocean Surveyor ADCP海流剖面仪

1.2.2　美国TRDI公司Ocean Observer ADCP海流剖面仪

◆ 设备简介

该系列产品主要适用于海上石油天然气平台，能提供较大的测量距离和可靠的测量准确度，包括38kHz、75kHz和150kHz三种频率的产品，适用于定点观测。

◆ 技术参数

剖面测量	大量程模式	38kHz		75kHz		150kHz	
	层厚	量程	准确度	量程	准确度	量程	准确度
	4m					>350m	30cm/s
	8m			>650m	30cm/s	>400m	16cm/s
	16m	>1000m	30cm/s	>700m	16cm/s		
	24m	>1000m	20cm/s				
	高分辨率模式	38kHz		75kHz		150kHz	
	层厚	量程	准确度	量程	准确度	量程	准确度
	4m					>225m	15cm/s
	8m			<425m	15cm/s	>250m	8cm/s
	16m	>900m	15cm/s	>450m	7cm/s		
	24m	>950m	10cm/s				
剖面参数	流速分辨率	±1.0%/±0.5cm/s		±1.0%/±0.5cm/s		±1.0%/±0.5cm/s	
	流速量程	±7m/s					
	层数	1~128					
	最大ping率	0.4Hz		0.7Hz		1.5Hz	
底跟踪	最大深度（准确度<2cm/s）	1700m		950m		540m	
回声强度	垂直分辨率	与层厚一致					
	动态范围	80dB					
	精度	±1.5dB					
传感器和硬件	波束角	30°					
	换能器结构	4束相控换能器					
	通信及输出	RS-232或RS-422，ASCII或二进制格式输出，输出1200~115200bps					
供电	电压	90~250VAC，47~63Hz					
	功率	1400W					
标准配备传感器	温度传感器	测量范围：-5~45℃，误差：±0.1℃，分辨率：0.03℃					
	姿态仪	测量范围：±50°，准确度：±1.0°，误差：±0.1°，分辨率：0.1°					
	罗经	测量范围：±50°，准确度：±5.0°，误差：±0.3°，分辨率：0.01°					

续表

软件	VMDAS——数据采集，WinADCP——数据显示与导出	
环境要求	工作温度	−5~45℃
	存储温度	−30~60℃
工作水深	100m	
尺寸	38kHz：直径914.4mm，75kHz：直径480mm，150kHz：直径305mm	

◆ 图15　美国RDI公司Ocean Observer ADCP海流剖面仪

1.2.3　美国TRDI公司WorkHorse Mariner ADCP海流剖面仪

◆ 设备简介

美国TRDI公司WorkHorse Mariner系列ADCP满足利用小船在浅海海域进行走航测流的需要，其具有利用软件实现宽带／窄带转换的功能。由于采用了宽带脉冲编码发射技术和脉冲相关信号处理技术（专利），仪器的测流准确度大为提高，能较好地适用于走航测量。该系列包括300kHz、600kHz和1200kHz三种频率产品。

◆ 技术参数

	高分辨率模式	1200kHz		600kHz		300kHz	
	层厚	量程	标准方差	量程	标准方差	量程	标准方差
剖面测量	0.25m	11m	14.0cm/s				
	0.5m	12m	7.0cm/s	38m	14.0cm/s		
	1m	13m	3.6cm/s	42m	7.0cm/s	83m	14.0cm/s
	2m	15m	1.8cm/s	46m	3.6cm/s	93m	7.0cm/s

续表

剖面测量	4m			51m	1.8cm/s	103m	3.6cm/s
	8m					116m	1.8cm/s
	大量程模式	1200kHz		600kHz		300kHz	
	层厚	量程	标准方差	量程	标准方差	量程	标准方差
	2m	19m	3.4cm/s				
	4m			66m	3.6cm/s		
	8m					154m	3.7cm/s
剖面参数	流速准确度	0.3%V±0.3cm/s（V为所测流速）				0.5%V±0.5cm/s	
	流速分辨率	0.1cm/s					
	流速测量范围	标准 ±5m/s，最大 ±20m/s					
	层数	1~128					
	最大ping率	2Hz					
底跟踪	最大深度	27m		99m		253m	
	最小深度	0.8m		1.4m		2.0m	
回声强度	垂直分辨率	与层厚一致					
	动态范围	80dB					
	精度	±1.5dB					
传感器和硬件	波束角	20°					
	换能器结构	4束换能器					
	倾斜范围	15°					
	通信及输出	RS-232，ASCII或二进制格式输出，输出1200~115200bps					
供电	外部直流输入	20~50VDC					
	甲板单元输入	90~250VAC 或 12~50VDC					
	甲板单元输出	48VDC					
标准配备传感器	温度仪	测量范围：-5~45℃，误差：±0.4℃，分辨率：0.01℃					
	姿态仪	测量范围：±15°，准确度：±0.5°，误差：±0.5°，分辨率：0.01°					
	罗经	准确性：±2°，误差：±0.5°，分辨率：0.01°，最大倾斜：±15°					
软件	VMDAS——数据采集，WinADCP——数据显示与导出						
环境要求	工作温度	-5~45℃					
	存储温度	-30~60℃					
重量	空气中	10.7kg					
	水中	8.1kg					
尺寸		311.1mm×217.4mm（宽×长）					

◆ 图 16　美国 RDI 公司 WorkHorse Mariner ADCP 海流剖面仪

1.2.4　美国 TRDI 公司 WorkHorse Sentinel ADCP 海流剖面仪

◆ 设备简介

　　该系列 ADCP 是一种海流剖面仪，带有电池仓，可进行自容式测量；也可连接电缆，用于直读式测量，还可进行走航测量，用户可根据需要灵活选用。该系列包括 300kHz、600kHz 和 1200kHz 三种频率的产品。

◆ 技术参数

	高分辨率模式	1200kHz		600kHz		300kHz	
	层厚	量程	标准方差	量程	标准方差	量程	标准方差
剖面测量	0.25m	11m	14.0cm/s				
	0.5m	12m	7.0cm/s	38m	14.0cm/s		
	1m	13m	3.6cm/s	42m	7.0cm/s	83m	14.0cm/s
	2m	15m	1.8cm/s	46m	3.6cm/s	93m	7.0cm/s
	4m			51m	1.8cm/s	103m	3.6cm/s
	8m					116m	1.8cm/s
	大量程模式	1200kHz		600kHz		300kHz	
	层厚	量程	标准方差	量程	标准方差	量程	标准方差
	2m	19m	3.4cm/s				
	4m			66m	3.6cm/s		
	8m					154m	3.7cm/s

续表

剖面参数	流速准确度	0.3%V±0.3cm/s（V为所测流速）	0.5%V±0.5cm/s
	流速分辨率	0.1cm/s	
	流速测量范围	标准±5m/s，最大±20m/s	
	层数	1~255	
	最大ping率	10Hz	
回声强度	垂直分辨率	与层厚一致	
	动态范围	80dB	
	精度	±1.5dB	
传感器和硬件	波束角	20°	
	换能器结构	4束换能器	
	倾斜范围	15°	
	通信及输出方式	RS-232或RS-422，ASCII或二进制格式输出，输出1200~115200bps	
供电	电压	20~50VDC	
标准配备传感器	温度仪	测量范围：-5~45℃，误差：±0.4℃，分辨率：0.01℃	
	姿态仪	测量范围：±15°，准确度：±0.5°，误差：±0.5°，分辨率：0.01°	
	罗经	准确度：±2°，误差：±0.5°，分辨率：0.01°，最大倾斜：±15°	
软件	WinSC——数据采集，WinADCP——数据显示与导出		
环境要求	工作水深	200m，500m，1000m，6000m可选	
	工作温度	-5~45℃	
	存储温度	-30~60℃（不带电池）	
重量	空气中	13kg	
	水中	4.5kg	
尺寸	228mm×405.5mm（宽×长）		
可选	底跟踪		

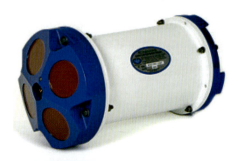

◆ 图17 美国TRDI公司WorkHorse Sentinel ADCP海流剖面仪

1.2.5 美国 TRDI 公司 WorkHorse Monitor ADCP 海流剖面仪

◆ 设备简介

Monitor 系列 ADCP 是适用于水深 200m 以内浅水域的直读式海流剖面仪。可以走航式、锚系式、坐底式、水面固定式安装测量。该仪器是真正的超小型仪器，空气中重量 7.0kg，是港口、航道、石油平台周围实时流场监测的理想仪器。该系列包括 300kHz、600kHz 和 1200kHz 三种频率的产品。

◆ 技术参数

	高分辨率模式	1200kHz		600kHz		300kHz	
	层厚	量程	标准方差	量程	标准方差	量程	标准方差
	0.25m	11m	14.0cm/s				
	0.5m	12m	7.0cm/s	38m	14.0cm/s		
	1m	13m	3.6cm/s	42m	7.0cm/s	83m	14.0cm/s
剖面测量	2m	15m	1.8cm/s	46m	3.6cm/s	93m	7.0cm/s
	4m			51m	1.8cm/s	103m	3.6cm/s
	8m					116m	1.8cm/s
	大量程模式	1200kHz		600kHz		300kHz	
	层厚	量程	标准方差	量程	标准方差	量程	标准方差
	2m	19m	3.4cm/s				
	4m			66m	3.6cm/s		
	8m					154m	3.7cm/s
剖面参数	流速准确度	0.3%V±0.3cm/s（V 为所测流速）				0.5%V±0.5cm/s	
	流速分辨率	0.1cm/s					
	流速测量范围	标准 ±5m/s，最大 ±20m/s					
	层数	1~128					
	ping 率	2Hz					
回声强度	垂直分辨率	与层厚一致					
	动态范围	80dB					
	精度	±1.5dB					

续表

传感器和硬件	波束角	20°
	换能器结构	4束换能器
	倾斜范围	15°
	通信及输出	RS-232 或 RS-422，ASCII 或二进制格式输出，输出 1200~115200bps
供电	电压	20~50VDC
标准配备传感器	温度仪	测量范围：-5~45℃，误差：±0.4℃，分辨率：0.01℃
	姿态仪	测量范围：±15°，准确度：±0.5°，误差：±0.5°，分辨率：0.01°
	罗经	准确度：±2°，误差：±0.5°，分辨率：0.01°，最大倾斜：±15°
软件	WinSC——数据采集，WinADCP——数据显示与导出	
环境要求	工作水深	200m，500m，1000m，6000m 可选
	工作温度	-5~45℃
	存储温度	-30~60℃
重量	空气中	7kg
	水中	3kg
尺寸	228mm×201.5mm（宽×长）	
可选	底跟踪	

◆ 图18　美国 TRDI 公司 WorkHorse Monitor 系列 ADCP 海流剖面仪

1.2.6　美国 TRDI 公司 WorkHorse Quartermaster ADCP 海流剖面仪

◆ 设备简介

WorkHorse Quartermaster ADCP 填补了 TRDI 公司 300kHz 和 75kHz 之

间的空白，它兼顾了前者的高准确度与后者的大量程特性，测量剖面距离可达300m，其包括150kHz一种频率产品，适合于定点和走航观测。

◆ 技术参数

		层厚	标准方差	第一层量程	量程
高分辨率模式（宽带）		4m	7.0cm/s	8.9m	210m
		8m	3.5cm/s	12.8m	235m
		16m	1.8cm/s	20.6m	255m
		24m	1.2cm/s	28.4m	270m
大量程模式（窄带）		4m	14cm/s	8.8m	275m
		8m	7.0cm/s	12.7m	300m
		16m	3.6cm/s	20.5m	325m
		24m	2.5cm/s	28.7m	340m
底跟踪		最大深度	540m		
剖面参数		流速准确度	±1%V±0.5cm/s（V为所测流速）		
		流速分辨率	0.1cm/s		
		流速测量范围	标准 ±5m/s，最大 ±10m/s		
		层厚	2~24m		
		层数	1~255		
		Ping率	1Hz		
回声强度		垂直分辨率	与层厚一致		
		动态范围	80dB		
		精度	±1.5dB		
硬件及通信		波束角	20°		
		波束宽度	4°		
		换能器	4束凸起型		
		通信及输出	RS-232 或 RS-422，ASCII 或 二进制格式输出，输出1200~115200bps		
传感器		温度仪	测量范围：-5~45℃，误差：±0.4℃，分辨率：0.01℃		
		姿态仪	测量范围：±15°，准确度：±0.5°，误差：±0.5°，分辨率：0.01°		
		罗经	准确度：±2°，误差：±0.5°，分辨率：0.01°，最大倾斜：±15°		
		压力传感器	测量范围：0~2000bar，准确度：0.25%F.S.		

续表

供电	电压	20~50VDC
	内带电池	2 块 42V，电池容量共 900Wh
环境要求	工作温度	−5~45℃
	存储温度	−30~60℃（不带电池）
	工作水深	1500m，3000m，6000m 可选
重量	空气中	带 2 电池 56kg，带 4 电池 70kg
	水中	带 2 电池 30kg，带 4 电池 38kg

◆ 图 19　美国 TRDI 公司 WorkHorse Quartermaster ADCP 海流剖面仪

1.2.7　美国 TRDI 公司 WorkHorse Long Ranger ADCP 海流剖面仪

◆ 设备简介

为了满足用户的需求，美国 TRDI 公司在常规 workhorse 系列 ADCP 的基础上增添了 Long Ranger ADCP，其量程可达 644m，在准确度、测量层数、结构方面与常规 workhorse ADCP 相同。它包括 75kHz 频率一种产品，适合于定点观测。

◆ 技术参数

	层厚	标准方差	量程
高分辨率模式（宽带）	4m	15.0cm/s	432m
	8m	7.6cm/s	465m
	16m	3.9cm/s	503m
	32m	2.0cm/s	545m

续表

大量程模式（窄带）	4m	29.0cm/s	525m
	8m	14.6cm/s	560m
	16m	7.6cm/s	600m
	32m	3.9cm/s	644m
剖面参数	流速准确度	±1%V±0.5cm/s（V为所测流速）	
	流速分辨率	0.1cm/s	
	流速测量范围	标准 ±5m/s，最大 ±10m/s	
	层厚	4~32m	
	层数	1~128	
	Ping率	1Hz	
回声强度	垂直分辨率	与层厚一致	
	动态范围	80dB	
	精度	±1.5dB	
硬件及通信	波束角	20°	
	波束宽度	4°	
	换能器	4束凸起型	
	通信及输出方式	RS-232 或 RS-422，ASCII 或二进制格式输出，输出 1200~115200pbs	
标准配备传感器	温度仪	测量范围：-5~45℃，误差：±0.4℃，分辨率：0.01℃	
	姿态仪	测量范围：±50°，准确度：±0.5°，误差：±1.0°，分辨率：0.01°	
	罗经	准确度：±2°，误差：±0.5°，分辨率：0.01°，最大倾斜：±15°	
	压力传感器	测量范围：0~2000bar，准确度：0.25%F.S.	
供电	电压	20~50VDC	
	内带电池	4块42V，电池容量共1800Wh	
环境要求	工作温度	-5~45℃	
	存储温度	-30~60℃	
	工作水深	1500m，3000m 可选	
重量	空气中	不带电池 58kg，外部电池仓 39kg	
	水中	不带电池 36kg，外部电池仓 16kg	

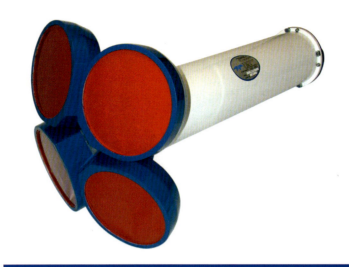

◆ 图20　美国 TRDI 公司 WorkHorse Long Ranger ADCP 海流剖面仪

1.2.8　美国 TRDI 公司 Sentinel V ADCP 海流剖面仪

◆ 设备简介

　　Sentinel V 系列 ADCP 是一个新的系列产品，延续了 Workhorse 系列的独有宽带专利技术，并在硬件和软件设计上均有了革命性创新。Sentinel V 系列 ADCP 硬件上首创可配置第 5 波束换能器，进行垂直流速剖面测量，获取高分辨率回波强度剖面，实现湍流测量等功能。它可以适用于走航、定点观测。包括 V20(1000kHz)、V50(500kHz) 和 V100(300kHz) 三种频率的产品。

◆ 技术参数

型号	V20(1000kHz)		V50(500kHz)		V100(300kHz)	
层厚（m）	量程（宽/窄带）（m）	标准方差（cm/s）	量程（宽/窄带）（m）	标准方差（cm/s）	量程（宽/窄带）（m）	标准方差（cm/s）
0.3	19.3/24.0	6.6/12.5				
0.5	20.6/25.3	4.3/8.0	45.0/58.6	11.5/21.8		
1.0	22.4/27.3	2.1/4.0	51.5/65.6	4.3/8.0	96.3/122.6	6.5/12.3
2.0	24.8/29.8	1.0/1.9	57.0/71.6	2.1/4.0	105.3/132.4	3.3/6.2

续表

4.0			64.2/79.3	1.0/1.9	116.5/144.3	1.6/3.1
6.0					121.7/151.5	1.1/2.0
剖面参数	流速准确度	0.3%V±0.3cm/s（V 流速）			0.5%V±0.5cm/s	
	流速分辨率	0.1cm/s				
	流速测量范围	5m/s 标准，20m/s 最大				
	最大 ping 率	4Hz				
回声强度	垂直分辨率	与层厚一致				
	动态范围	80dB				
	精度	±1.5dB				
传感器和硬件	波束角	25°				
	换能器结构	4 束凸起，第 5 束垂直				
	工作深度	200m				
供电	电压	12~20VDC				
	内带电池	18VDC，100Wh				
传感器	温度传感器	测量范围：–5~45℃，准确度：±0.4℃，分辨率：0.1℃				
	罗经	测量范围：0~360°，准确度：2° RMS，分辨率：0.1°				
	姿态仪	横摇：±180°，纵摇：±90°，准确度：2° RMS，分辨率：0.1°				
	压力传感器	测量范围：0~300bar，准确度：0.1%				
软件	ReadyV、ReadyVLite、Velocity					
环境要求	工作温度	–5~45℃				
	存储温度	–30~60℃（不带电池）				
重量	空气中	7.5~16.0kg				
	水中	1.6~6.0kg				

◆ 图 21　美国 TRDI 公司 Sentinel V ADCP 海流剖面仪

1.2.9 美国 LinkQuest 公司 FlowQuest ADCP 海流剖面仪

◆ 设备简介

该系列 ADCP 由美国 LinkQuest 公司生产,采用目前先进的高准确度稳健声学多普勒技术、低功耗 DSP 技术,以及专有的宽带声学扩频技术,该系列设备适用于走航、定点观测。该系列包括 75kHz、150kHz、300kHz、600kHz、1000kHz 和 2000kHz 六种频率的产品。

◆ 技术参数

	频率	75kHz	150kHz	300kHz	600kHz	1MHz	2MHz
剖面	量程	900m	500m	230m	100m	40m	20m
	最大层厚	32m	16m	8m	4m	2m	1m
	工作水深	800m,1500m,3000m,6000m 可选					
	最大功率传输模式	800W	400W	200W	100W	50W	20W
	盲区	3.8m	2.8m	1.4m	0.7m	0.4m	0.2m
流速	准确度	±1.0%/±5mm/s		±0.5%/±5mm/s	±0.25%/±2mm/s		
	层厚	4~32m	2~16m	1~8m	0.5~4m	0.25~2m	0.125~1m
	最大流速	20kn					
	单元数	170					
	ping 率	1Hz	2Hz	2Hz	2Hz	5Hz	10Hz
底跟踪	最大深度		500m	300m	130m	60m	30m
	最小深度		2.4m	1.2m	0.7m	0.35m	0.2m
	准确度	±1.0%/±4mm/s		±1.0%/±2mm/s	±1.0%/±1mm/s		
硬件	换能器	4 波束,凸型					
	波束角	22°					
	通信方式	RS-232 或 RS-422					
	工作水深	800m,1500m,3000m,6000m 可选					
	空气中重量	40kg	22.7kg	16.2kg(带电池),9.2kg(无电池)		8.9kg(带电池),3.2kg(无电池)	

续表

水中重量	26kg	13.6kg	7.2kg（带电池） 4.2kg（无电池）	4.1kg（带电池） 1.4kg（无电池）
长度	47cm	25cm	36cm（带电池） 21cm（无电池）	70cm（带电池） 21cm（无电池）
头部直径	58cm	40cm	20cm（尾部）	12.6cm

◆ 图22　美国LinkQuest公司FlowQuest ADCP海流剖面仪

1.2.10　美国RTI公司SeaProfiler ADCP海流剖面仪

◆ 设备简介

　　该系列ADCP是最通用的RTI海流剖面仪，可自容、可直读（除75kHz，它仅有自容式），适用于浅水、沿海和深海（3000m或6000m）。它是采用最新科技的声学多普勒海流剖面仪，能高效优质地测量水体流速剖面和水中载体的速度，可以用于走航式或定点式测量。该系列包括75kHz、300kHz、600kHz和1200kHz四种频率的产品。

◆ 技术参数

型号	1200kHz	600kHz	300kHz	75kHz
波束	4波束，波角20°			4波束，波角30°
流速量程	标准5m/s，最大20m/s			
流速分辨率	0.01cm/s			

续表

层厚	最小 2cm			最小 16cm
流速剖面				
剖面测量范围（窄带）	0.2~30m	0.4~75m	0.6~150m	1.2~850m
剖面测量范围（宽带）	0.2~20m	0.4~50m	0.6~100m	1.2~530m
长期精度（高）	±0.25%，±0.2cm/s		±0.7%，±0.2cm/s	±1.0%，±0.5cm/s
长期精度（低）	±1.0%，±0.2cm/s			±1.0%，±0.5cm/s
数据输出	标准 1~2Hz，最大 10Hz			最大 1Hz
底跟踪				
测量范围	0.2~50m	0.4~130m	0.6~300m	1300m
流速准确度（高）	±0.25%，±0.2cm/s		±0.7%，±0.2cm/s	±1.0%，±0.5cm/s
流速分辨率	0.01cm/s			
罗经	测量范围：0~360°，准确度：1°，分辨率：0.01°			
姿态仪	横摇测量范围：±180°，纵摇测量范围：±90°，准确度：<1°，分辨率：0.01°			
温度传感器	测量范围：-5~70℃，准确度：0.15℃，分辨率：0.001℃			
压力传感器	量程范围可选，准确度：±0.01%			
供电	11~36VDC			
功率	4W	7W	11W	100W
通信方式	RS-232，RS-485，100M 以太网			
环境温度	工作温度：-5~40℃，存储温度：-30~60℃			
工作水深	50m	300/1000/3000/6000m 可选		

♦ 图 23　美国 RTI 公司 SeaProfiler ADCP 海流剖面仪

1.2.11　美国 RTI 公司 SeaProfiler 多普勒矩阵 ADCP 海流剖面仪

◆ 设备简介 ···

它是 RTI 生产的多普勒阵列剖面海流计，可自容、可直读，与活塞式多普勒产品对比，阵列式在低频的时候受到影响较小，更适合于长距离的剖面测量。它包含 75kHz 和 150kHz 两个产品，适合于走航和定点观测。

◆ 技术参数 ···

型号	150kHz	75kHz
波束	0°/15°/30° 可选	
流速量程	标准 5m/s，最大 20m/s	
流速分辨率	0.01cm/s	
层数	最大 200	
层厚	典型 8m，最小 8cm	典型 16m，最小 16cm
流速剖面		
剖面测量范围（窄带）	425m	700m
剖面测量范围（宽带）	275m	455m
长期精度	±1.0%，±2mm/s	
数据输出	标准 1~2Hz	最大 1Hz
底跟踪		
量程	700m	1000m
流速准确度	±1.0%，±0.2cm/s	
流速分辨率	0.01cm/s	
罗经	测量范围：0~360°，准确度：1°，分辨率：0.01°	
横/纵摇	横摇测量范围：±180°，纵摇测量范围：±90°，准确度：<1°，分辨率：0.01°	
温度传感器	测量范围：-5~70℃，准确度：0.15℃，分辨率：0.001℃	
压力传感器	量程可选，准确度：±0.01%	
供电	11~32VDC	36~72VDC
功率	500W	1000W
输出	RS-232，RS-485	
环境温度	工作温度：-5~40℃，存储温度：-30~60℃	
工作深度	500/1000/3000/6000m 可选	

◆ 图 24　美国 RTI 公司 SeaProfiler 多普勒矩阵 ADCP 海流剖面仪

1.2.12　美国 RTI 公司 SeaProfiler 双频 ADCP 海流剖面仪

◆ 设备简介

双频 ADCP 扩展了 SeaProfiler 家族系列产品。它在同一个仪器上，使用相互独立的两种声学频率，每个频率能独立控制，高频段可以进行高频、短距离剖面测量，低频段可以进行长距离、低频测量。它可自容、可直读，适合于走航和定点观测。该系列包括 1200/600kHz、1200/300kHz 和 300/600kHz 三种不同频率配置的产品。

◆ 技术参数

型号	1200kHz	600kHz	300kHz
波束	4 波束，波束角 20°		
流速量程	标准 5m/s，最大 20m/s		
流速分辨率	0.01cm/s		
层数	最多 200		
层厚	最小 2cm		
流速剖面			
剖面测量范围（窄带）	0.2~30m	0.4~75m	0.6~150m
剖面测量范围（宽带）	0.2~20m	0.4~45m	0.6~100m

续表

长期精度（高）	±0.25%/±2mm/s		±0.7%/±2mm/s
长期精度（低）	±1.0%/±2mm/s		
数据输出	标准1~2Hz，最大10Hz		
底跟踪			
测量范围	0.2~50m	0.4~130m	0.6~300m
流速准确度（高频）	±0.25%/±2mm/s		±0.7%/±2mm/s
流速准确度（低频）	±1.0%/±2mm/s		
流速分辨率	0.01cm/s		
罗经	测量范围：0~360°，准确度：1°，分辨率：0.01°		
姿态仪	横摇测量范围：±180°，纵摇测量范围：±90°，准确度：<1°，分辨率：0.01°		
温度传感器	测量范围：-5~70℃，准确度：0.15℃，分辨率：0.001℃		
压力传感器	量程可选，准确度：±0.1%		
供电	11~36VDC		
功率	4W	7W	7W
输出方式	RS-232，RS-485，100M 以太网		
环境温度	工作温度：-5~40℃，存储温度：-30~60℃		
工作水深	300/1000/3000/6000m 可选		

◆ 图25　美国 RTI 公司 SeaProfiler 双频 ADCP 海流剖面仪

1.2.13　美国 SonTek 公司 ADP 海流剖面仪

◆ 设备简介 ……………………………………………………………………………

　　SonTek ADP 声学多普勒剖面仪是一款久经考验、性能卓越、多功能的测流仪，在全球拥有众多忠实的用户。无论是运用于水文、海洋还是港口监测，ADP 均能满足需求。它包括 250kHz、500kHz、1000kHz 和 1500kHz 四种频率产品。

◆ 技术参数 ……………………………………………………………………………

剖面测量范围	1500kHz：15~25m，1000kHz：25~35m，500kHz：70~120m，250kHz：160~180m
流速测量范围	±10m/s
流速分辨率	0.1cm/s
流速准确度	±1%/±0.5cm/s
供电	12~24VDC
典型功耗	2.0~3.0W
自带电池容量	1800Wh
罗经/姿态仪/分辨率	0.1°
罗经/姿态仪—罗经准确度	±2°
罗经/姿态仪—纵横摇准确度	±1°

◆ 图 26　美国 SonTek 公司 ADP 海流剖面仪

1.2.14　挪威 Nortek 公司 Aquadopp ADCP 海流剖面仪

◆ 设备简介

　　Aquadopp 系列采用声学多普勒技术，专为固定式应用设计，可固定于水底、锚系上、浮标上或任何固定架上。它是一个完整的自容式系统，可将数据存储于内部存储器中。典型应用包括近海海流研究、在线锚系、测量和河流、湖泊、河道的流速测量，包括 400kHz、600kHz、1000kHz 和 2000kHz 四种频率产品。

◆ 技术参数

Aquadopp（普通模式）				
声学频率	0.4MHz	0.6MHz	1.0MHz	2.0MHz
剖面量程	60~90m	30~40m	12~20m	4~10m
层厚	2~8m	1~4m	0.3~4m	0.1~2m
最小盲区	1m	0.50m	0.20m	0.05m
层数	最大128	最大128	最大128	最大128
流速测量范围	±10m/s（可定制更大量程）			
流速准确度	测量值的 1% ± 0.5cm/s			
流速采样率	最快 1Hz			
波束	3 波束			
换能器声束宽度	3.7°	3.0°	3.4°	1.7°
温度传感器	测量范围：−4~30℃，准确度/分辨率：0.1/0.01℃，响应时间：10min			
罗经	最大倾斜角：30°，准确度/分辨率：2°/0.1°（<20°）			
姿态仪	准确度/分辨率：0.2°/0.1°，上或下自动检测			
压力	测量范围：0~100bar(标准)，准确度/分辨率：0.5%/0.005%F.S.			
通信	RS-232，RS-422			
内存	标准 9MB，可扩充 4GB			
软件	AquaPro			
供电	9~15VDC，自带 13.5VDC 电池			
工作温度	−5~35℃			
存放温度	−20~60℃			
抗震	IEC 721-3-2			
工作水深	300m			
空气中重量	2.2kg(1MHz)，2.9kg(0.6MHz)，3.4kg(0.4MHz)			

续表

尺寸（直径 × 长）	75mm × 550mm	
Aquadopp（高分辨率模式）		
声学频率	1.0MHz	2.0MHz
剖面量程	6m	3m
层厚	20~300mm	7~150mm
最小盲区	0.20m	0.03m
层数	最大 128	最大 128
流速准确度	流速测量值的 1% ± 0.5cm/s	
流速采样率	最快 1Hz	
Aquadopp（第零层测量模式，只有 600kHz 和 1000kHz 可选）		
声学频率	2MHz	
最大量程	0.4~0.9m	

◆ 图 27　挪威 Nortek 公司 Aquadopp ADCP 海流剖面仪

1.2.15　挪威 Nortek 公司 Signature ADCP 海流剖面仪

◆ 设备简介 ··

　　Signature 系列剖面海流计主要为进行剖面测量设计，包括 55kHz、75kHz、500kHz 和 1000kHz 四种频率产品。其中 55kHz 和 75kHz 主要为进行大量程测量设计，换能器个数三个；500kHz 和 1000kHz 是全新一代产品，它具有五个换能器，能测量垂直流速。Signature ADCP 适合于进行定点观测，可自容、可实时。

◆ 技术参数 ··

55kHz 和 75kHz	
剖面量程	1000m（55kHz），600m（75kHz）
层厚	5~20m
最小盲区	2m
层数	最大 200
流速量程	1.25/2.5/3.75/5.0m/s 可选
流速准确度	流速测量值的 1% ± 0.5cm/s
流速分辨率	0.1cm/s
流速采样频率	1Hz
回声分辨率	0.5dB
回声强度量程	70dB
换能器工作频率	55kHz，75kHz
换能器结构	3 个，波束角 20°
波束宽度	4.5~5.5°
温度传感器	测量范围：−4~40℃，准确度/分辨率：0.1/0.01℃，响应时间：2min
罗经	准确度/分辨率：2°/0.01°
姿态仪	准确度/分辨率：0.2°/0.01°，最大倾斜：30°，上或下自动检测
压力	测量范围：0~100m(标准)，准确度/分辨率：0.1%/<0.002%F.S.
通信方式	RS-232，RS-422
内存	4GB
供电	15~48VDC
工作温度	−4~40℃
存放温度	−20~60℃

续表

抗震	IEC 721-3-2
工作水深	1500m
空气中重量	45kg（75kHz），55kg（55kHz）
水中重量	19kg（75kHz），26kg（55kHz）

500kHz 和 1000kHz

	Signature500	Signature1000
剖面量程	70m	30m
层厚	0.5~4m	0.2~2m
最小盲区	0.5m	0.1m
层数	128(突发)/200(平均)	128(突发)/200(平均)
流速量程	1.0/1.25/2.5/3.75/5.0m/s 可选	1.0/1.25/2.5/3.75/5.0m/s 可选
流速准确度	流速测量值的 1% ± 0.5cm/s	流速测量值的 1% ± 0.5cm/s
流速分辨率	0.1cm/s	0.1cm/s
突发模式最大采样频率	8Hz	16Hz
突发模式下第5波束最大采样频率	4Hz	8Hz
换能器工作频率	500kHz	1000kHz
换能器结构	5个，4个波束角25°，1个垂直	
波束宽度	2.9°	
回声分辨率	0.5dB	
回声强度量程	70dB	
温度传感器	测量范围：-4~40℃，准确度/分辨率：0.1/0.01℃，响应时间：2min	
罗经	准确度/分辨率：2°/0.01°	
姿态仪	准确度/分辨率：0.2°/0.01°，最大倾斜：360°，上下自动识别	
压力	测量范围：0~100bar(标准)，准确度/分辨率：0.1%/0.002%F.S.	
通信方式	RS-232，RS-422	
内存	16GB	
供电	12~48VDC，自带15V电池	
工作温度	-4~40℃	
存放温度	-20~60℃	
抗震	IEC 60068-1/IEC 60068-2-64	
工作水深	300m	

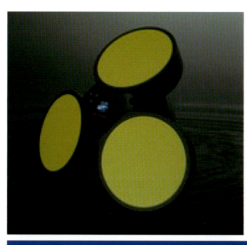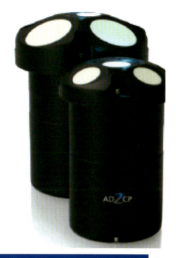

◆ 图28 挪威 Nortek 公司 Signature ADCP 海流剖面仪

1.2.16 挪威 AADI 公司 RDCP600 海流剖面仪

◆ 设备简介

RDCP600 是一种频率为 600kHz 的自记式多普勒海流剖面仪,抗干扰性强,可信度高,包括 300m 和 2000m 两种产品。

◆ 技术参数

声波频率	600kHz
波数	4 波束
波束角	25°
姿态仪测量范围	−20~20°
流速测量范围	0~5m/s
流速测量水平准确度	0.5cm/s 或读数的 ±1.5%
流速测量垂直准确度	1.0cm/s
剖面量程	30~70m
盲区	300m:1m,2000m:2m
层厚	1~10m
层数	最大 150
工作温度	−4~40℃
罗经测量范围	0~360°
罗经准确度	±4°(0~35°)

续表

倾斜测量范围	±45°
倾斜准确度	±1.5°
通信	RS-485
供电	7~14VDC

◆ 图29 挪威AADI公司RDCP600海流剖面仪

1.2.17　杭州应用声学研究所走航式相控阵声学海流剖面仪

◆ 设备简介

　　杭州应用声学研究所走航式相控阵声学海流剖面仪是利用声学多普勒原理，并结合矢量合成方法获取海流垂直剖面速度的水声仪器，利用其海底跟踪功能，测量船相对于海底的运动速度，可代替声学多普勒计程仪或其他计程仪，也可通过航迹推算法进行水下定位。该系列设备有38kHz、75kHz、150kHz三种频率的产品，主要安装于船舶等海上运动平台。

◆ **技术参数**

剖面测量	型号	SLC38-1	SLC75-1	SLC150-1
	工作频率	38kHz	75kHz	150kHz
剖面参数	流速测量长期准确度	±1% V（流速）±0.01 m/s		
	剖面深度	800m	400m	250m
	层数	1~128 层		
底跟踪	最大深度	1700m	950m	500m
	底速度测量长期准确度	±1.0% V（流速）±0.01m/s		
相控阵	空气中重量	≤ 200kg	≤ 180kg	≤ 10kg
	直径	800mm	500mm	230mm
	高	220mm	250mm	180mm
电子机箱	型号	标准机箱 8U		
	重量	≤ 50kg		
	尺寸	≤ 500mm × 520mm × 250mm		
供电	电压	220（1±10%）VAC，50（1±5%）Hz		
	平均功耗	200W		
硬件	通信及输出方式	RS-232 串口，以太网，RS-422 串口可选		
可选配件	压力传感器、电子罗盘			
软件	测流仪显示控制软件，数据采集并存储，使用后处理软件处理			
环境要求	工作温度	-15~55℃（相对湿度 ≤ 95%）		
	存储温度	-40~65℃（相对湿度 ≤ 95%）		

◆ 图 30　杭州应用声学研究所走航式相控阵声学海流剖面仪

1.2.18 杭州应用声学研究所自容式相控阵声学海流剖面仪

◆ 设备简介

杭州应用声学研究所自容式相控阵声学海流剖面仪是一种能对海上特定地点海流进行长期连续观察的设备，声学换能器采用相控阵原理，具有功耗低、体积小和重量轻的特点。该系列设备有38kHz、75kHz、150kHz三种频率的产品，主要安装在潜标、浮标、海床基等平台上进行长期工作。

◆ 技术参数

剖面测量	型号	SLS38-1	SLS75-1	SLS150-1
	工作频率	38kHz	75kHz	150kHz
	工作深度	1000m（标准）		
剖面参数	流速测量长期准确度	±1% V（流速）±0.01m/s		
	最大海水剖面深度	800m	400m	300m
	层数	1~128 层		
相控阵	空气中重量	≤150kg	≤100kg	≤50kg
	直径	630mm	400mm	230mm
	高	110mm（不含连接件）	110mm	200mm
电池供电	电子舱尺寸：225mm×365mm（可连续工作3个月），225mm×665mm（可连续工作6个月）			
硬件	通信及输出方式	RS-422 接口（19200bps）		
可选配件	压力传感器、电子罗盘			
软件	测流仪显示控制软件			
环境要求	工作温度	-10~55℃（相对湿度≤95%）		
	存储温度	-30~60℃（相对湿度≤95%）		

◆ 图31 杭州应用声学研究所自容式相控阵声学海流剖面仪

1.2.19　杭州应用声学研究所 STH150 相控阵声学多普勒海流计程仪

◆ 设备简介

杭州应用声学研究所 STH150 相控阵声学多普勒海流计程仪（简称：150kDVL）主要用于 ROV、UUV、AUV 等水下运载器的导航定位和海底跟踪。

◆ 技术参数

剖面测量	型号	STH150
	工作频率	150kHz
	最大海水剖面深度	60~80m
	层数	1 层
底跟踪	最大深度	500m
	底速度测量长期准确度	±1.0%V（流速）±0.01m/s
重量尺寸	空气中	≤ 10kg
	尺寸（直径 × 高）	≤ 230mm × 230mm
供电	电压	20~60VDC
	平均功耗	40W
硬件	通信及输出方式	RS-232，RS-422，以太网可选
可选配件	压力传感器、电子罗盘	
环境要求	工作温度	-15~55℃（相对湿度 ≤ 95%）
	存储温度	-40~65℃（相对湿度 ≤ 95%）

◆ 图 32　杭州应用声学研究所 150kHz 相控阵声学多普勒海流计程仪

1.2.20　中国科学院声学研究所系列自容式海流剖面仪

◆ 设备简介

　　自容式声学多普勒流速剖面仪是一种利用声学多普勒技术测量水中流场剖面的仪器，它采用低功耗设计，自带电池和存储介质，可安装在海床基、潜标或浮标上进行流场的长时间定点测量，根据其所配备电池容量和工作方式不同，其观测时间可达数月到一年以上，也可安装在载体上进行走航测量或作为导航传感器用于深海导航。该系列自容式 ADCP 是在多年声学多普勒测速理论和仪器研制基础上研发的低功耗、高可靠性、高耐压的声学测流测速仪器，采用宽带测速理论，具有自主知识产权。各型仪器已由生产企业完成小批量生产，并在多个项目中实际应用。该系列 ADCP 包含 150kHz、300kHz 两个频率产品。

◆ 技术参数

型号	150kHz 自容式 ADCP	300kHz 自容式 ADCP
标称工作频率	150kHz	300kHz
流速测量范围	±5m/s（标准），±10m/s（最大）	
测速准确度	测量值的 ±1% ±5mm/s	
剖面范围	≥ 200m	≥ 100m
最大工作深度	1500/3000m 可选	1500/6000m 可选
电源	20~50VDC，内置 2 组电池	20~50VDC，内置 1 组电池
典型工作功耗	≤ 20W	
待机功耗	≤ 20mW	
数据内存容量	2GB	
工作温度	−5~45℃	
外形尺寸	500mm × 765mm	252mm × 603mm
壳体材料	铝合金	铝合金 / 钛合金

◆ 图33　中国科学院声学研究所自容式海流剖面仪

1.2.21　青岛海山海洋装备有限公司 HISUN ADCP 海流剖面仪

◆ 设备简介

　　青岛海山海洋装备有限公司推出的 HISUN 系列 ADCP——声学多普勒流速剖面仪，具有稳定的信号处理能力、强大的电子性能、紧凑的外形，配备三维流速剖面和底跟踪、水跟踪的速度测量功能，可进行流速剖面的实时、精确测量。

　　该产品应用宽带、窄带、脉冲相干技术，搭载磁罗盘、倾斜传感器、温度传感器（压力传感器可选装），具有直插和自容两种供电模式，便于安装在测船、浮标、锚系及海底支架上，可广泛应用于沿海及近海的科研调查，包括气象研究、波浪数据研究、环境管理、沿海工作站点的评估、石油天然气的开发和勘探等。该系列产品包括 75kHz、150kHz 和 300kHz 三种产品。

◆ 技术参数

单频（标准）	HISUN300kHz	HISUN150kHz	HISUN75kHz
换能器类型	活塞式		
波束	4波束，角度20°	4波束，角度30°	
流速测量范围	最大 ±20m/s，典型 ±5m/s		
流速分辨率	0.01cm/s		
单元层数	最大200		
单元层大小	典型4m（2cm最小）	典型8m（8cm最小）	典型16m（16cm最小）
窄带	180m	425m	850m
宽带	100m	275m	530m
长期精度(高精度)	±0.7%/±2mm/s	±1%/±5mm/s	±1%/±5mm/s
长期精度(低精度)	±1%/±2mm/s	±1%/±5mm/s	±1%/±5mm/s
宽带单呼精度	3.5cm/s@4m单元层，最大 ±5m/s	3.5cm/s@8m单元层，最大 ±5m/s	3.5cm/s@16m单元层，最大 ±5m/s
窄带单呼精度	20cm/s@4m单元层，最大 ±5m/s	20cm/s@8m单元层，最大 ±5m/s	20cm/s@16m单元层，最大 ±5m/s
数据输出频率	典型1~2Hz，最大10Hz	典型1~2Hz	最大1Hz
底跟踪			
范围	300m	700m	1000m
流速精度(高精度)	±0.7%，±2mm/s	±1%，±5mm/s	±1%，±5mm/s
单呼精度	±0.6cm/s@3m/s	<1cm/s	<1cm/s
分辨率	0.01cm/s		
标准配置传感器			
磁罗盘	测量范围：0~360°，精度：±1°，分辨率：0.01°		
倾斜仪	测量范围：±180°，精度：1°，分辨率：0.01°		
温度传感器	测量范围：-5~70℃，精度：±0.15℃，分辨率：0.001℃		
压力传感器	测量范围：可选，精度：±0.1%		
材料	工程塑料/铝合金/钛合金		

续表

电源			
自容式/直插式 电压	11~36VDC/ 90~250VDC	11~36VDC/ 90~250VDC	20~30VDC/ 90~250VDC
自容式功率	11W 典型	50W 典型	100W 典型
通信方式	RS232，RS485/100BaseT 以太网		
内存	8GB		
环境温度	自容式：（工作）–5~40℃，（储藏）–10~70℃； 直读式：（工作）–5~40℃，（储藏）–30~60℃		
工作水深	300/3000/6000m 可选		

◆ 图34 青岛海山海洋装备有限公司 HISUN ADCP 海流剖面仪

1.2.22 青岛海山海洋装备有限公司声学多普勒计程仪

◆ 设备简介

　　该产品为新一代声学多普勒计程仪，采用相控阵多普勒原理，与传统计程仪相比，具有测速精度高、使用稳定可靠、体积小、适装性好、平面流线型好等优点。它既可以测量舰船航行的纵向速度，也可以测量横向速度，具备二维测速功能，可真实的反映出舰船航行的状态。

◆ 技术参数

工作频率	150kHz
工作电压	24 ± 2V DC
测速范围	−5~7.5m/s
测速精度	优于 0.4% ± 2mm/s
底跟踪深度	300m（典型海底）
最小探底深度	2m
声速修正	无需
耐冲击能力	不小于 8g，200ms
工作温度	−5~50℃
存储温度	−20~60℃
电子机箱外形尺寸（长 × 宽 × 高）	230mm × 200mm × 110mm
换能器外形尺寸（直径 × 长）	225mm × 60mm
换能器信号缆直径	12mm
重量	换能器 12kg（不含电缆），电子机箱 5kg

◆ 图 35　青岛海山海洋装备有限公司声学多普勒计程仪

1.3 水平海流剖面仪

1.3.1 美国 TRDI 公司 WorkHorse H-ADCP 海流剖面仪

◆ 设备简介

WorkHorse H-ADCP 可以安装在石油平台的桩腿、港口的一侧，沿水平方向测出不同水平距离内的流速和流向，适合于进行定点测量，包括 H-ADCP 300（300kHz）、H-ADCP 600（600kHz）和 H-ADCP N300（300kHz）两种频率配置的三种产品。

◆ 技术参数

产品型号			H-ADCP 300		H-ADCP 600		H-ADCP N300	
频率			300kHz		600kHz		300kHz	
	层厚（m）	工作模式	量程（m）	标准方差（cm/s）	量程（m）	标准方差（cm/s）	量程（m）	标准方差（cm/s）
水平剖面	0.5	标准			41	11.03		
		大量程			54	23.14		
	1.0	标准	99	10.97	45	5.66	126	13.55
		大量程	134	23.01	59	11.87	164	28.44
	2.0	标准	108	5.62	49	2.89	136	6.94
		大量程	145	11.74	64	6.05	176	14.51
	4.0	标准	120	2.87	54	1.36	149	3.55
		大量程	158	6.02	70	2.83	190	7.44
	8.0	标准	134	1.36	60	0.6	163	1.73
		大量程	173	2.89	75	1.22	205	3.68
	16.0	标准	148	0.6			178	0.77
		大量程	187	1.32			221	1.65
剖面参数	流速准确度		±0.5%/±0.5cm/s		±0.25%/±0.25cm/s		±0.5%/±0.5cm/s	
	流速分辨率		0.1cm/s					
	流速量程		标准 5m/s，最大 20m/s					
	层数		1~128					

续表

换能器和硬件	波束宽度	2.1°	1.3°	1.1°
	波束角	25°	25°	20°
	空气中重量	16kg	14kg	72.1kg
	水中重量	10kg	8.6kg	56.2kg
环境	工作水深	200m		
	工作温度	−5~45℃		
	储存温度	−30~60℃		
通信及输出格式	RS-232 或 RS-422，ASCII 或二进制格式输出，输出速率 1200~115200bps			
供电	20~50VDC			
标准传感器	温度传感器	测量范围：−5~45℃，误差：±0.4℃，分辨率：0.01℃		
	罗经	准确度：±2°，误差：±0.5°，分辨率：0.01°，最大倾斜：±15°		

◆ 图36　美国 TRDI 公司 WorkHorse H-ADCP 海流剖面仪

1.3.2　美国 LinkQuest 公司 FlowQuest H-ADCP 海流剖面仪

◆ 设备简介

　　该系列 H-ADCP 由美国 LinkQuest 公司生产，采用目前先进的声学多普勒技术、低功耗 DSP 技术，以及专有的宽带声学扩频技术。它包括 600H（600kHz）和 1000H（1000kHz）两种频率的产品，适合进行对渠道、河流等进行定点水平测量。

◆ 技术参数

		600H	1000H
型号			
剖面	频率	600kHz	1000kHz
	最大测量量程	120m	50m
	层厚	4m	2m
	工作水深	80m	
	功耗	50W	20W
	盲区	0.4m	0.25m
流速	准确度	±0.25%±0.2cm/s	
	层厚	0.5~4.0m	0.25~2.0m
	最大流速	10m/s	
	单元数	170	
	ping率	2Hz	5Hz
硬件	换能器	3波束	
	波束角	22°	
	通信方式	RS-232 或 RS-422	
重量	空气中	9.9kg	9.0kg
	水中	4.4kg	4.0kg
尺寸	长度	25cm	20cm
	直径	26.5cm	23cm

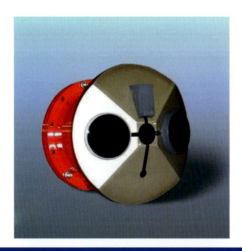

◆ 图37 美国 LinkQuest 公司 FlowQuest H-ADCP 海流剖面仪

1.3.3 杭州应用声学研究所 SLS150H 水平海流剖面仪

◆ 设备简介

杭州应用声学研究所 SLS150H 水平海流仪利用声学多普勒原理，测量某一流层水平剖面的流场信息，主要用于港口、航道、河流以及大桥桥墩区域，能测量该区域最大 200m 范围内的水流流速、流向、水位等信息。

◆ 技术参数

型号		SLS150H
性能指标	工作频率	150kHz
	最大测流距离	200m
	流速分辨率	±1% V（流速）±0.01m/s
	流速测量范围	±5m/s
	盲区	4m
	层数	1~64
	测量距离分层	4m，8m，16m 可选
	潮位测量范围	0~20m
	潮位测量准确度	测量值的 1 %
相控阵	重量	≤ 30kg（不含电缆）
	尺寸	≤ 430mm × 210mm × 290mm
供电	电压	20~60VDC
	功率	< 45W
硬件	通信及输出方式	数据输出包含 RS-232、RS-422、CAN2.0 和以太网 4 种接口，可满足不同用户、不同场合的数据通信、传输和控制的需求
可选配件		压力传感器、电子罗盘
软件		测流仪显示控制软件
环境要求	工作温度	0~40℃（相对湿度：≤ 93%RH）
	存储温度	-20~60℃（相对湿度：≤ 93%RH）

◆ 图 38　杭州应用声学研究所 SLS150H 水平海流剖面仪

1.4 抛弃式海流计

1.4.1 美国 Sippican 公司抛弃式海流计

◆ 设备简介

抛弃式海流计（XCP）是理论上第一个可以在任何天气条件下，提供实时流速、方向、温度以及深度（可达1500m）的测量仪。对快速测量数据而言，该XCP十分适合。它消除了以往仪器可能丢失重要测量系统设备的问题，它无须投送器，它可由人手动在任何船舶表面完成部署，也可由具备声纳浮标结构的飞机投送（速度可达180kn，高度可达2000m）。

◆ 技术参数

流速水平准确度	3%RMS
速度分辨率	1.0cm/s RMS
深度垂直分辨率	0.3m
温度范围	0~30℃
温度分辨率	0.2℃
采样频率	16Hz
测量深度	1500m

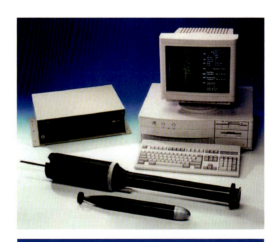

◆ 图39 美国 Sippican 公司抛弃式海流计

2 波浪测量

海浪是发生在海洋中的一种波动现象。波动的基本特点是，在外力的作用下，水质点离开其平衡位置作周期性或准周期性的运动。常见的海浪有风浪、涌浪和近岸浪。风浪是由风直接作用产生的波浪；涌浪是指由其他海域传来的波浪或由当地风力急剧减小、风向改变或风平息后遗留的波浪；近岸浪是指风浪或涌浪传到岸边，受地形作用而改变性质的波浪。

海浪测量的基本要素包括波高、周期、波向和波速。其测量设备多种多样，根据测量原理可以分为重力式、压力式、声学式、光学式和遥感式等类型。目前常用的波浪测量设备有波浪浮标、波浪仪、测波雷达、激光和卫星遥感等。浪潮仪可同时测量波浪和潮位，其测量原理和波浪仪相同，因此本书中浪潮仪也归类于波浪仪。

本章收录了常用波浪浮标、波浪仪、测波雷达的相关信息。

2.1 波浪浮标

2.1.1 荷兰 Datawell 公司 MK Ⅲ 测波浮标

◆ 设备简介

Datawell 公司 MK Ⅲ 测波浮标俗称"波浪骑士",它通过安装在浮标中的加速度计测量波浪运动所产生的加速度,然后通过双重积分,得到波高、波周期和波向值。

◆ 技术参数

波高	测量范围:–20~20m,分辨率:0.01m,准确度:0.5%(校准后)
波周期	测量范围:1.6~30s
波向	测量范围:0~360°,分辨率:1.4°
水温	测量范围:–5~46℃,分辨率:0.06℃,准确度:<0.1℃
通信方式	高频通信或卫星通信
尺寸	直径 0.7m 和 0.9m 两种规格
重量	105kg(0.7m),225kg(0.9m)

◆ 图 40 荷兰 Datawell 公司 MK Ⅲ 测波浮标

2.1.2 荷兰 Datawell 公司 GPS 测波浮标

◆ 设备简介

Datawell 公司 GPS 测波浮标通过安装在浮标中的 GPS 设备（无需用差分 GPS）测量波高、波周期和波向值。

◆ 技术参数

波高	测量范围：−20~20m，分辨率：0.01m
波周期	1.6~100s（漂流），1.6~20s（锚系）
波向	测量范围：0~360°，分辨率：1.5°
通信方式	高频通信或卫星通信
尺寸	直径 0.4m、0.7m 和 0.9m
重量	17kg（0.4m），95kg（0.7m），225kg（0.9m）

◆ 图 41　荷兰 Datawell 公司 GPS 测波浮标

2.1.3 荷兰 Datawell 公司 DWR4/ACM 测波浮标

◆ 设备简介

Datawell 公司 DWR4/ACM 测波浮标与其他测波浮标的不同在于它可以测量表面海流，同时还可进行波高、周期和波向测量。

◆ 技术参数

海流	流速层厚：表层 0.4~1.1m
	采样间隔：10min
	传感器：3 个 3MHz 换能器
	流速测量范围：0~3m/s，分辨率：1mm/s
	流向测量范围：0~360°，分辨率：0.1°
波浪	波高测量范围：-20~20m，分辨率：0.01m，准确度：0.5%（校准后）
	波周期测量范围：1.0~30s（漂流），1.0~20s（锚系）
	波向测量范围：0~360°，分辨率：1.5°
通信方式	高频通信或卫星通信
尺寸	直径 0.9m
重量	225kg

◆ 图 42 荷兰 Datawell 公司 DWR4/ACM 测波浮标

2.1.4　荷兰 Datawell 公司 SG 测波浮标

◆ 设备简介 ....

　　Datawell 公司 SG 测波浮标是旧型号 FL 型测波浮标的升级产品，它与 MK Ⅲ 测波浮标的唯一差别是 SG 测波浮标不提供波向资料，仅测波高和波周期。

◆ 技术参数 ....

波高	测量范围：−20~20m，分辨率：0.01m，误差：0.5%
波周期	1.0~30s（漂流），1.0~20s（锚系）
通信方式	高频通信或卫星通信
尺寸	直径 0.7m 和 0.9m 两种规格
重量	95kg（0.7m），225kg（0.9m）

◆ 图 43　荷兰 Datawell 公司 SG 测波浮标

2.1.5　加拿大 AXYS 公司 Triaxys 方向波浪浮标

◆ 设备简介

Triaxys 方向波浪浮标用于波浪实时观测，超过 5 年的数据存储和免维护周期，使得该浮标使用更方便，特别适合于长期观测。

◆ 技术参数

参数	测量范围	分辨率	准确度
波高	±20m	0.01m	优于 1%
周期	1.5~33s	0.1s	优于 1%
波向	0~360°	1°	3°
水温	−5~50℃	0.1℃	±0.5℃
通信方式	蓝牙通信、高频通信和卫星通信		
尺寸	直径 1.1m		
重量	230kg		

◆ 图 44　加拿大 AXYS 公司 Triaxys 方向波浪浮标

2.1.6　加拿大 AXYS 公司 Triaxys 迷你波浪浮标

◆ 设备简介

该浮标是一个容易布放、坚固、经济的波浪测量浮标，其体积小、重量轻，容易搬运和布放。它基于线性波理论，根据一定时间内采集的取样数据进行计算得到波要素，可以进行波高、波周期、波向等波浪要素测量。

◆ 技术参数

参数	测量范围	分辨率	准确度
波高	±20m	0.01m	≤1%
周期	1.5~33s	0.1s	≤1%
方向	0~360°	1°	3°
水温	−5~50℃	0.1℃	±0.5℃
通信方式	CDMA、GPRS 或卫星通信		
尺寸	直径 0.6m		
重量	60kg		

◆ 图45　加拿大 AXYS 公司 Triaxys 迷你波浪浮标

2.1.7 加拿大 AXYS 公司 Triaxys 波流浮标

◆ 设备简介

Triaxys 波流浮标是在 Triaxys 方向波浪浮标的基础上发展而来的，相较于后者，它多了一个测流功能，可以同时测量表层流速。

◆ 技术参数

参数	测量范围	分辨率	准确度
波高	±20m	0.01m	优于 1%
周期	1.5~33s	0.1s	优于 1%
波向	0~360°	1°	3°
海流	0~10m/s	1cm/s	±10cm/s
水温	−5~50℃	0.1℃	±0.5℃
通信方式	蓝牙通信、高频通信和卫星通信		
尺寸	直径 1.1m		
重量	230kg		

◆ 图 46　加拿大 AXYS 公司 Triaxys 波流浮标

2.1.8　丹麦 EIVA 公司 Toughboy Panchax 波浪浮标

◆ 设备简介

该浮标是市场上同领域总价较低的仪器，它购买价低、服务价格低、通信花费低，内置了最新 ADCP 和波浪传感器，提供高准确度的波浪和水流数据，其可应用于港口监测、波浪谱研究和波浪、水流测量。

◆ 技术参数

波传感器			
参数	采样间隔	最大值	准确度
波平均方向	10~180min	360°	±5°
有效波高	10~180min	15m	±0.1m 或 2%
波峰期	10~180min	25.5s	±0.1s 或 2%
跨零周期	10~180min	25.5s	±0.1s 或 2%
海面高度	0.25~0.5s	15m	±0.01m 或 2%
温度传感器			
参数	间隔	最大值	准确度
表面水温	10~180min	40℃	±0.5℃
空气温度	10~180min	50℃	±0.5℃
尺寸	高 3.17m，直径 1.2m		
重量	空气中 360kg		

◆ 图 47　丹麦 EIVA 公司 Toughboy Panchax 波浪浮标

2.1.9　中国海洋大学 SZF 波浪浮标

◆ 设备简介

SZF 波浪浮标可测量波高、波周期、波浪方向、表层水温等参数，其技术指标符合国家海洋行业标准《波浪浮标》。它已在全国范围内推广使用，并已部分销往国外。目前主要用户有国家海洋局各海洋环境监测站、海军、中国海监、海洋石油、相关的研究院所及海洋工程部门，用户已达百余家。

◆ 技术参数

参数	测量范围	准确度
波高	0.2~30m	5% ± 0.3m
波向	0~360°	± 10°
波周期	3~20s	± 0.5s
排水量	140kg	
采样间隔	0.5/0.25/0.125s 可选	
浮标自重	105kg	
通信方式	单向 VHF 数字通信	
最大通信距离	10~15km	
尺寸（直径 × 高）	86cm × 62cm	

◆ 图 48　中国海洋大学 SZF 波浪浮标

2.1.10 山东省科学院海洋仪器仪表研究所 SBF3-1 波浪浮标

◆ 设备简介

SBF 波浪浮标系统，由海上浮标及岸站接收处理分系统两部分组成，是一种无人值守的，可用于近海波高、波向和水温监测的小型浮标测量系统。其最新型号 SBF3-1，主要用于沿岸海洋环境监测台站中对常规波浪观测工作和近海海洋环境工程的监测，同时也可在海洋调查船上随船使用。

◆ 技术参数

参数	测量范围	准确度	分辨率
波高	0.2~25m	±0.1+5%Hm	0.1m
波周期	2~30s	±0.25s（采样频率为4Hz时），±0.5s（采样频率为2Hz时）	0.1s
波向	0~360°	±10°	1°
水温	−5~35℃	±0.1℃	0.1℃
供电	磷酸铁锂可充电电池4只，系统供电电压标称值12V		
重量	180kg		
通信方式	VHF 通信，CDMA		
尺寸（直径×高）	90cm×100cm		

◆ 图49 山东省科学院海洋仪器仪表研究所 SBF3-1 波浪浮标

2.1.11 中山市探海仪器有限公司 OSB-W3 波浪浮标

◆ 设备简介

OSB-W3 适用于近海波浪监测，采用太阳能供电，可以通过 VHF 实时将采集资料发送至岸站，并存储在浮标内部。

◆ 技术参数

参数	测量范围	准确度
波高	0.2~20m	±10%
波周期	2~25s	±10%
供电	太阳能	
重量	109kg	
通信方式	VHF	
尺寸（直径×高）	130cm×44cm	

◆ 图 50　中山市探海仪器有限公司 OSB-W3 波浪浮标

2.1.12　中山市探海仪器有限公司 OSB-W4 波浪浮标

◆ 设备简介

OSB-W4 小浮标上带有雷达反射器以及玻璃钢外壳上含有光致发光涂层，可使浮标在海上减少意外碰撞，便于寻找等，有明显的好处。由于内采用液体发泡充满的浮力仓，万一发生海上严重碰撞事故，浮标体不会进水、更不会下沉，更换浮体代价也很小。标体外壳选用抗老化玻璃钢材料，长期在海上使用，不生锈、不易附着海洋生物、保光泽等方面，远胜于其他材料。

◆ 技术参数

参数	测量范围	准确度
波高	0~10m	±10%
波周期	1.5~25s	±10%
波向	0~360°	±10°
供电	电池	
重量	50kg	
通信方式	VHF	
直径	60cm	

◆ 图 51　中山市探海仪器有限公司 OSB-W4 波浪浮标

2.1.13　中山市探海仪器有限公司 OSB-W5 波浪浮标

◆ 设备简介

OSB-W5 波浪浮标系统可测量波浪，通过电台实时把数据传送到岸站，并储存在浮标内部。适合于海洋调查随船出海使用，也适合于海洋工程前期调查使用。

◆ 技术参数

参数	测量范围	准确度
波高	0.2~20m	±10%
波周期	2.0~25s	±10%
波向	0~360°	±10°
供电	电池	
重量	65kg	
通信方式	VHF	
直径	60cm	

◆ 图 52　中山市探海仪器有限公司 OSB-W5 波浪浮标

2.1.14　中山市探海仪器有限公司 OSB-W7 波浪浮标

◆ 设备简介

OSB-W7 是最新一代重力测波波浪浮标，适合于海洋调查随船出海使用，也适合于海洋工程前期调查使用。

◆ 技术参数

参数	测量范围	准确度
波高	0~20m	±10%
波周期	2.0~30s	±10%
波向	0~360°	±10°
供电	电池	
重量	260kg	
通信方式	VHF，GPRS	
直径	100cm	

◆ 图 53　中山市探海仪器有限公司 OSB-W7 波浪浮标

2.1.15 天津市海华技术开发中心 GPS 测波浮标

◆ 设备简介

GPS 测波浮标利用 GPS 信号反演波高、波周期和波向。它只需要一个 GPS 接收机，不需要其他的辅助传感器，硬件简单、成本低、体积小、重量轻，便于大规模高密度的布放使用，对波浪进行精细化的观测。

◆ 技术参数

测量指标				
波高	测量范围	0.2~20m	测量准确度	±(0.2+5%×测量值)m
波周期	测量范围	2.0~20s	测量准确度	±0.5s
波向	测量范围	0~360°	测量准确度	±10°
性能指标				
外形	球形			
直径	48cm（不含防护圈）			
重量	32kg			
工作方式	锚泊、船用、投弃漂流			
测量时间间隔	1h			
通信方式	北斗卫星通信，CDMA/GPRS 无线网络通信，铱星通信			
供电	采用一次性高能量电池组供电，设计工作时长 6 个月到 8 个月，电量用完后电池组可更换			

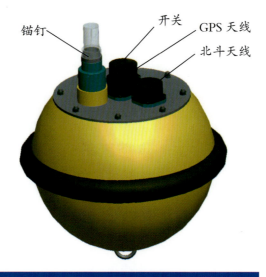

◆ 图 54　天津市海华技术开发中心 GPS 测波浮标

2.1.16　杭州应用声学研究所 SBF 波浪浮标系统

◆ 设备简介

杭州应用声学研究所 SBF 波浪浮标系统是一种无人值守的能自动、定点、定时（或连续）地对海面波浪的高度、波浪周期及波浪传播方向等要素进行遥测的小型浮标测量系统，为气象部门、防灾减灾部门提供重要的监测数据。

◆ 技术参数

型号		SBF
波高	测量范围	±20m
	准确度	2%
	分辨率	0.01m
波周期	测量范围	1.6~33s
	准确度	0.04s
	分辨率	0.02s
波向	测量范围	0~360°
	准确度	1°
	分辨率	1°
规格尺寸	重量	180kg(不含锚系)
	尺寸（直径 × 高）	1088mm × 1045mm
供电	电池	免维护胶体蓄电池
	电池寿命	3 年
硬件	通信及输出	GPRS 57600 kbps 或北斗 9600 kbps
软件		浮标数据显示存储软件
环境要求	工作温度	−2~55℃
	存储温度	−40~55℃

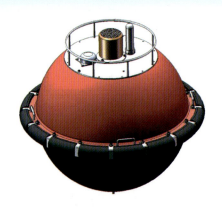

◆ 图 55　杭州应用声学研究所 SBF 波浪浮标系统

2.1.17　中国船舶重工集团公司第七一〇研究所 HMBL-1 波浪浮标

◆ 设备简介 ··

　　HMBL-1 波浪浮标基于 BD/GPS 系统，由浮标系统、高弹系留系统和岸站数据接收处理机系统三个部分组成，主要特点为利用卫星导航系统测量波浪参数，将测波及定位功能合二为一，提高了系统可靠性。该系统主要用于沿岸海洋环境监测站常规的波浪观测和近海环境工程的监测工作，同时也可在海洋调查船上随船定点漂浮布放使用，可全天候连续监测所在海域的浪高、海浪周期和波向参数，并实时将数据发送到岸上接收机，使相关人员能及时准确地了解海区实况。

◆ 技术参数 ··

波高	测量范围：20m 内，误差：±0.3m+ 测量值的 5%
波周期	测量范围：2~20s，准确度：±0.5s
波向	测量范围：0~360°，准确度：±10°
通信方式	卫星通信
工作时间	标准定时测量方式下（测量间隔 3h），连续供电时间不低于 12 个月
尺寸	≤ 900mm
重量	≤ 120kg

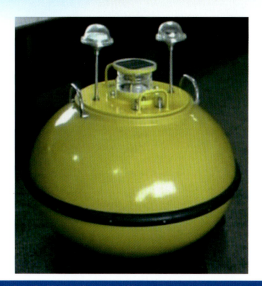

◆ 图56　中国船舶重工集团公司第七一〇研究所 HMBL-1 波浪浮标

2.2 波浪仪

2.2.1 加拿大 ASL 公司波浪仪

◆ 设备简介

加拿大 ASL 公司波浪仪用于在大陆架深度范围内对海洋波浪进行精确测量，典型的安装方式是坐底式，采用声学测量方式。

◆ 技术参数

波高量程	225m，55m 可选
波高准确度	±0.05m
采样频率	2Hz 或连续采样
工作频率	420kHz
声束宽度	1.8°
姿态仪	量程：±20°，准确度：±0.5°
通信方式	RS-232，RS-422
供电	自带电池
尺寸（直径 × 长）	0.17m × 1.1m
运输重量	37kg

◆ 图 57　加拿大 ASL 公司波浪仪

2.2.2 加拿大 RBR 公司 RBRduo T.D|wave 浪潮仪

◆ 设备简介

加拿大 RBR 公司的 RBRduo T.D|wave 波潮仪是一款非常小巧的自容式测量

水温、波浪和潮位的海洋仪器，准确度高，体积小，很方便地安装于各种物体上，如海底、码头、锚系，广泛应用于海洋研究，港口、大坝监测等。

◆ 技术参数

压力	
量程	10/20/50/100/200/500m 可选
准确度	0.05%F.S.
分辨率	0.001%F.S.
时间常数	<10ms
温度漂移	每年 0.1%
潮位和波浪	
采样率	1/2/4/6Hz 可调
采样间隔	1s~24h
波浪采样个数	512~32768
技术原理	采用压力式测波高原理
可观测要素	潮位、潮汐落差、有效波高和周期、十分之一波高和周期、最大波高、平均周期、波峰周期、总能量
温度	
测量范围	−5~35℃
精确度	±0.002℃ (ITS−90 和 NIST 标准)
分辨率	<0.00005℃
时间常数	3s
温度漂移	每年 0.002℃
物理参数	
电源	8 节 3V CR123A 电池
通信方式	USB
尺寸（长 × 直径）	271mm×64mm
内存	128MB（3000 万个数据）
重量	空气中 960g，水中 430g
时钟准确度	每年 ±64s

◆ 图 58　加拿大 RBR 公司 RBRduo T.IDwave 浪潮仪

2.2.3　美国 FSI 公司波浪仪

◆ 设备简介

该波浪仪利用精密硅压力传感器测量波浪，其测量范围为 23m，可长期记录。它可配以无线电通信设备，形成一套自动测量设备，适合于进行长期定点波浪测量。

◆ 技术参数

压力（波高）量程	最大 23m
压力（波高）准确度	±0.01%
压力（波高）分辨率	0.145×10^{-3}
采样频率	1~5Hz
供电	自带电池 5VDC，外加电源 12VDC
重量	空气中不含电池 3.4kg，水中不含电池 1.4kg

◆ 图 59　美国 FSI 公司波浪仪

2.2.4　美国 TRDI 公司 WHW 波浪仪

◆ 设备简介

美国 TRDI 公司生产有 Workhorse Waves Array 波浪仪，它基于剖面海流计硬件，通过增加波浪数据采集和处理模块，结合压力探头、波浪方向谱实时分析软件计算出波浪要素，主要技术参数和 ADCP 相同。一般新购买的 ADCP 可以选装此模块，或者已经购买的 Workhorse 系列、H-ADCP 系列均可升级。

2.2.5　美国 LinkQuest 公司 FlowQuest 波浪仪

◆ 设备简介

FlowQuest 波浪仪是在 FlowQuest ADCP 的基础上，通过加装 WaveQuest 方向波浪谱测量模块，实现波高、波向、波周期等参数测量。FlowQuest 600kHz 和 1000kHz ADCP 提供此功能。

◆ 技术参数

型号	FlowQuest 600	FlowQuest 1000
工作频率	600kHz	1000kHz
波高量程	60m	40m
波高分辨率	1cm	1cm
波高准确度	4cm	2.5cm
波向分辨率	0.1°	0.1°
波向准确度	2°	2°

◆ 图60 美国 LinkQuest 公司 FlowQuest 波浪仪

2.2.6 美国 SeaBird 公司 SBE26 Plus 浪潮仪

◆ 设备简介

SBE26 Plus 是一种设计紧凑、坚固耐用的浪潮仪，工作方式既可为自容式，也可为直读式。

◆ 技术参数

压力	测量范围：0~680m，准确度：±0.01%F.S.
温度	测量范围：-5~35℃，准确度：±0.01℃
波高分辨率	0.25s 积分时 0.4mm，1s 积分时 0.1mm
潮位分辨率	1min 积分时 0.2mm，15min 积分时 0.01mm

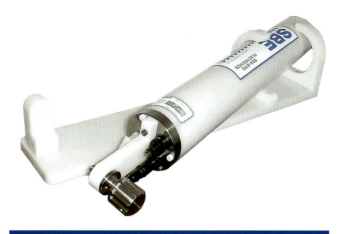

◆ 图61　美国 SeaBird 公司 SBE26 Plus 浪潮仪

2.2.7　德国 General Acoustics 公司 LOG_a Level 浪潮仪

◆ 设备简介

德国 General Acoustics 公司 LOG_a Level 浪潮仪是一款低成本、高效益、完整的遥测传感器系统，以超声波传感器为基础，安装了独立的水位计。系统能够自动工作，可独立于任何外部连接。LOG_a Level 波潮仪无需校准免维护，系统采用高性能的超声波换能器，保证能够可靠、快速、精确的测量各种水体水位及其动力学参数。可应用于风暴潮、洪水和海啸测量网、波浪监测和分析、水文学应用、疏浚调查和环境监测等领域。

◆ 技术参数

波浪测量范围	6m
通信方式	RS-232 或 RS-485
供电	12VDC
材质	不锈钢外壳
软件	LOG_a Level 软件
防护等级	IP66
尺寸	300mm × 300mm × 200mm

◆ 图62 德国 General Acoustics 公司 LOG_a Level 浪潮仪

2.2.8 挪威 AADI 公司 Seaguard WTR 浪潮仪

◆ 设备简介

浪潮记录仪 Seaguard WTR 基于 Seaguard 平台和安德拉浪、潮位传感器，特别设计用于海洋波浪和水位测量。它是一台测量浪属性、水位和水温的自容式仪器，可以作为其他测量的平台。

◆ 技术参数

参数	测量范围	准确度	分辨率
压力	0~30m	±0.02%F.S.	<0.0001%F.S.
温度	0~36℃	±0.2℃	<0.001℃
波浪采样频率	2/4Hz		
潮汐测量要素	压力、水位		
尺寸（直径 × 高）	139mm×356mm		
重量	空气中 6kg，水中 1.5kg		

◆ 图 63　挪威 AADI 公司 Seaguard WTR 浪潮仪

2.2.9　挪威 Nortek 公司 AWAC 波浪仪

◆ 设备简介

AWAC（浪龙）是一款应用革命性技术设计的仪器，能够同时测量剖面流速和波浪。用户能够使用它以层厚 1m 的设置测量水底至水面的剖面流速和流向，并同时测量长周期波浪、飓风波浪、短周期波浪以及行使的船舶产生的瞬态波。它体积小，结构坚固，通常安装在水底固定架上，进行在线或自容测量。

◆ 技术参数

声学频率	1MHz，600kHz 和 400kHz
波束	4 波束（1 个垂直，另 3 个 25° 角）
垂直波束宽度	1.7°
观测要素	剖面流速数据，波浪特征值数据（波高、周期、波向），能谱、方向谱、散度谱、傅立叶系数谱
波浪	量程：±15m；波高准确度：测量值的 1%；波向准确度：2°；周期量程：0.5~50s（1MHz），1~50s（600kHz），1.5~50s（400kHz）

◆ 图 64　挪威 Nortek 公司 AWAC 波浪仪

2.2.10　日本 JFE Adv 公司 Infinity-WH 波浪仪

◆ 设备简介

Infinity-WH 波浪仪为压力式,它存储容量大,采样频率高,可以用于观测各种周期的波浪。

◆ 技术参数

波浪测量范围	0~25m
分辨率	0.0005m
准确度	±0.14%F.S.
采样间隔	0.1~600s
采样数	1~18000
电池	CR-V3 锂电池 /3.3Ah
通信方式	USB2.0
尺寸	70mm×215mm
重量	空气中 1.2kg,水中 0.6kg
工作水深	25m

◆ 图65　日本 JFE Adv 公司 Infinity-WH 波浪仪

2.2.11　天津市海华技术开发中心 SBA3-2 声学波浪仪

◆ 设备简介

SBA3-2 声学波浪仪可自动定时测量和加密测量波浪高度、周期，统计计算波浪特征值，仪器可保存 2 个月的特征值和原始数据。适用于海洋台站、港工建设、石油平台以及湖泊、水库等波浪的测量。

◆ 技术参数

波高测量范围	0.1~20.0m
波高准确度	±0.1m（$H \leq 1m$）， ±0.1+测量值的10%m（$H \geq 1m$）
周期测量范围	2~20s
周期准确度	±0.5s
采样频率	2Hz
电缆长度	1500m SBA3-2 轻型铠装电缆
工作环境及使用条件	
(1) 水上机工作环境温度 0~40℃，相对湿度不超过 85%RH； (2) 换能器工作水深 5~60m，底流 <1.5m/s； (3) 常平架投放点海底最大倾斜度应 <20°，淤泥层 < 0.5m	
数据输出方式	RS-232C 串行接口通信输出
电源	85~265VAC 或 12VDC±1V（交直流自动转换）

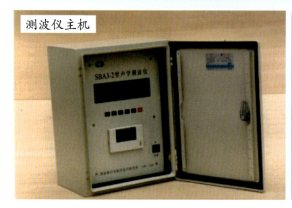
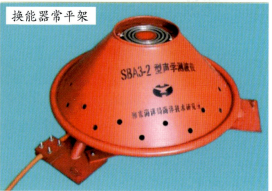
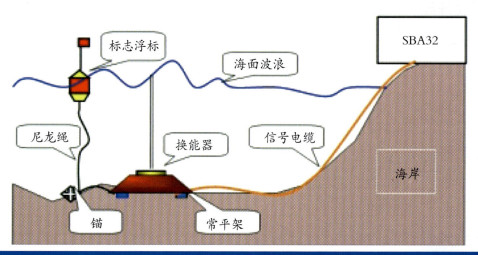

◆ 图66 天津市海华技术开发中心 SBA3-2 声学波浪仪

2.3 测波雷达

2.3.1 荷兰 Radac 公司单探头测波雷达

◆ 设备简介

WaveGuide 单探头测波雷达，可安装在固定平台上实现波浪和潮位测量。它由传感器单元和 Ware Guide 服务器单元组成，安装在水面以上，没有移动部件，不需要特殊维护，具有防爆认证，适合于防爆区域安装。单探头型仅能测量波高和波周期。

◆ 技术参数

波高测量范围	0~60m
波高准确度	1cm
波周期测量范围	>1s
通信方式	RS-232，LAN
供电	24VDC
重量	11kg

◆ 图67 荷兰 Radac 公司 WaveGuide 固定平台用单探头测波雷达

2.3.2 荷兰 Radac 公司三探头测波雷达

◆ 设备简介

WaveGuide 三探头测波雷达，使用三个雷达探头同时测量三点海面的变化，根据斜率和相位的关系可以计算出方向谱。其与单探头型最大差别在于可以测量波向。该型号同样具有防爆认证，适合于防爆区安装。

◆ 技术参数

波高	测量范围：0~60m，准确度：±5%，分辨率：0.01m
波向	测量范围：0~360°，准确度：±5°
波周期测量范围	>1s
通信方式	RS-232，LAN
供电	24VDC

◆ 图68　荷兰 Radac 公司 WaveGuide 固定平台用三探头波浪测量设备

2.3.3 荷兰 Radac 公司 WaveGuide 船用测波雷达

◆ 设备简介

WaveGuide 船用测波仪可安装在船舶上实现波浪和潮位测量。设备由传感器单元（安装在船头）和 WaveGuide 服务器单元组成。

◆ 技术参数

波高测量范围	0~60m
波高准确度	1cm
波周期测量范围	0~1Hz
通信方式	RS-232，LAN
供电	24VDC

◆ 图69　荷兰 Radac 公司 WaveGuide 船用测波仪

2.3.4 挪威 Miros 公司 WaveX 波浪雷达

◆ 设备简介

WaveX 是平台/岸基专用波浪监测系统，也可以安装在固定平台上或者其他平台，该系统使用 X 波段，可适应任何船速，其观测要素包括波高、波向和波周期。

◆ 技术参数

参数	测量范围	分辨率	标准差
有效波高	0~5m	0.1m	0.5m
有效波高	5~10m	0.1m	<10%
有效波高	10~15m	0.1m	<20%
波周期	3.2~5s	0.1s	<20%
波周期	5~13s	0.1s	<10%
波周期	13~25.6s	0.1s	<20%
波向	1~360°	1°	<20°

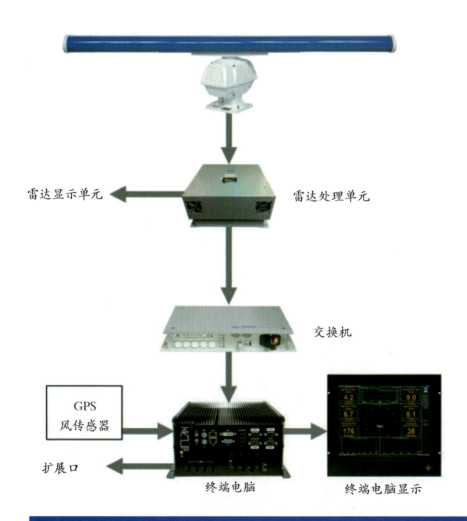

◆ 图70　挪威 Miros 公司 WaveX 测波雷达系统

2.3.5　挪威 Miros 公司 SM–050 波流雷达

◆ 设备简介

该系统为 C 波段雷达，可以测量波浪方向、波浪谱和表面流场，其使用简单，数据质量好，性价比高，是石油平台进行波浪和海流观测的较好选择。

◆ 技术参数

波浪方向谱			
方向数	36		
方向分辨率	10°		
频率数	32		
频率分辨率	0.01Hz		
频率	0~0.3Hz		
上传间隔	2.5min		
平均时间	45min（典型）		
波浪谱反演所得波浪要素			
	测量范围	误差	分辨率
波高	0~30m	±5% 或 0.2m	0.1m
波周期	3~30s	±5%	0.1s
波向	1~360°	±7°	1°
表面流			
	测量范围	误差	分辨率
流速	0~2.5m/s	±0.05m/s	0.01m/s
流向	1~360°	±7°	1°
上传时间	15min		
平均时间	90min		

◆ 图 71　挪威 Miros 公司 SM-050 波流雷达

2.3.6　德国 Helzel 公司 Wera 地波雷达

◆ 设备简介 ……………………………………………………………………

　　Wera 地波雷达可测量海流、波浪和风场，该雷达时间分辨率和空间分辨率高、测量距离远，采用模块化设计，测量数据可靠。同时 Wera 地波雷达每个发射天线功率小，对人员安全，安装场地灵活方便，天线前沿海域没有盲区。

◆ 技术参数 ……………………………………………………………………

	工作频率	5.25MHz		
工作量程	海流	320km		
	风向 & 船舶侦查	175km		
	波高	110km		
	波谱	100km		
距离分辨率	带宽	30kHz	50kHz	100kHz
	距离分辨率实际使用网格比此大 20%	5000m	3000m	1500m
可视角度场	±50°（8 天线，80m 长阵列）， ±60°（12 线阵列天线，282m 长阵列）， ±70°（12 线阵列天线，曲线阵列）， ±90°（4 天线，20.5×20.5m 正方形阵列）			

续表

角度准确度	±2°（8天线）， ±1°（12线阵列天线）， ±5°（4天线正方形阵列）			
波束角	取决于光束转向角	中心	典型	边缘
	12天线	±4°	±6°	±8°
	8天线	±7°	±10°	±16°
	角分辨率		<1°	
时间分辨率	可获得独立数据时间设置	海流：5~9min		
		波浪：10~20min		
		灾害预警：2min		
		最小时间步长：30s		
数据更新频率	典型更新频率	海流：15~30min		
		波浪：20~60min		
		灾害预警：30s		
准确度	对7MHz，雷达测量流速	5cm/s（积分时间9min）		
	有效波高	<10%（积分时间20min）		
	平均波向	<5°（积分时间20min）		
	平均周期	1.1~1.4s		
	方向谱	0.01Hz		
波浪监测限制	最小波高	1.5m		
	最大波高	18m		
风向监测限制	在非常低风速时，风向测不准			
系统硬件	宽：483mm；深：650mm；高：850mm； 供电：115~230VAC/50~60Hz，峰值功率600W			

◆ 图72 德国Helzel公司Wera地波雷达

2.3.7 德国 OceanWaveS 公司 WaMoS II 波流雷达

◆ 设备简介

WaMoS II 波流雷达系统是由德国 OceanWaves 公司生产的一种海浪与表层流监测系统。它利用普通的 X 波段海事雷达，凭借雷达观察到的海洋表面微波返回的散射情况进行数据分析，从而得到海浪和表层海流的相关数据，适合于石油平台进行波浪和海流观测。

◆ 技术参数

波流参数	准确度	测量范围	分辨率
波高	±10% 或 ±0.5m	0.5~20m	0.1m
波向	±2°	0~360°	1°
波周期	±0.5	3~18s	0.1s
流速	±0.2m/s	0~40m/s	0.01m/s
流向	±2°	0~360°	1°

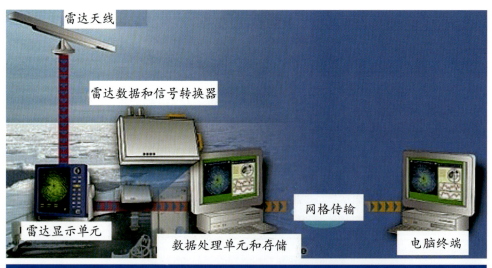

◆ 图73 德国 OceanWaveS 公司 WaMoS II 波浪测量设备

2.3.8 英国 RS Aqua 公司 WaveRadar REX 波浪水位雷达

◆ 设备简介

这是一款用于海上恶劣环境的微波雷达，能自动监测波浪和水位。大量使用实践证明该雷达可靠性高、稳定性强、操作方便。

◆ 技术参数

波高测量范围	0~60m
波高测量准确度	±6mm（<50m），±12mm（>50m）
测量频率	10Hz
防护等级	IP67
工作频率	9.7~10.3GHz
安装高度	距海面 3~65m

◆ 图74 英国 RS Aqua 公司 WaveRadar REX 波浪水位雷达

2.3.9 美国 CODAR 公司 SeaSonde 波流雷达

◆ 设备简介

SeaSonde 是一种遥测海洋表面流的高频测量设备，该测流设备由 2 个（或更多）野外工作站和一个中央处理站组成，野外工作站由发射/接收机、发射/接收天线和处理机等部分组成。野外工作站各自测出的径向海流矢量信息经过中央处理站处理之后，形成所覆盖海面的合成海流矢量图，同时可进一步推算出波浪的定向频谱参数，它适合于从岸基进行表层海流测量。

◆ 技术参数

	标准		高分辨率		大量程	
	沿岸	离岸	沿岸	离岸	沿岸	离岸
测量距离	20~60km	20~75km	15~30km	15~20km	100~220km	140~220km
分辨率	500m~3km		200~500m		3~12km	
工作频率	11.5 或 14MHz，24 或 27MHz		24 或 27MHz，40 或 5MHz		4.3 或 5.4MHz	
分辨角	1~5° 网格					
流准确度	与 ADCP 对比误差 <7cm/s					
波浪准确度	波高误差 7~15%，波向误差 5~12°，波周期误差 0.6s					
供电	120 或 220VAC，50~60Hz					

◆ 图75　美国 CODAR 公司 SeaSonde 波流雷达

2.3.10 日本 TSK 公司 WM-2 型船用测波仪

◆ 设备简介

WM-2 型船用测波仪轻便、坚固耐用，易于安装在船舶上。在走航状态下，利用微波多普勒雷达原理，通过加速度计补偿船舶的纵、横摇和升沉运动，从而实时测出波浪参数（波高、波周期）。

◆ 技术参数

波高测量范围	0~14.5m
波高分辨率	1.4cm
波高误差	<10%
波周期测量范围	0~20s
供电	110VAC
工作环境温度	0~40℃

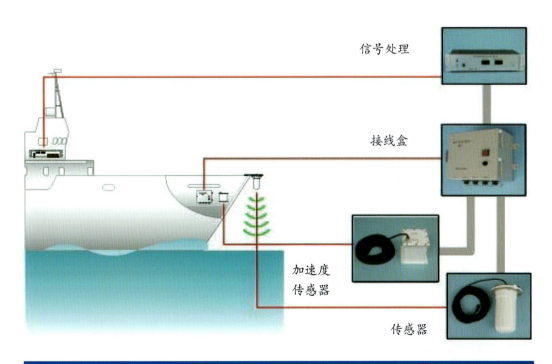

◆ 图76　日本 TSK 公司 WM-2 型船用测波仪

2.3.11 中船重工中南装备有限责任公司 OSMAR071 型阵列式高频地波雷达

◆ 设备简介

OSMAR071 型高频地波雷达是一种利用高频电磁波绕射特性，监测海洋环境的高新技术产品，其可以实时大面积监测海洋动力学参数（风、浪、流），具有探测距离远、精度高、覆盖面积广、环境适应性好、安装方便等特点。其主要由雷达主机设备（包括信号主机、发射机、发射天线、接收天线、发射馈线、接收馈线、终端计算机（含采样控制软件和海态提取软件））、其他辅助设备（通信传输设备和供电设备）组成，并根据需要建设野外远端站机房、供电系统、安全防护及监控系统。

该设备需在海岸边安装，采用简易地网，不需平整场地，天线安装可与地貌共形，系统并具有自防雷功能，无需建设避雷针（塔）。

◆ 技术参数

指标项		厂家指标	实际比测情况
流场	探测距离/获取率	<150km/95%，180km/90%，200km/85%（最大探测距离300km）	125km/80%，最大探测距离155km/60%
	测量范围	流速0~300cm/s，流向0~360°	
	均方测量误差	流速≤10cm/s，流向≤15°	高精度区流速5.8~15.4cm/s，流向9.8~25.3°；边缘区流速9.8~20.1cm/s，流向28.8~30.2°
风向	探测距离/获取率	风向：<150km/95%，180km/90%，200km/85%（最大探测距离300km）	
	测量范围	0~360°	
	均方测量误差	≤25°	风向22.4~59.45°
风速	探测距离/获取率	<75km/95%，90km/90%，100km/85%（最大探测距离150km）	40km/75%，65km/55%
	测量范围	3~75m/s	

续表

风速	均方测量误差	稳态风场，≤（2m/s＋测量值的15%）；非稳态风场，≤（2m/s＋测量值的25%）	风速>3m/s时，误差2.76~5.22cm/s
浪场	探测距离/获取率	<75km/95%，90km/90%，100km/85%（最大探测距离150km）	40km/75%，65km/55%
	测量范围	浪高1~10m，浪向为0~360°，浪周期为0~15s	
	均方测量误差	浪高：（0.5m＋测量值的15%（指H1/3）），浪向≤20°，浪周期：≤1.0s	有效波高0.89~3.21m，平均波周期3.15~4.57s
数据更新率		10min	
空间分辨率		1.25/2.5/5km可变，可在线切换	
连续工作时间		全天候24h连续	
电源功耗		采用220（1±10%）VAC，50（1±4%）Hz电源，功率不大于750W	
系统发射信号特性		（1）发射频率：8~10MHz； （2）调制方式（发射波形）：线性调频中断连续波； （3）扫频带宽：25/50/100kHz； （4）谐波抑制：>60dB(三次谐波)； （5）发射平均功率：不大于100W； （6）电磁兼容性：对人体无害，在隔离距离50m外与别的设备相互不影响	
工作模式	非组网工作模式	单机自成系统工作	
	组网模式	采用GPS（可以采用北斗二代）同步，实现同频组网。同步误差<2μs	
接收天线		4~8单元单极子螺旋鞭状天线，可沿海岸线布置，可以高低布置。可采用直线/曲线阵，单/双排阵形式	
发射天线		三元八木发射天线/单根发射天线	
避雷功能		（1）天线自带避雷针，不用建设避雷塔； （2）室内设备带5kW浪涌保护器和避雷器	
使用寿命		雷达设备5年	

续表

可靠性	硬件可靠性	硬件平均无故障间隔时间≥10000h	
	软件可靠性	软件平均无故障间隔时间≥8000h	
维修性		平均故障修复时间（MTTR）≤0.5h	
互换性		本设备中的各个分系统等均可互换	
环境适应性	高温	（1）工作温度：室内设备40℃，室外设备55℃； （2）储存温度：60℃	
	低温	（1）工作温度：室内设备-10℃，室外设备-30℃； （2）储存温度：-40℃	
	三防功能	雷达设备（信号主机、双频发射机、发射天线、接收天线、终端计算机，具有三防功能，具有良好的密封性，达到IP68防水等级要求	
抗台风等级		室外部分抗台风能力不小于14级	

◆ 图77　中船重工中南装备有限责任公司OSMAR071型阵列式高频地波雷达

2.3.12 中国船舶重工集团公司第七二四研究所 OS071X 型 X 波段测波雷达

◆ 设备简介 ··

　　OS071X 测波雷达系统是中国船舶重工集团公司第七二四研究所和中国海洋大学共同承担"十一五"国家"863 计划"海洋领域重大项目课题"岸基 X 波段雷达浪流信息提取技术（编号：2006AA09A305）"的成果。该系统能够对雷达周边海面浪场和流场等海洋动力环境进行稳定、可靠、实时、连续的监测，先后在青岛小麦岛海域、南中国海、西太平洋海域、大连獐子岛海域、龙口屺姆岛海域、温州洞头海域、台州大陈岛海域、江苏滨海港海域进行了多次试验及比测。2012 年通过中船重工集团公司组织的部级科技成果鉴定，产品技术性能已达国外同类成熟产品水平，并在硬件控制功能，软件易用性和提升性，售后服务和技术支持，系统数据保密和安全性能等方面优于国外同类产品，已在浙江舟山和江苏滨海业务化运行。

　　OS071X 测波雷达系统主要由 X 波段雷达（包括天馈线、伺服转台、雷达发射机、雷达接收机、雷达信号处理器）、雷达信号采集控制器、终端计算机和系统软件等四个部分组成，用于长周期性能比测和一致性检验等。

◆ 技术参数 ··

指标项		厂家指标	实际比测情况
系统性能指标	观测距离	测量范围：500m~5km，分辨率：7.5m，准确度：±7.5m	
	有效波高	测量范围：0.5~20m，分辨率：0.1m，准确度：±0.5m 或测量值的 10%	测量范围为 0.5~2.5m 时，平均绝对误差 0.18m
	波峰方向	测量范围：0~360°，分辨率：1°，准确度：±3°	测量范围为 0~360° 时，平均绝对误差 20.55°
	波峰周期	测量范围：3~30s，分辨率：0.1s，准确度：±0.5s 或测量值的 10%	测量范围为 3~20s 时，平均绝对误差 1.1s

续表

系统性能指标	波峰波长	测量范围：15~600m，分辨率：1m，准确度：±10%	
	一维波谱	测量范围：0.05~0.35Hz，分辨率：0.005Hz	
	二维波谱	测量范围：0.05~0.35Hz，0~360°，分辨率：0.005Hz，5°	
	表面流流速	测量范围：0~5m/s，分辨率：0.01m/s，准确度：±0.2m/s	
	表面流流向	测量范围：0~360°，分辨率：1°，准确度：±3°	
传感器性能指标	工作频率	9410±30MHz	
	天线尺寸	≥2.4m	
	天线波束宽度	方位≤0.95°，俯仰20~22°	
	天线增益	≥29dB	
	天线最大副瓣电平	≤−27dB	
	天线转速	42r/min	
	发射峰值功率	≥25kW	
	最小发射脉宽	≤70ns	
	最大发射重频	≥3kHz	
	接收机噪声系数	≤6dB	
	输出信号形式	独立的船首信号、方位信号、发射同步信号和雷达视频信号，或以上信号的合成混合视频信号	
	通信方式	RS−422/485 或 CAN	
	室外工作温度	−25~55℃	
	室外防护等级	可淋水（IP65）	
适用环境	室内工作温度	−10~45℃	
	室内工作湿度	≤90%RH(25℃)	
	储存温度	−50~60℃	
	风速	室外单元10级风情况下正常工作，12级风情况下不损坏	
	供电	220（1±10%）VAC，50/60Hz	

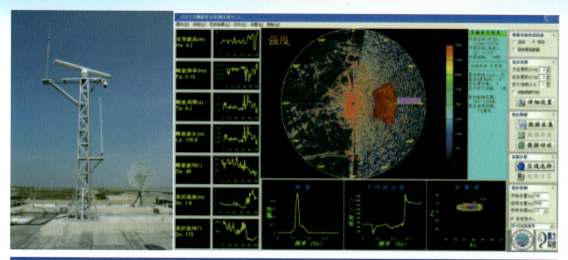

◆ 图78 中国船舶重工集团公司第七二四研究所 OS071X 型 X 波段测波雷达

2.3.13 中国船舶重工集团公司第七二四研究所 OS081H 阵列式高频地波雷达

◆ 设备简介

一套最基本的 OS081H 阵列式高频地波雷达系统由两个岸基雷达站和一个中心站组成，两岸基站间相距约雷达最大探测距离的一半，岸基站与中心站之间通过专网或公网进行数据传递与交换。岸基站探测获得的雷达径向流、浪、风等海洋动力环境信息数据，通过网络传递到中心站进行双站合成处理，进一步获得矢量海洋动力环境信息。该设备有 OS081H-A 型和 OS081H-M 型，它们的不同之处在于前者测量距离 200km，后者为 150km，其余参数均相同。

岸基雷达站由 OS081H-A 阵列式数字化高频地波雷达、通信设备（HUB、MODEM 或 GPRS 等）和 UPS 电源等组成。OS081H-A 雷达包括发射分机、发射天馈线、接收天馈线、信号分机、终端计算机和雷达终端软件等几部分组成。

◆ 技术参数

指标项		厂家指标	实际比测情况
流场	覆盖范围	距离 200km，方位 ±60°	
	测量范围	流速 0~300cm/s，流向 0~360°	
	分辨率	距离 5/2.5km 在线可选，方位 2°	
	平均误差	流速 ±5cm/s，流向 ±5°	高精度区流速 6.5cm/s，流向 25.8°

续表

	覆盖范围	距离 100km，方位 ±60°	
波浪	测量范围	波高 1~10m，波周期 0~15s	
	分辨率	距离 5/2.5km 在线可选，方位 2°	
	平均误差	波高 0.5m± 测量值的 20%，波周期 1s± 测量值的 10%	有效波高 21.1~35.4%，波向 12.05~55.15°
	覆盖范围	距离 100km，方位 ±60°	
风场	测量范围	风速 5~45m/s，风向 0~360°	
	分辨率	距离 5/2.5km 在线可选，方位 2°	
	平均误差	风速 2m/s± 测量值的 15%，风向 ≤25°	风速 17.6~30.1%，风向 10.7~47.62°
数据更新时间		10min	
数据备份方式和时间		自动备份，时间≥1年	
远程控制		远程监控、诊断和维护，可无人值守工作	
连续工作时间		24h	
电源功耗		220（1±10%）VAC，50~60Hz，功耗≤800W	

◆ 图79 中国船舶重工集团公司第七二四研究所 OS081H 阵列式高频地波雷达

2.3.14　武汉德威斯电子技术有限公司 OSMAR-S100 型便携式高频地波雷达

◆ 设备简介

该设备是武汉德威斯电子技术有限公司和武汉大学雷达与信号处理实验室联合生产的用于探测海洋环境动力学参数（海流、海风、海浪）的海洋探测仪器。由于采用紧凑的单极子/交叉环天线作接收天线和单鞭天线作发射天线，极大的简化了雷达的天线系统，大大节省了建站费用和维护费用，该设备融合了最新的"比幅测向"技术及 MUSIC 算法信号提取技术，经第三方权威机构海上对比试验验证，雷达的探测精度达到国际同类产品水平，已在国家海洋局进行业务化运行。

◆ 技术参数

指标项		厂家指标	实际比测情况
工作频率		13MHz	
平均发射功率		100W	
流场	探测距离	≤100km	
	测量范围	流速 0~2.5m/s，流向为 0~360°	
	距离分辨率	1.25/2.5km	
	方位分辨率	3°	
	测量误差	流速：≤5cm/s，流向：≤20°	高精度区流速 5.9cm/s，流向 19.7°；边缘区流速 8.9~15.7cm/s，流向 27~32.8°
浪场	探测距离	10km	
	测量范围	浪高 0.5~10m，浪周期为 0~15s	
	测量误差	浪高≤0.5m + 测量值的 20%，浪周期≤1s + 测量值的 10%	有效波高 0.6m，有效波周期 1.6s

风场	探测距离	10km	
	测量范围	风向 0~360°，风速 5~75m/s	
	测量误差	稳态风场风速 > 5m/s 时，风向 ≤ 20°，风速 ≤（3m/s + 测量值的 15%）	风速 >3m/s 时，风向 18.65°，风速 ≤ 2.14m/s
数据更新时间		6/20min	
工作温度		−25~55℃	
储存温度		−40~70℃	
供电		220（1±10%）VAC，500W	

◆ 图 80　武汉德威斯电子技术有限公司 OSMAR-S100 型便携式高频地波雷达

2.3.15　武汉德威斯电子技术有限公司 WR-1 型 X 波段测波雷达

◆ 设备简介

该设备是由武汉德威斯电子技术有限公司和南京信息工程大学联合生产的海面波浪监测系统，可安装于固定的平台或移动的船只，用来测量波高、波周期、波长和波向等海浪参数，以及海浪的一维频率谱和二维波数谱，同时还可获取海表面流速、流向、风速和风向资料。该设备采用了独创的海浪参数雷达提取技术，使波高等海浪参数探测精度大大提高，经第三方权威机构海上比对试验验证，系统的探测精度达到国际同类产品水平。

◆ 技术参数

指标项		厂家指标	实际比测情况
雷达参数	工作频率	9.4GHz	
	极化方式	VV	
	天线转速	24，42r/min	
	测量距离	最大距离：7km	
		有效距离：2.8km	
	天线高度	15~45m	
	波束副瓣	−22dB	
	脉冲宽度	70ns	
	脉冲重复频率	3kHz	
雷达参数	波束宽度	方位：1°12′	
		俯仰：20°	
海洋动力参数	有效波高	±50cm（0~5m），±10%（5~30m）	测量范围为0.5~2.5m时，平均绝对误差0.16m
	主波周期	±0.5s或测量值的10%（3~20s）	测量范围为3~20s时，平均绝对误差1.36s
	主波波向	±10°（0~360°）	测量范围为0~360°时，平均绝对误差17.8°
	主波波长	±10%（15~600m）	
	流速/流向	可采集	
	风速/风向	可采集	
环境参数	工作温度	天线（室外）：−25~55℃	
		采集与处理器（室内）：0~50℃	
	相对湿度	≤95%RH(40℃)	
其他	功耗	900W	
	尺寸	天线：2500mm×230mm×140mm	
		采集与处理器：600mm×600mm×1800mm	
	重量	雷达天线：100kg	
		采集处理和操作台：170kg	

◆ 图81 武汉德威斯电子技术有限公司 WR-1 型 X 波段测波雷达

2.3.16 北京海兰信全自动海浪探测系统

◆ 设备简介

该系统使用的海浪探测技术与常规的波浪浮标探测技术相比，具有更新速率快、准确度高、经济实用等优点，能够使浪高探测范围从独立的波浪浮标扩展为整个雷达覆盖范围。同时，可虚拟波浪浮标在监测海域任意布放，实时生成和更新整个雷达覆盖范围的二维、三维海况图，便于监测并形成报告文件。该设备可安装在岸基或者船舶上进行海浪探测。

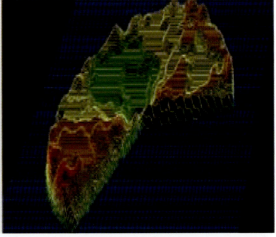

◆ 图82 北京海兰信全自动海浪探测系统测量图

3　潮汐测量

潮汐是指海水在天体（主要是月球和太阳）引潮力作用下的一种周期性运动。潮汐按照周期分为半日潮、不正规半日潮、不正规全日潮和全日潮。

潮汐测量即所谓验潮，就是测量某固定点的水位随时间的变化。其观测设备多样，按照测量原理可以分为重力式、压力式、声学式、电子式、光学式和遥感式。目前常用的测量设备有水尺验潮、浮子式验潮仪、引压钟式验潮仪、声学验潮仪、压力验潮仪、雷达水位计、差分GPS验潮和卫星遥感等。其中的浮子式验潮仪和引压钟式验潮仪属于有井验潮，需要建立验潮井，其余属于无井验潮。

本章收录了常用浮子式验潮仪、声学验潮仪、压力验潮仪和雷达水位计的相关信息。

3.1 浮子式验潮仪

3.1.1 美国 Campbell 公司 CS410 浮子式验潮仪

◆ 设备简介

CS410 是一款由 Campbell 公司生产的轴编码器设计的水位测量传感器。浮子上的转轮和配重装置随着水位的上升或下降而转动，编码器将产生的这两个脉冲串发送至数据采集器，数据采集器记录该脉冲串，并通过顺时针旋转的总量来计算水位的变化。一个完整的设备包括一个浮子、转轮、漂浮带或浮子线、挂钩、配重和一个数据采集器。

◆ 技术参数

杆轴外径	0.8cm
计数螺纹	每英寸 24 个
分辨率	100 个计数 / 分辨率
供电	4~5.6VDC
工作温度	−25~50℃（水面结冰时无响应）
尺寸	18cm × 12.4cm × 10cm
重量	0.82kg

◆ 图 83　美国 Campbell 公司 CS410 浮子式验潮仪

3.1.2 天津市海华技术开发中心 SCA11-3 型浮子式验潮仪

◆ 设备简介

SCA11-3 型浮子式验潮仪采用 4 个按键和 2 行 20 字符的背光液晶显示器，可实时查看测量数据和对系统进行设置，使用方便。在高低潮出现 2h 后即可判出高低潮的潮时和潮位，并且可选串口（RS-232C 或 RS-485）、超短波、卫星、电话、GPRS 或 CDMA 与上位机通信。

SCA11-3 型浮子式验潮仪符合《海滨观测规范》的要求，作为一种扩展功能，可以连接温盐传感器和风传感器。它可安装在海岸、海岛、海上平台、防波堤、码头、水库、河流、地质井等地，用于对水位、水温、盐度和风速风向进行长期、自动、连续监测。

◆ 技术参数

测量要素	测量范围	准确度
潮汐	0~1000cm	±1cm
表层水温	-4~40℃	±0.5℃
表层盐度	8~36	±0.5
风速	1~70m/s	当风速≤10m/s 时，±1m/s；当风速>10m/s 时，±10%×读数
风向	0~360°	±8°
项目	重量	尺寸
数据采集器	12kg	440mm×300mm×310mm
浮子	2.2kg	250mm×156mm（直径 × 长）
重锤	2.6kg	60mm×125mm（直径 × 长）
供电	10~20VDC	

◆ 图 84 天津市海华技术开发中心 SCA 型浮子式验潮仪

3.2 声学和压力式验潮仪

3.2.1 美国 FSI 公司验潮仪

◆ 设备简介

美国 FSI 公司验潮仪利用精密硅压力传感器进行水文测量，是一种稳定的、高准确度的经济性测量设备。

◆ 技术参数

压力	
水中测量范围	0~20m
水中准确度	±0.03%F.S.
水中分辨率	±0.002%F.S.
潮位（1大气压）	
测量范围	0~20m
准确度	±2.7cm（-2~30℃）
分辨率	0.5cm
采样频率	1~5Hz
水下单元重量	空气中 0.6kg，水中不含电池 0.2kg

◆ 图 85　美国 FSI 公司验潮仪

3.2.2 美国 Aquatrak 公司 Aquatrak 5000 声学验潮站

◆ 设备简介

该产品提供可靠精确的潮位（水位）数据，具有准确度高（±3mm）、耗电低（9mA）、寿命长（连续运行 100 万小时）的特点。由于采用声学技术，仪器没有机械活动部件，不需没入水中。传感器由微处理器控制，带有 RS-232，SDI-12 两种接口，可以与绝大部分的数据采集平台、电脑、控制端、调制解调器连接，传感器和控制端可以相距 300m，特别适合于无人值守的监测站进行长期监测。

◆ 技术参数

基本参数	
动态量程	>10m（标准），>15m（可选），>23m（定制）
水位变化速度	±3m/s
分辨率	1mm
平均采样率	2~255 个/s
数据上传间隔	用户设定
准确度	±0.025%（标准），±0.01%（可选）
非线性	±0.02%
精度	±0.01%
稳定性	零漂移
温度漂移	<1ppm/℃
ASCII 串口通信	
波特率	300~9600bps 可选（RS-232）
电源	
工作电压	12.5±2VDC
工作电流	9mA
静态电流	7mA
环境	
工作温度	−40~55℃
储藏温度	−55~60℃
湿度	0~100%RH
物理参数	
尺寸（直径 × 长）	8.3cm × 22.8cm
重量	1.14kg（传感器），2.3kg（放入便携箱后的总重量）

◆ 图86　美国Aquatrak公司Aquatrak 5000声学验潮站

3.2.3　美国Aquatrak公司Aquatrak 4110声学验潮站

◆ 设备简介 ···

该设备由4110系列控制器和3000系列传感器组成，可计算波浪和冲击波表面准确的水位平均值。

◆ 技术参数 ···

基本参数	
动态量程	>10m（标准），>15m（可选），>23m（定制）
水位变化速度	±3m/s
分辨率	1mm
平均采样率	2~255个/s
数据上传间隔	用户设定
准确度	±0.025%（标准），±0.01%（可选）
非线性	±0.02%
精度	±0.01%
稳定性	零漂移
温度漂移	<1ppm/℃
物理参数	
控制器尺寸	23cm×9cm×6cm
控制器重量	0.68kg
传感器尺寸（直径×长）	9cm×21cm
传感器重量	1.14kg

续表

装入便携包后的总重量	2.23kg
ASCII 串口通信	
波特率	300~9600bps 可选
RS-232	N-8-1
SDI-12	E-7-1
电源	
工作电压	12.5±2VDC
工作电流	<40mA
静态电流	<1mA
平均功率	20mW
环境	
工作温度	-40~55℃
储藏温度	-5~60℃
湿度	0~100%RH

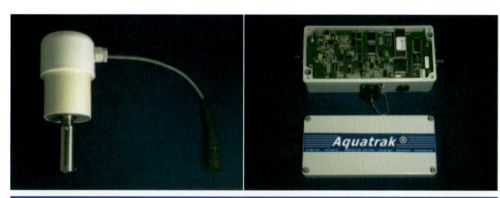

◆ 图87　美国 Aquatrak 公司 Aquatrak 4110 声学验潮站

3.2.4　法国 NKE 公司 SP2TD10A 验潮仪

◆ 设备简介

　　法国 NKE 公司带气压补偿的 SP2TD10A 验潮仪，拥有三个压力传感器，其中一个压力传感器实时监测大气压力，测得实际大气压力来修正潮位数据。

◆ 技术参数

潮位	量程：10m，准确度：±3cm，分辨率：4mm
温度	测量范围：−5~45℃，准确度：±0.1℃，最大分辨率：0.015℃
工作温度	−10~50℃
尺寸（直径×长）	60mm×124mm
重量	0.5kg

◆ 图88 法国NKE公司SP2TD10A验潮仪

3.2.5 英国Valeport公司迷你验潮仪

◆ 设备简介

英国Valeport公司的迷你验潮仪是一款高准确度、低损耗的海洋水文压力（深度）记录仪器，压力准确度可达0.01%。设备体积小、重量轻，便于安装固定于各种野外监测平台和设备集成，广泛应用于海洋、江河湖泊中水位、潮位等观测项目。

◆ 技术参数

压力量程	100/300/1000/6000m 可选
压力分辨率	±0.01%F.S.
采样频率	用户自定义
供电	9~28VDC
尺寸（直径×长）	110mm×450mm
重量	0.7kg（塑钢），1.4kg（钛）

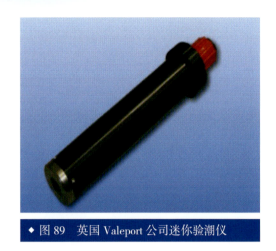

◆ 图89 英国 Valeport 公司迷你验潮仪

3.2.6　英国 Valeport 公司 Tide Master 验潮仪

◆ 设备简介 ··

　　Tide Master 潮位仪是一款适用于长期或短期实时观测的海洋水文潮位记录仪器。设备功耗低、持续工作周期长达 2 年，便于安装固定于各种野外监测平台和设备集成，并带有潮位数据遥报和风速风向监测扩展功能，是目前应用最为普遍的实时潮位观测设备。

◆ 技术参数 ··

潮位	测量范围：0~10m，准确度：±0.1%F.S.
雷达波束角	±6°
雷达频率	25GHz
雷达距水面距离	0.8~20m
采样频率	8Hz
通信	标配蓝牙，可选 GSM 或 GPRS 或电台无线传输模式

◆ 图 90　英国 Valeport 公司 Tide Master 验潮仪

3.2.7　英国 OHMEX 公司 Tide M8 验潮仪

◆ 设备简介

　　Tide M8 是一款便携式验潮仪，它采用最新的低功耗处理器和闪存技术，新的设计给固态数据提供了精确的日历和时间。Tide M8 可直接连接到外部显示器或使用蓝牙串行通信的电脑上，可远程显示简单的数据。

◆ 技术参数

测量范围	0~10m
准确度	±0.01m RMS
测量频率	5Hz
电源	外接 9~30VDC
内存	16MB
数据格式	ASCII 9600/4800bps
无线电格式	ASCII 蓝牙
外形尺寸	150mm×105mm×35mm
重量	1.0kg
换能器尺寸（长 × 直径）	140mm×30mm
换能器重量	1.0kg

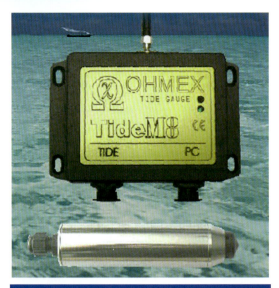

◆ 图91　英国 OHMEX 公司 Tide M8 验潮仪

3.2.8　加拿大 RBR 公司 TGR-1050HT 验潮仪

◆ 设备简介

加拿大 RBR 公司的 Tide Gauge Recorder-1050HT 是一款非常小巧的实时遥报潮位仪（又称验潮仪、水位计），不受海表面风浪的干扰，直接修正大气压力影响，准确测量温度和潮位变化。该产品准确度非常高，24 位数模转换，体积很小，可方便的安装于海边、栈桥、码头等，用于港口潮位监测等。

◆ 技术参数

潮位采样频率	1s~24h
波浪采样频率	4Hz
压力	量程：10/20/50bar 可选，准确度：±0.005%F.S.，分辨率 0.001%F.S.
供电	4 节碱性电池或 12VDC
通信方式	RS-232，RS-485，无线电或 CDMA/GPRS 等
外壳	IP65 级铝盒
工作水深	30m
尺寸	148mm × 75mm × 250mm
重量（塑料外壳）	1.5kg

◆ 图 92 加拿大 RBR 公司 TGR-1050HT 验潮仪

3.2.9 加拿大 RBR 公司 RB16-TWR-2050 验潮仪

◆ 设备简介

RB16-TWR-2050 验潮仪是一款非常小巧的自容式测量水温、波浪和潮位的海洋仪器。精度高(24位数模转换)，体积小（长265mm，直径38mm），可方便地安装于各种物体上，如海底、码头、锚系，广泛应用于海洋研究，港口、大坝监测等。

◆ 技术参数

温度测量范围	−5~35℃，−40~50℃（另选）
温度准确度	±0.002℃
温度分辨率	<0.00005℃
深度测量范围	0~10/25/60/100m 可选
深度准确度	0.05%F.S.
深度	和选择的压力传感器有关
存储器	8MB 固态存储器 (1200000 组数)
电源	2 节 3VCR123A 锂电池
通信方式	RS-232，RS-485，CDMA 等
探头尺寸（长 × 直径）	265mm × 38mm
重量	空气中 364g，水中 70g

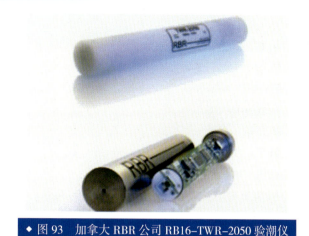

◆ 图 93　加拿大 RBR 公司 RB16-TWR-2050 验潮仪

3.2.10　挪威 SAIV A/S 公司 TD304 验潮仪

◆ 设备简介 ··

　　TD304 验潮仪是用于监测和记录潮位 (或水位) 及水温的高精密仪器。根据用户需要，仪器可选配溶解氧、浊度及荧光 (叶绿素 / 若丹明 /CDOM) 传感器。仪器通过计算机进行控制，仪器各种参数的设定，包括测定间隔、积分时间、图表数据和空气压力等均通过软件菜单进行设置。该设备防水性好、操作简单、功耗低。通常情况下，两节 C 型电池可支持仪器连续工作一年以上。仪器配备支撑托架，可将其固定于特定位点。TD304 验潮仪分为绝对型 (Absolute) 和参考型 (Reference) 两种。参考型通过连接器和线缆中的内置空气导管与外界相通。测得的数据被存储于物理内存中，同时可以通过 RS-232 防水接口进行传输，用于在线监测。

◆ 技术参数 ··

压力	量程 (绝对型)：20/50/100/200/500m 可选， 量程 (参考型)：10/20/50/100m 可选， 分辨率：0.0001m， 准确度：±0.01%F.S.(-2~40℃)， 反应时间：0.1s

续表

温度	测量范围：-2~40℃， 分辨率：0.001℃， 准确度：±0.01℃， 反应时间：<0.2s
溶解氧	传感器类型：SAIV205， 测量范围：0~20mg/L， 分辨率：0.01mg/L， 准确度：±0.2mg/L
荧光	传感器类型：Seapoint 公司叶绿素 / 若丹明 / 有色溶解有机物 (CDOM) 可选， 量程：2.5/7.5/25/75 μg/L 可选， 分辨率：0.03 μg/L
浊度	传感器类型：Seapoint 公司， 量程：12.5/62.5/250/750FTU 可选， 线性：<2%
实时时钟	每天 ±2s
采样频率	1s~180min
积分时间	2~240s 可设定 (压力测定时)
内存容量	CMOS SRAM，可存储 65000 组数据
数据传输	RS-232 接口，1200~9600bps
供电电源	2 节 3.6V C 型锂电池
材质	真空定型聚亚安酯和不锈钢 (316)
尺寸（长 × 直径）	400mm × 60mm
重量	空气中 2.0kg，水中 1.8kg

◆ 图 94　挪威 SAIV A/S 公司 TD304 验潮仪

3.2.11　天津市海华技术开发中心 SCA6-1 声学验潮仪

◆ 设备简介

　　SCA6-1 声学验潮仪是利用空气声学测距原理的新型水位测量仪器。优点是非接触测量，无需建造验潮井，声速补偿，采用非易失性存储器存储数据，安装方便，自动测量。主要用于沿海水文台站的常规长短期潮位观测，江河湖泊的水位连续自动测量，以及港工水文调查、港口调度、船舶航行等部门的水位测量。

◆ 技术参数

水位测量范围	0~8m
测量准确度	±1cm
工作方式	每 6min 采集一组数据，每次采样 1min
取样频率	1 Hz
数据显示输出	LCD 显示，显示潮时、潮高
数据打印输出	TPup 微型打印机，打印潮时、潮高，正点数据加打 * 号
数据存储	FLASH 存储器，可存两个月的数据
通信方式	RS-232C
环境温度	-5~50℃（探头部分），0~40℃（主机部分）
电源	220（1±10%）VAC，12±1VDC
数据传输	可进行无线或有线的远距离传输并实现水位监测联网自动化

◆ 图 95　天津市海华技术开发中心 SCA6-1 声学验潮仪

3.3 雷达水位计

3.3.1 荷兰 Radac 公司船用雷达水位计

◆ 设备简介

该设备是荷兰 Radac 公司开发的通过雷达测量水位、潮位的仪器，它主要用于测量港口、海岸带、河流的水位和潮位。其重量轻，易安装，不接触水面、无活动部件，免维护。设备由 1 个安装在船头的传感器单元、1 台波导服务器单元组成。

◆ 技术参数

测量分辨率	1~2cm
测量距离	2~60m
供电	24VDC，10W
通信方式	RS-485
材质	316 不锈钢
工作温度	-20~70℃
存储温度	-50~85℃
尺寸（直径×高）	264mm×210mm
重量	11kg

◆ 图96 荷兰 Radac 公司船用雷达水位计

3.3.2 荷兰 Radac 公司 Stilling Well 雷达水位计

◆ 设备简介

Stilling Well 雷达水位计是由荷兰 Radac 公司开发的通过雷达测量水位和潮位的仪器，它主要用于测量港口、海岸带、河流的水位。波导雷达安装在管道上方，无需清洁。无序运动不会影响波导传感器的工作，因为测量速度足够快，保证了数据的准确性。整套设备由 1 台波导雷达、1 个静水井天线和 1 台波导服务器组成。

◆ 技术参数

采样频率	1Hz
水位准确度	<1cm
通信	RS-232 或 RS-485 和 TCP/IP
工作周期	10s/1min/5min/10min 可选
雷达频率	9.8~10.3GHz
测量距离	1~75m
仪器准确度	3mm
分辨率	1cm
供电	24~64VDC/100~240VAC，6W
工作温度	-40~60℃
尺寸（直径×高）	30cm×43cm
重量	11kg

◆ 图 97 荷兰 Radac 公司 Stilling Well 雷达水位计

3.3.3　美国 Campbell 公司 CS47X 系列雷达水位计

◆ 设备简介

　　CS47X 系列是 Campbell 最新推出的脉冲雷达式水位传感器，通过向目标发射短微波脉冲，并测量该脉冲的返回时间，从而计算出水位，可广泛应用于江河、湖泊、海洋潮汐和水库的水位监测。

◆ 技术参数

型号	CS475	CS476	CS477
量程	20m	30m	70m
准确度	±5mm	±3mm	±15mm
雷达频率	26GHz		
雷达波束角	10°	8°	
喇叭口长度	137mm	430mm	
供电	9.6~16VDC		
通信方式	SDI-12		
工作温度	-40~80℃		

◆ 图 98　美国 Campbell 公司 CS47X 系列雷达式水位计

3.3.4 挪威 Miros 公司 SM-140 雷达水位计

◆ 设备简介

SM-140 雷达水位计尺寸小，重量轻，稳定性高，方便安装与维护。适合于安装在固定平台、岸边台站进行潮位观测。

◆ 技术参数

安装位置	3~95m（距海平面）
误差	平均 <1mm
尺寸（高 × 宽 × 长）	136mm × 500mm × 440mm
重量	11kg
供电	12~48VDC
工作频率	9.4~9.8GHz

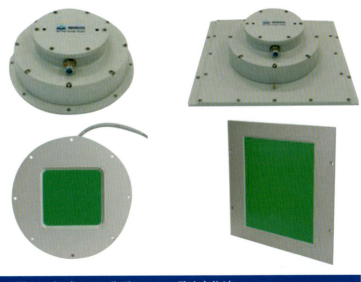

◆ 图 99　挪威 Miros 公司 SM-140 雷达水位计

4 温盐测量

海水温度是海水物理性质的基本要素，采用摄氏温标（℃）表征。海水含盐量的定量度量，是海水最重要的理化特性。由于海水绝对盐度不能直接测量，目前国际通用的是1978年实用盐标，通过测量海水温度和电导率计算得出。

温盐测量的基本要素为海水温度和电导率。温度常用铂电阻、铜电阻、热敏电阻等进行测量，电导率常用电导传感器进行测量。目前常用的温盐测量方法与海流类似，包括漂流测量法、定点测量法（可分为定点单点测量和定点剖面测量）和走航测量法。除此还有一种独特的测量方式为抛弃式剖面测量法，这种方式需要专门的测量设备，它能够在快速下降的过程中实时测量海水的温度和电导率。本书按照适用性把温盐深仪分为通用型、专用型（例如走航用、滑翔机用）和抛弃型。

大多数情况下，温度、盐度以及深度（压力）三个参数是进行同步测量的，因此常称为CTD（电导率、温度、深度）。但也有很多单独的CT或者温度计，无论CTD、CT还是温度计均收录于本章。

本章收录了常用通用型、专用型和抛弃型温盐深仪器的相关信息。

4.1 通用型

4.1.1 美国 SeaBird 公司 SBE16 Plus V2 温盐深仪

◆ 设备简介

SBE16 Plus V2 是一种特别适用于长期定点布放（如潜标设备）的自容式温盐深记录仪。除了温盐深基本传感器外，还有六个通道，可以加装其他传感器（如溶解氧、pH 值、叶绿素、浊度等）。

◆ 技术参数

	测量范围	准确度
电导率	0~9mS/cm	±0.005mS/cm
温度	−5~35℃	±0.005℃
压力	0~7000m	±0.1%F.S.（应变片式）或 0.02%F.S.（石英式）
尺寸（直径 × 长）	136mm×808mm	
重量	空气中 7.3kg，水中 2.3kg	

◆ 图 100　美国 SeaBird 公司 SBE16 Plus V2 温盐深仪

4.1.2 美国 SeaBird 公司 SBE911 Plus 温盐深仪

◆ 设备简介

SBE911 Plus 温盐深仪在全球物理海洋学调查中占有极大的份额，也是唯一工作水深突破万米的高准确度 CTD 设备。设备由 9 Plus 水下单元和 11 Plus 甲板单元组成，水下单元中配有极高准确度铂电阻温度传感器、电极式电导率传感器和石英压力传感器。该设备可与八种传感器（包括溶解氧、pH值、叶绿素、浊度计、高度计、荧光计等）配套。

◆ 技术参数

	测量范围	准确度
电导率	0~70mS/cm	±0.003mS/cm
温度	−5~35℃	±0.001℃
压力	6800m，10500m 可选	
采样频率	24Hz	

◆ 图 101　美国 SeaBird 公司 SBE911 Plus 温盐深仪

4.1.3　美国 SeaBird 公司 SBE917 Plus 温盐深仪

◆ 设备简介

　　SBE917 Plus 温盐深仪由 9 Plus CTD 水下单元与 17 Plus SEA RAM 存储控制单元组成，测量量程、准确度与 911 Plus 完全相同，工作模式为自容式。该设备可与八种传感器（包括溶解氧、pH 值、叶绿素、浊度计、高度计、荧光计等）配套。

◆ 技术参数

	测量范围	准确度
电导率	0~7mS/cm	±0.003mS/cm
温度	−5~35℃	±0.001℃
压力	6800m，10500m 可选	
采样频率	24Hz	

◆ 图102　美国 SeaBird 公司 SBE917 Plus 温盐深仪

4.1.4　美国 SeaBird 公司 SBE25 Plus 温盐深仪

◆ 设备简介

SBE25 Plus 是研究级别的高性价比设备，是 SBE25 的升级版。既可自容，也可直读。数据采样频率16Hz，设备由8路差分放大采集输入通道，16位数模转换，2路 RS-232 数据输入通道和2GB 内存组成。

◆ 技术参数 ……………………………………………………………………………………

	测量范围	准确度
电导率	0~7mS/cm	±0.003mS/cm
温度	−5~35℃	±0.001℃
压力	0~7000m	±0.1%F.S.
采样频率	24Hz	
重量	空气中 7.3kg，水中 2.3kg	

◆ 图 103　美国 SeaBird 公司 SBE25 Plus 温盐深仪

4.1.5　美国 SeaBird 公司 SBE19 Plus V2 SEACAT 温盐深仪

◆ 设备简介 ……………………………………………………………………………………

　　SBE19 Plus V2 SEACAT 是一种普及型 CTD 设备。和 911Plus 相比，准确度稍逊，但价格低廉，功能齐全，结实耐用，十分适合大面积快速调查使用。

◆ 技术参数

	测量范围	准确度
电导率	0~90mS/cm	±0.005mS/cm
温度	−5~35℃	±0.002℃
压力	0~7000m	±0.1%F.S.（应变片式）或 0.02%F.S.（石英式）
采样频率	4Hz	
重量	空气中 7.3kg，水中 2.3kg	

◆ 图 104　美国 SeaBird 公司 SBE19 Plus V2 SEACAT 温盐深仪

4.1.6　美国 SeaBird 公司 SBE37 温盐深—溶解氧仪

◆ 设备简介

　　SBE37 温盐深—溶解氧仪是为锚系测量而设计的温盐深和光学溶解氧记录仪，有两种通信方式 SMP 和 IMP 可选，SMP 是通过 RS-232 串口读出数据或升级固件，IMP 则使用电感调制解调器通信上传数据。设备带有自适应控制泵来提高氧气数据的准确度。

◆ 技术参数 ··

	测量范围	准确度	分辨率
电导率	0~70mS/cm	±0.003mS/cm	0.0001 mS/cm
温度	−5~45℃	±0.002℃	0.0001
压力（可选）	0~7000m	±0.1%F.S.	0.002%F.S.
溶解氧	120% 表面饱和度	±3 µmol/kg 或 ±2%	0.2 µmol/kg
采样频率	4Hz		

◆ 图 105　美国 SeaBird 公司 SBE37 温盐深—溶解氧仪

4.1.7　美国 SeaBird 公司 SBE37 MicroCAT 温盐深仪

◆ 设备简介 ··

　　SBE37 MicroCAT 是一种超小型的温盐深设备，备有自容式（SM）、直读式（SI）和感应传输式（IM）三种型号供选用。适用于系泊设备或加装在其他运动载体上进行自容或实时测量。

◆ 技术参数

	测量范围	准确度
温度	−5~35℃	±0.002℃
电导率	0~70mS/cm	±0.003mS/cm
压力	0~7000m	±0.1%F.S.

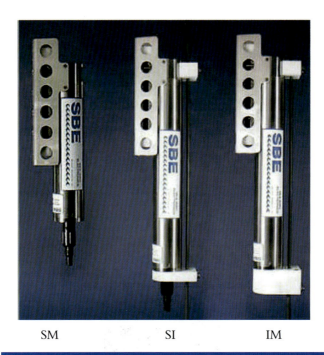

SM　　　　SI　　　　IM

◆ 图106　美国 SeaBird 公司 SBE37 MicroCAT 超小型温盐深仪

4.1.8　美国 SeaBird 公司 SBE56 温度仪

◆ 设备简介

SBE56 是美国 SeaBird 公司生产的第一款低价位、低功耗、高性能的自容式温度仪，是水下温度记录应用的理想选择。SBE56 配有时间常数 0.5s 的压力保护热敏电阻器，提供了优良的准确度和分辨率，可进行频率为 2Hz 的快速采样。SBE56 的高稳定性，使之保留了最初的校准准确度，至少 5 年内不必重新校准。1 节 AA 普通锂电池可保证 SBE56 采集 700 万个测量数据，用户还可在 1s 到 9h 范围内进行采样间隔设置。

◆ 技术参数

耐压深度	1500m
测量范围	−5~45℃
准确度	±0.002
稳定性	0.0002℃/月
分辨率	0.0001℃

◆ 图107　美国 SeaBird 公司 SBE56 温度仪

4.1.9　美国 TRDI 公司 Citadel 温盐深仪

◆ 设备简介

该设备装有感应式电导率传感器、铂电阻温度传感器、高准确度硅片压力传感器，可带6个附加传感器（如 pH 值、溶解氧、浊度等）。

◆ 技术参数

	测量范围	准确度
电导率	0~70mS/cm	±0.003mS/cm
温度	−2~32℃	±0.002℃
压力	0~7000m	±0.02%F.S.
采样频率	1.84~4.5Hz	

◆ 图 108　美国 TRDI 公司 Citadel 温盐深仪

4.1.10　美国 MEAS 公司 Trublue585 温盐深仪

◆ 设备简介

Trublue585 温盐深仪由美国 MEAS 公司生产，是一种体积小、准确度高的 CTD。

◆ 技术参数

压力	测量范围：5~300bar，准确度：±0.1%
温度	测量范围：0~50℃，准确度：±0.2℃
电导率	5~200mS/cm，准确度：1%
内存	8MB
供电	自带电池

◆ 图 109　美国 MEAS 公司 Trublue585 温盐深仪

4.1.11 加拿大 AML 公司温盐深仪

◆ 设备简介

加拿大 AML 公司的 X 系列温盐深仪使用可现场更换的传感器，有电导率、声速、温度和压力传感器。可更换的 X·change 系列传感器是标准传感器，可共享使用，同时简化了重新校准工作，只需将传感器发回校准中心校准即可，现有 Plus·X 和 Minos·X 两款设备。

◆ 技术参数

	测量范围	准确度	精度	分辨率	响应时间
电导率	0~70mS/cm	±0.01mS/cm	±0.003 mS/cm	0.001mS/cm	1ms
声速	1375~1625m/s	±0.025m/s	±0.006m/s	0.001m/s	47ms
压力	0~6000bar	±0.05%F.S.	±0.03%F.S.	0.02m	10ms
温度	−2~32℃	±0.005℃	±0.003℃	0.001℃	100ms

◆ 图110 加拿大 AML 公司温盐深仪

4.1.12 加拿大 RBR 公司 RBRconcerto CTD 温盐深仪

◆ 设备简介

加拿大 RBR 公司的 RBRconcerto CTD 是一款小型的高准确度 CTD 剖面仪，以 6Hz 的采样频率快速测量温度、电导和深度，能方便的安装于拖体、AUV、多瓶采水器、海洋观测平台等物体上，用于水体剖面测量、走航测量，从温盐深数据中可计算出高准确度的声速和盐度（准确度达 0.002PSU），可以替代声速仪。

◆ 技术参数

电导率		
测量范围	准确度	分辨率
0~85mS/cm	±0.003mS/cm	<0.0001mS/cm
温度		
测量范围	准确度	分辨率
−5~35℃	±0.002℃	<0.00005℃
时间常数	<95ms	
漂移	<0.002℃/年	
工作水深		
量程	10/25/60/150/250/740m 可选（Delrin 塑料外壳），1000/2000m 可选（钛合金外壳）	
准确度	分辨率	时间常数
0.05%F.S.	0.001%F.S.	<10ms
采样率	6Hz	
电源	8 节 3V CR123A 锂电池	
存储器	128MB 固态存储器	
通信	USB/RS-232	
时钟准确度	±64s/年	
深度	740m(塑料)，2000m(钛合金)	
尺寸（长×直径）	400mm×64mm	
重量(塑料)	空气中 1259g，水中 389g	

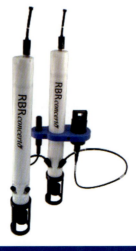

◆ 图 111　加拿大 RBR 公司 RBRconcerto CTD 温盐深仪

4.1.13　意大利 Idronaut 公司 Ocean Seven 304 温盐深仪

◆ 设备简介

　　Ocean Seven 304 温盐深仪是由意大利 Idronaut 公司研发,是一款高质量、高准确度测量温度、盐度和深度的流水线型探测仪器,直径小和超低功耗让 Ocean Seven 304 温盐深仪成为了一款高性能温盐深仪。

◆ 技术参数

参数	测量范围	准确度	分辨率
压力	0~1000bar	0.05% F.S.	0.0015% F.S.
温度	−5~35℃	0.005℃	0.0006℃
电导率(海水)	0~70mS/cm	0.007mS/cm	0.001mS/cm
采样频率	8Hz		
尺寸(直径 × 长)	43mm × 630mm		
重量	空气中 1.3kg,水中 0.7kg		

◆ 图 112　意大利 Idronaut 公司 Ocean Seven 304 温盐深仪

4.1.14 意大利 Idronaut 公司 Ocean Seven 305 Plus 温盐深仪

◆ 设备简介

Ocean Seven 305 Plus 温盐深仪是由意大利 Idronaut 公司研发,该设备的多参数记录仪采用压力补偿技术,适合全海洋深度,不需要抽水泵。长时间使用,维护次数少。

◆ 技术参数

参数	测量范围	准确度	分辨率
压力	0~1000bar	0.05% F.S.	0.0015% F.S.
温度	−5~50℃	0.005℃	0.001℃
溶解氧	0~50ppm	0.1ppm	0.01ppm
电导率	0~70mS/cm	0.007mS/cm	0.001mS/cm
采样频率	8Hz		
尺寸(直径 × 长)	43mm × 715mm		
重量	空气中 1.3kg,水中 0.7kg		

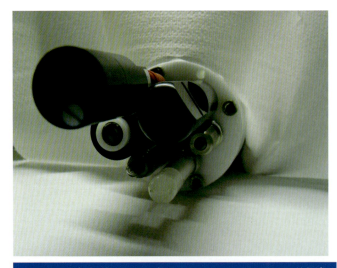

◆ 图113 意大利 Idronaut 公司 Ocean Seven 305 Plus 温盐深仪

4.1.15　德国 Sea & Sun Technology 公司 CTD 48M 温盐深仪

◆ 设备简介

　　Sea & Sun Technology 公司的 CTD 48M 温盐深仪是一款高质量、高精确度的四通道传感器，可以测量海洋、河流或者湖泊中的电导率、温度、深度以及另外一个可选环境参数，测量深度可达 6000m。

◆ 技术参数

传感器	测量范围	准确度	分辨率	响应时间
压力	0~25/100/200/500/1000/2000/4000/6000bar 可选	±0.1% F.S.	0.002% F.S.	150ms
温度	−2~36℃	±0.002℃	0.001℃	150ms
电导率	0~70mS/cm	±0.003mS/cm	0.001mS/cm	150ms
声速	1400~1600m/s	±0.1m/s	0.01m/s	150ms
氧化还原电位	±2V	±20mV	1.0mV	1s
硫化氢传感器	10μg/L~3mg/L	2%	<0.1%	<1s
	50μg/L~10mg/L	2%	<0.1%	<1s
	500μg/L~50mg/L	2%	<0.1%	<1s
尺寸（直径 × 长）	48mm × 450mm			
重量	空气中 1.5kg			

◆ 图 114　德国 Sea & Sun Technology 公司 CTD 48M 温盐深仪

4.1.16　德国 Sea & Sun Technology 公司 CTD 60M 温盐深仪

◆ 设备简介

　　CTD 60M 是一款高质量、高精确度的多参数探头，可测量海洋与湖泊的物理、化学和光学参数，探测深度达到 6000m。为便携式应用而设计，重量轻、易操作是它的重要特点。CTD 60M 的传感器包括压力传感、温度传感、电导率、pH 值、海流计、浑浊度和 H_2S 传感器。

◆ 技术参数

传感器	测量范围	准确度	分辨率	响应时间
压力	0~25/100/200/500/1000/2000/4000/6000bar 可选	±0.1% F.S.	0.002% F.S.	150ms
温度	−2~36℃	±0.002℃	0.001℃	150ms
电导率	0~70mS/cm	±0.003mS/cm	0.001mS/cm	150ms
声速	1400~1600m/s	±0.1m/s	0.01m/s	150ms
氧化还原电位	±2V	±20mV	1.0mV	1s
硫化氢传感器	10μg/L~3mg/L	2%	<0.1%	<1s
	50μg/L~10mg/L	2%	<0.1%	<1s
	500μg/L~50mg/L	2%	<0.1%	<1s
尺寸（直径 × 长）	60mm × 620mm			
重量	空气中 3kg			

◆ 图 115　德国 Sea & Sun Technology 公司 CTD 60M 温盐深仪

4.1.17 德国 Sea & Sun Technology 公司 CTD 90M 温盐深仪

◆ 设备简介

德国 Sea & Sun Technology 公司的 CTD 90M 温盐深仪是一款高质量、高精确度的传感器，可以测量海洋、河流或者湖泊中的物理、化学和光学参数，测量深度可达 6000m。

◆ 技术参数

传感器	测量范围	准确度	分辨率	响应时间
压力	0~25/100/200/500/1000/2000/4000/6000bar 可选	±0.01%F.S.	0.002%F.S.	150ms
温度	−2~36℃	±0.002℃	0.0001℃	150ms
电导率	0~70mS/cm	±0.003mS/cm	0.001mS/cm	150ms
快速响应溶解氧	0~200%sat	±2%	0.1%	200ms
溶解氧	0~250%sat	±3%	0.1%	3s(63%) 10s(98%)
pH	4~10	±0.02	0.0002	1s
硫化氢传感器	10μg/L~3mg/L	2%	<0.1%	<1s
	50μg/L~10mg/L	2%	<0.1%	<1s
	500μg/L~50mg/L	2%	<0.1%	<1s
尺寸(直径×长)	89mm×600mm			
重量	空气中 6kg			

◆ 图 116　德国 Sea & Sun Technology 公司 CTD 90M 温盐深仪

4.1.18　英国 Valeport 公司迷你温盐深仪

◆ 设备简介

英国 Valeport 公司的迷你温盐深仪是一款小型高准确度、低功耗的海水电导率（盐度）、温度、压力（深度）自容式采集记录仪器。仪器测量准确度高、工作稳定、操作简单、使用方便，便于安装于各种野外监测平台上，还可集成于各种移动观测平台上，广泛应用于 ROV 集成、海洋、江河、湖泊的走航观测。

◆ 技术参数

	测量范围	准确度
电导率	0~8s/m	±0.01mS/cm
温度	−5~35℃	±0.01℃
压力	100/500/1000/3000/6000bar 可选	±0.05%F.S.
采样频率	1~8Hz	
尺寸（直径×长）	54mm×370mm	
重量	1.0kg（塑钢），1.8kg（钛）	

◆ 图 117　英国 Valeport 公司迷你温盐深仪

4.1.19　英国 Valeport 公司迷你快速温盐深仪

◆ 设备简介

迷你快速温盐深仪是迷你温盐深仪的改进产品，是专门设计的快速剖面温盐深仪，温度传感器使用快速响应的热敏电阻，压力传感器同步采样速度高达为 32Hz，且轻便、坚固。

◆ 技术参数

	测量范围	分辨率	准确度
电导率	0~80mS/cm	0.001mS/cm	±0.01mS/cm
温度	−5~35℃	0.001℃	±0.01℃
压力	100/500/1000/3000/6000bar 可选	0.001%F.S.	±0.05%F.S.
采样频率	高达 32Hz		
荧光剂			
激光波长	470nm		
检测波长	696nm		
检测量程	0~500 μg/L		
检测最低限	0.025 μg/L		
分辨率	0.01 μg/L		
线性	$0.99R^2$		
响应时间	2s		
通信	RS−232,RS−485		
供电	自带电池		

◆ 图 118　英国 Valeport 公司迷你快速温盐深仪

4.1.20　英国 Valeport 公司迷你温盐仪

◆ 设备简介

迷你温盐仪是 Valeport 最新的实时电导率和温度传感器。它准确度高,适应力强,适合于定点、ROV 等。

◆ 技术参数 ……………………………………………………………………………

	测量范围	分辨率	准确度
电导率	0~80mS/cm	0.001mS/cm	±0.01mS/cm
温度	−5~35℃	0.001℃	±0.01℃
通信	RS−232，RS−485		
供电	9~28VDC		
工作水深	500/6000m（钛）可选		
尺寸（直径 × 长）	40mm × 285mm		
重量	0.6kg，1kg（钛）		

◆ 图119　英国 Valeport 公司迷你温盐仪

4.1.21　英国 Valeport 公司 MIDAS CTD 温盐深仪

◆ 设备简介 ……………………………………………………………………………

　　MIDAS CTD 是一种准确、稳定的 CTD 剖面仪，可同时测量电导率、温度和压力。

◆ 技术参数 ……………………………………………………………………………

	测量范围	分辨率	准确度
电导率	0~80mS/cm	0.001mS/cm	±0.01mS/cm
温度	−5~35℃	0.001℃	±0.01℃
压力	100/500/1000/3000/6000bar 可选	0.001%F.S.	±0.05%F.S.
供电	9~30VDC		
尺寸（直径 × 长）	88mm × 665mm		
重量	空气中 11.5kg，水中 8.5kg		

◆ 图120　英国 Valeport 公司 MIDAS CTD 温盐深仪

4.1.22　英国 Valeport 公司 MIDAS CTD Plus 温盐深仪

◆ 设备简介

MIDAS CTD Plus 是一款可以根据用户需求，进行量身定做的多参数 CTD，可以接受一定范围内的任意标准传感器的组合。

◆ 技术参数

	测量范围	准确度	分辨率
电导率	0~80mS/cm	±0.01mS/cm	0.002mS/cm
温度	−5~35℃	±0.01℃	0.005℃
压力	0~6000bar	±0.01%	0.001%
浊度	0~2000FTU	±2%	0.002%
溶解氧	0~16mL/L	±0.07mL/L	0.017mL/L
pH	1~13	±0.05	0.01
氧化还原	±1500mV	±1mV	0.1mV
叶绿素	0~150 μg/L	±0.03 μg/L	0.005%
PAR	10000 μmol/s/m^2	±1%	0.5 μmol/s/m^2
尺寸（直径×长）	150mm×590mm		
重量	空气中 20kg，水中 12kg		

◆ 图121　英国 Valeport 公司 MIDAS CTD Plus 温盐深仪

4.1.23 英国 Valeport 公司 Monitor CTD 温盐深仪

◆ 设备简介

该设备与 MIDAS CTD 功能、精确度等完全一样，只是为了适应小船或者浅水中应用，减小了重量。

◆ 技术参数

	测量范围	准确度	分辨率
电导率	0~80mS/cm	±0.01mS/cm	0.002mS/cm
温度	−5~35℃	±0.01℃	0.005℃
压力	0~6000bar	±0.01%	0.001%
尺寸（直径 × 长）	88mm × 540mm		
重量	空气中 7.5kg，水中 4.5kg		

◆ 图 122　英国 Valeport 公司 Monitor CTD 温盐深仪

4.1.24 英国 Valeport 公司 Monitor CTD Plus 温盐深仪

◆ 设备简介

该设备与 Monitor CTD 功能、精确度等完全一样，只是为了适应小船或者浅水中应用，减小了重量。

◆ 技术参数

	测量范围	准确度	分辨率
电导率	0~80mS/cm	±0.01mS/cm	0.002mS/cm
温度	−5~35℃	±0.01℃	0.005℃
压力	0~6000bar	±0.01%	0.001%
浊度	0~2000FTU	±2%	0.002%
溶解氧	0~16mL/L	±0.07mL/L	0.017mL/L
氧化还原	±1500mV	±1mV	0.1mV
叶绿素	0~150 μg/L	±0.03 μg/L	0.005%
尺寸（直径 × 长）	88mm × 500mm		
重量	空气中 7.5kg，水中 4.5kg		

◆ 图 123　英国 Valeport 公司 Monitor CTD Plus 温盐深仪

4.1.25　日本 JFE Adv 公司 Infinity-CT 温盐仪

◆ 设备简介

　　该设备是温度和盐度的自主测量设备，体积小，可以部署和集成到任何设备中，该设备具有浅水和深水两个型号。

◆ 技术参数

	浅水型		深水型	
	温度	电导率	温度	电导率
测量范围	−3~45℃	2~70mS/cm	−3~45℃	2~70mS/cm
分辨率	0.001℃	0.001mS/cm	0.001℃	0.001mS/cm

准确度	±0.05℃ (3~31℃)	±0.05mS/cm (2~65mS/cm)	±0.01℃ (0~35℃)	±0.01mS/cm (2~65mS/cm)
采样频率	0.1~600s			
采样数	1~18000			
电池	CR-V3 锂电池			
通信	USB 2.0			
工作水深	200m		2000m	
重量	空气中 0.7kg，水中 0.3kg			

◆ 图 124　日本 JFE Adv 公司 Infinity-CT 温盐仪

4.1.26　日本 JFE Adv 公司 Infinity-CTW 温盐仪

◆ 设备简介

　　Infinity-CTW 温盐仪是一款温度和盐度自主测量设备，具有除尘机械刮，长时间免维护。

◆ 技术参数

	温度	电导率
测量范围	-3~45℃	2~70mS/cm
分辨率	0.001℃	0.001mS/cm
准确度	±0.05℃(3~31℃)	±0.01mS/cm(2~65mS/cm)

续表

采样频率	0.1~600s
采样数	1~18000
电池	CR-V3 锂电池
通信	USB 2.0
工作水深	500m
重量	空气中 1.5kg，水中 0.6kg

◆ 图 125　日本 JFE Adv 公司 Infinity-CTW 温盐仪

4.1.27　天津市海华技术开发中心 YRY3-1 温度仪

◆ 设备简介

YRY3-1 温度仪是国家"863"计划支持研制的产品。可以测量从海洋表面到深海 6000m 的海水温度随深度的变化，具有高准确度、高可靠性和高速响应的特点。可用于海洋科学研究，海洋资源调查，海洋环境监测以及军事海洋学应用。

◆ 技术参数

测量范围	−5~35℃
准确度	±0.003℃
响应时间	0.07s
稳定性	±0.001℃

续表

工作水深	6000m
电源要求	13~18VDC,15mA
输出信号	频率
尺寸(直径 × 长)	48mm × 320mm
重量	0.5kg

◆ 图126　天津市海华技术开发中心 YRY3-1 温度仪

4.1.28　天津市海华技术开发中心 YQS9-1 低电导率仪

◆ 设备简介

　　YQS9-1 低电导率仪适用于浅海、河口、水库等电导率较低的各种水体中，可进行现场、定点的水质监测。传感器灵敏度高，稳定可靠，适用于现场长期使用，输出的频率值与被测水体的电导率呈线性关系。

◆ 技术参数

测量范围和准确度（可定制）	50~200 μS/cm,≤10 μS/cm； 200~1000 μS/cm,±5%； 10000~20000 μS/cm,±5%
电源电压	12±0.5VDV
电缆长度	10~50m（可定制）
输出形式	正弦波频率信号，幅度 4.5~5.0V（有效值）
电导率计算公式	$C=(F-6000)\times 2$
尺寸（直径 × 长）	150mm × 300mm
空气中重量	4.5kg

◆ 图 127　天津市海华技术开发中心 YQS9-1 低电导率仪

4.1.29　天津市海华技术开发中心 WS1 温深仪

◆ 设备简介

　　WS1 温深仪由水下传感器和水上显示装置组成。在用户软件的控制下可自动测量传送和显示。温深数据采样率每秒 8 次，经电缆传输到水上机，数码显示实时测量温度随深度的变化，同时由 RS-485 接口连接到计算机，存储温度和深度测量数据。该仪器具有体积小、重量轻、稳定可靠等特点。可广泛用于湖泊河流以及渔场养殖。

◆ 技术参数

测量范围和准确度	温度：-5~35℃，±0.05℃； 深度：0~200m，±0.5%F.S.
电源电压	12VDC，100mA
尺寸（直径 × 长）	钛材 60mm×600mm
空气中重量	4.8kg
信号输出	RS-485

◆ 图128　天津市海华技术开发中心 WS1 温深仪

4.1.30　天津市海华技术开发中心 SZC15-2 温盐深仪

◆ 设备简介

　　SZS15-2 温盐深仪主要用于近海、100m 以内的海洋环境参数测量，具有体积小、重量轻、耐污染、使用方便等特点，可以广泛应用于渔业、海洋环保、污染监测、舰船等领域。SZC15-2 温盐深仪可以进行剖面测量和定点（系留式）测量，具有自容式、感应耦合、直读式三种数据传输方式。

　　该系列产品可以测量海水温度、电导率（盐度）和深度等参数。采用高性能锂电池组供电，整机具有智能测量和多功能数据处理系统，专用人机界面操作方便，轻便易用，稳定可靠。可应用于浅海海洋调查，近海海洋资源开发应用及军事海洋等领域。

◆ 技术参数

测量项目	测量范围	准确度（厂家/比测）	分辨率	响应时间
温度	−2~35℃	±0.01/0.03℃	0.001℃	70ms
电导率	0~65mS/cm	±0.01/0.03mS/cm	0.001mS/cm	70ms
压力	0~1000bar	±0.1%/±0.6%F.S.	0.01%F.S.	30ms
采样间隔	1~6Hz（可调）			
储存温度	−50~55℃			
数据存储量	16M(1Hz 存储速率可存储 32h)			
连续工作时间	半小时工作一次可工作 6 个月（定点测量）			
工作方式	直读式、自容式、感应耦合式			
稳定性	温度传感器	±0.05℃/年		
	电导率传感器	±0.05mS/(cm·年)		
	压力传感器	±0.5%F.S./年		

◆ 图 129　天津市海华技术开发中心 SZC15-2 温盐深仪

4.1.31　天津市海华技术开发中心 SZC15-3 温盐深仪

◆ 设备简介

国家"863"计划支持研制的 SZC15-3 自容式高精度温盐深仪，可以测量从海表面到 6000m 水深的海水温度、电导率（盐度）、深度等参数。其剖面测量的空间分辨率为 4~5cm（下放速度 1m/s），时间分辨率 40ms 左右，可根据用户需要在规定的深度自动控制采集 12 瓶水样。整机具有精确快速、稳定可靠、智能测量和多种数据处理功能，软件采用全中文界面，操作方便。该剖面仪可广泛应用于海洋调查、海洋学研究、资源开发、卫星遥感定标、污染监测和军事海洋学等领域。

◆ 技术参数

参数	测量范围	准确度	响应时间
温度传感器	−5~35℃	±0.003℃	0.07s
电导率传感器	0~65mS/cm	±0.003mS/cm	0.07s
压力传感器	0~60MPa	±0.015%F.S.	0.02s
采水器	12 瓶，每瓶 2.5~8L 可选		
数据采样率	24Hz		
存储器	≥8MB		
电源	220VAC		
重量	150kg（空气中），190kg（带水瓶）		
尺寸（直径×长）	1100mm×1395mm		
储存温度	−50~55℃		
布放使用要求	8000m 单芯铠装电缆绞车，承载能力 400kg，速度 1m/s		

◆ 图 130 天津市海华技术开发中心 SZC15-3 温盐深仪

4.1.32　山东省科学院海洋仪器仪表研究所 SZC2-1 温盐深仪

◆ 设备简介

　　SZC2-1 温盐深仪（CTD）具有自容与直读两种工作方式，该系统采用感应式电导率传感器，长期使用数据漂移小，可有效防止海洋生物污染、附着。SZC2 系列温盐深仪还包括不同测量精度、不同工作深度的差异化产品。

◆ 技术参数

传感器	温度测量范围	-5~40℃
	电导率测量范围	0~70mS/cm
	深度测量范围	0~1500m
	温度测量准确度（厂家/比测）	±0.01/±0.03℃
	电导率测量准确度（厂家/比测）	±0.05/±0.03mS/cm
	深度测量准确度（厂家/比测）	±0.25%/±0.5%F.S.

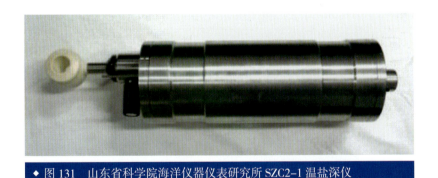

◆ 图 131　山东省科学院海洋仪器仪表研究所 SZC2-1 温盐深仪

4.1.33　青岛海山海洋装备有限公司 HISUN 温盐深仪

◆ 设备简介

　　青岛海山海洋装备有限公司 HISUN 系列 CTD 采用独特的深海无泵低维护传感器和高精度七铂环石英电导探头设计，具有体积小、性能高、功耗低等特点。该传感器采用大直径（8mm）和短长度（46mm）的设计理念，长期布放在生物活跃的水域中，也能保证不会堵塞。同时，它可以在现场清洗，而无需进行重新校准。该 CTD 无需采用泵或其他设备使测量水体流过传感器，从而大大降低了其功耗，即使在南北极使用也可以满足使用要求。

◆ 技术参数

CTD	HISUN2000A	HISUN7000A
采样频率	8Hz	
接口	RS232C，RS485，无线蓝牙	
实时时钟准确度	3ppm/年	
通信速度	384kbps（最高 1152kbps）	
数据存储	2GBSD 卡	
供应电压	外部电源：1.8~4.5V，碱性电池：3.0V，锂电池：3.6V	
供应电流	运行：45mA（3.6V），休眠：8μA（3.6V）	
工作水深	2000m	7000m
材料	POM	钛合金
压力传感器范围	0~2000 dbar	0~7000 dbar
压力传感器准确度	0.05%F.S.	0.05%F.S.
压力传感器分辨率	0.0015%F.S.	0.0015%F.S.
压力传感器时间常数	50ms	50ms
温度传感器范围	−5~35℃	
准确度	0.002℃	
分辨率	0.0001℃	
时间常数	50ms	
电导率传感器范围	0~90mS/cm	
准确度	0.003mS/cm	
分辨率	0.0003mS/cm	
时间常数	50ms	

◆ 图 132　青岛海山海洋装备有限公司 HISUN 温盐深仪

4.2 专用型

4.2.1 美国 SeaBird 公司水下滑翔机专用 GPCTD 温盐深仪

◆ 设备简介

GPCTD 是 SeaBird 公司专门用于水下滑翔机的温盐深设备,为消除水下滑翔机在航行中所特有的动态特性、边界层效应和尾流的影响,美国 SeaBird 公司在其 Argo 专用 CTD 设备的基础上,进行了结构改造,包括加装独特的流线型进水口和出水口、TC 导水管、泵及相应的管路,以适应水下滑翔机的不同需求。

该设备配碱性电池或锂电池,一个电池可分别供电 9.5 天或 48 天。GPCTD 除 CTD 传感器外,还可以加装溶解氧传感器。它配有 8MB 内存,既可自容式作业,也可实时作业。

◆ 图 133 美国 SeaBird 公司水下滑翔机专用 GPCTD 温盐深仪

4.2.2 美国 SeaBird 公司 SBE21 CT 船用温盐仪

◆ 设备简介

该设备是 SeaBird 公司专门用于走航测量的温盐设备。该设备装在船只的进水口,在走航的条件下,能实时准确、快速地测出海水的温度和电导率。

◆ 技术参数

	测量范围	准确度
温度	−5~35℃	±0.001℃
电导率	0~70mS/cm	±0.01mS/cm
尺寸	577mm×483mm×229mm	
重量	4kg	

◆ 图134 美国 SeaBird 公司 SBE21 船用温盐仪

4.2.3 美国 SeaBird 公司 SBE45 CT 船用温盐仪

◆ 设备简介

该设备是 SBE21 船用温盐计的改进型，用途和测量范围均相同，但不能增加任何附加传感器，它体积小，准确度高。

◆ 技术参数

	测量范围	准确度
温度	−5~35℃	±0.0002℃
电导率	0~70mS/cm	±0.003mS/cm
重量	4.6kg	

◆ 图135 美国 SeaBird 公司 SBE45 小型船用温盐仪

4.2.4 美国 SeaBird 公司 SBE49 FastCAT 温盐深仪

◆ 设备简介 ....

该设备采样频率高，适合于在水下运动载体（ROV、拖体、AUV 等）上快速测量海水的温度、盐度（电导率）和深度。

◆ 技术参数 ....

	测量范围	准确度
温度	−5~35℃	±0.002℃
电导率	0~90mS/cm	±0.03mS/cm
压力	0~7000bar	±0.1%F.S.
采样频率	16Hz	
尺寸（直径×长）	83mm×620mm	
重量	空气中2.7kg，水中1.4kg	

◆ 图136 美国 SeaBird 公司 SBE49 FastCAT 快速温盐深仪

4.2.5 美国 Ocean Science 公司 UCTD 温盐深仪

◆ 设备简介 ··

UCTD 是一款可在走航船只上获取海水温度、盐度和深度剖面数据的 CTD 剖面测量设备。该设备具有便携、低成本和环保的特点。

◆ 技术参数 ··

	温度	压力	电导率
测量范围	−5~43℃	0~2000m	0~90mS/cm
分辨率	0.002℃	0.5m	0.005mS/cm
原始数据误差	0.01~0.02℃	4m	0.3mS/cm
处理后数据误差	0.004℃	1m	0.02~0.05mS/cm

4 温盐测量

◆ 图137 美国Ocean Science公司UCTD温盐深仪

4.2.6 杭州应用声学研究所HYYQ-1光纤温深仪

◆ 设备简介

杭州应用声学研究所HYYQ-1光纤温深仪是一种在船舶航行过程中快速测量目标水域温深剖面的海洋仪器，可广泛应用于海洋科考、环境保护等领域。特点是测量准确，使用便捷，测量范围宽。该产品采用具有创新性的光纤光栅传感器专利技术。

◆ 技术参数

型号		HYYQ-1
技术指标	最大测量深度	500m(航速≤15kn)
	温度测量范围	-5~35℃
	温度测量准确度	±0.1℃
	深度测量准确度	±0.5%F.S.
	电缆长度	标配20m，可定制
剖面仪规格尺寸	重量	1.5kg
	尺寸	42mm×100mm
机箱规格尺寸	重量	3.5kg
	尺寸	470mm×440mm×1350mm

续表

供电	工作电压	220（1±10%）VAC
	功率	≤150W
硬件	通信及输出	RS-485（4800bps）
软件	显示控制软件	
环境要求	水下单元工作温度	-5~35℃
	甲板单元工作温度	0~50℃
	存储温度	-20~55℃

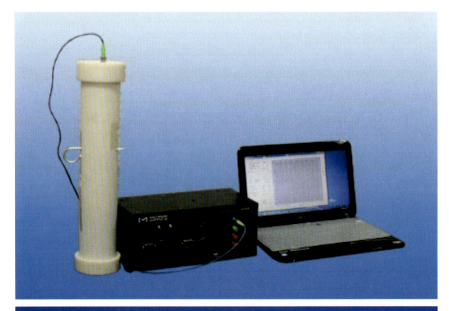

◆ 图138　杭州应用声学研究所 HYYQ-1 光纤温深仪

4.3 抛弃型

4.3.1 日本 TSK 公司抛弃式温盐深仪

◆ 设备简介 ....

日本 TSK 公司抛弃式温盐深仪包括 XBT、XCTD、AXBT、AXCTD 等产品，可以从船舶或飞机上进行抛弃式测量，测出海水温度或温、盐随深度变化的曲线，是一种快速、经济的温盐深测量设备。该设备由发射装置、传感器和数据转换模块组成。

◆ 技术参数 ....

型号	测量深度	船速	测量时间	
T-10	300m	10kn	48s	
T-6	460m	15kn	73s	
T-7	760m	15kn	123s	
T-7	760m	20kn	123s	
T-5	1830m	6kn	291s	
XCTD-1	1000m	12kn	300s	
XCTD-2	1850m	3.5kn	571s	
XCTD-3	1000m	20kn	203s	
XCTD-4	1850m	6kn	537s	
		温度	电导率	
XBT	测量范围	-2~35℃		
	准确度	±0.2℃		
XCTD	测量范围	-2~35℃	0~60mS/cm	
	准确度	±0.02℃	±0.03mS/cm	

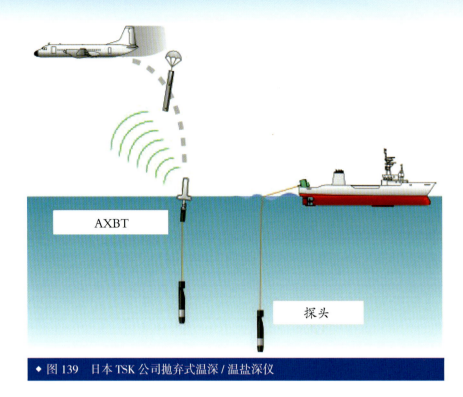

◆ 图139　日本TSK公司抛弃式温深/温盐深仪

4.3.2　美国Sippican公司抛弃式温探仪

◆ 设备简介 ··

抛弃式温探仪获取的温度数据和声速数据能为航空反潜装备所用，用以确认温度对声纳传播的影响并进行声学量程估算。同样，该设备也是海洋地理和空间物理研究收集温度数据的一种快速、价格适中的方式。

◆ 技术参数 ··

型号	测量深度	额定船速	垂直准确度
T-4	460m	30kn	65cm
T-5	1830m	6kn	65cm
T-6	460m	15kn	65cm
Fast Deep	1000m	20kn	65cm
T-7	760m	15kn	65cm
Deep Blue	760m	20kn	65cm
T-10	200m	10kn	65cm
T-11	460m	6kn	18cm

◆ 图 140　美国 Sippican 公司抛弃式温探仪

4.3.3　天津市海华技术开发中心 SZC16-1 抛弃式温深仪

◆ 设备简介

　　SZC16-1 抛弃式温度剖面测量仪是用于快速、经济测量海水温度剖面的测量仪器，其使用方便，可以快速获取大面积海域的剖面温度资料，为海洋调查、科学研究、军事应用提供测量手段。

◆ 技术参数

深度测量范围	0~760m
温度测量范围	−2~35℃
深度准确度	±2%F.S. 或 5m（取大值）
温度准确度（厂家/比测）	±0.1℃/±0.27℃
温度分辨率	0.02℃
时间常数	≤100ms(传感器)
最小深度间隔	0.65m
适应最大船速	15kn

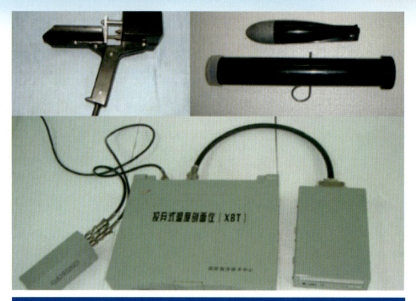

◆ 图 141　天津市海华技术开发中心 SZC16-1 抛弃式温盐仪

4.3.4　中国科学院声学所东海站抛弃式温深仪

◆ 设备简介

抛弃式温深仪（XBT）可以在舰船航行时测量海洋温度剖面，具有方便、快捷、可靠、经济性好等特点，中国科学院声学研究所东海研究站研制和生产的 XBT 具有完全自主知识产权，曾填补了国内在该领域的空白，迄今已生产各类 XBT 产品超过万只，广泛用于军事、资源勘探、科学研究等领域。

目前，中科院声学研究所东海研究站的 XBT 产品正在朝着大深度、高航速、高精度方向发展。

◆ 技术参数

温度测量范围	−2~36℃
温度分辨率	≤ 0.005℃
温度误差（厂家 / 比测）	≤ ±0.15/ ±0.34℃
测深范围	0~500m（D5 型）
	0~760m（D7 型）
深度分辨率	≤ 0.65m
测深误差	≤ ±2% 或 5m
使用海况	≤ 5 级
使用航速	≤ 14kn
安装	无安装要求

◆ 图 142　中国科学院声学所东海站抛弃式温度探头

4.3.5　山东省科学院海洋仪器仪表研究所 SWC1-1 抛弃式温深仪

◆ 设备简介

　　抛弃式温深仪 (XBT) 用于快速获取海水温深剖面数据，可在测量船走航时投放。测量仪由 XBT 探头、发射枪、甲板单元三部分组成，通过发射枪将探头投放入水，探头在下落过程中不断测量海水温度，探头到达最大测量深度后，结束测量。

◆ 技术参数

传感器	温度测量范围	−2~35℃
	最大测量深度	760m
	温度测量准确度（厂家/比测）	±0.1/±0.6℃
	温度测量分辨率	0.02℃
	深度测量准确度	±2%F.S.
适应航速	最大适应航速	15kn
甲板单元	供电电压	100~240VAC，50/60Hz
	数据接口	RS-232
	功耗	最大 10W

◆ 图143　山东省科学院海洋仪器仪表研究所SWC1-1抛弃式温深仪

4.3.6　西安天和防务技术股份有限公司TH-B311抛弃式温深仪

◆ 设备简介 ··

　　TH-B311抛弃式温深仪主要用于船舶走航条件下快速获取水下温深剖面数据，其探头为一次性使用，可节省大量的船时，经济和社会效益显著。该系统既可在正规海洋调查船上使用，也可在商船、志愿船上使用，适用于诸多海域。其使用灵活，快捷经济，操作简便，是海洋环境参量调查的必备产品，也是对浮标、潜标、AUV等水下测量手段的重要补充。该产品遵循《Q/LM·TW 710-2011抛弃式温深探测系统》企业标准。

◆ 技术参数 ··

传感器	温度测量范围	-2~35℃
	最大测量深度	760m
	温度测量准确度（厂家/比测）	±0.1/±0.58℃
	GPS定位精度	15m
	深度测量准确度	±2%F.S.或5m（取大值）
适应航速	最大适应航速	15kn

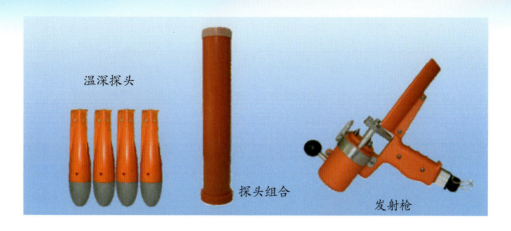

◆ 图 144　西安天和防务技术股份有限公司 TH-B311 抛弃式温深仪

5 海冰测量

　　海冰不仅包括直接由海水冻结而成的咸水冰，也包括进入海洋中的大陆冰川、河冰和湖冰。海冰按照不同的方法有着不同的分类，按照来源分为咸水冰、淡水冰和冰山；按照发展阶段分为初生冰、尼罗冰、莲叶冰、灰冰、灰白冰和白冰；按照形状分为平整冰、重叠冰、堆积冰、冰脊、冰丘、冰山等；按照存在时间分一年冰和多年冰；按照运动形式分为浮冰和固定冰。每年冬季，渤海和黄海出现大面积的海冰，对海上运输业、海洋工程、养殖业、军事活动等会造成很大的影响。

　　海冰测量的基本要素包括冰量、密集度、浮冰大小、浮冰方向和速度、冰厚、冰区边缘线、冰温、海冰盐度等。目前常用的测量方法有目测法、直接测量法和遥感测量法。目测法是一种较为传统的测量方法，通过人眼对海冰进行观测。直接测量法是通过工具和仪器对海冰要素进行直接测量，常用的仪器有冰尺、冰钻、棒状温度计、海冰浮标等，遥感测量法是通过卫星、雷达、激光、声波等设备对海冰要素进行测量。海冰测量雷达主要是通过对航海雷达的二次开发，结合相关软件实现的。

　　本章收录了常见海冰浮标、声学测量设备的相关信息。

5.1 浮标测冰

5.1.1 加拿大 Metocean 公司 CALIB 浮标

◆ 设备简介

CALIB(Compact Air Launched Ice Beacon) 浮标是一种 Argo 传输的 "迷你"型浮标，可以从飞机上投放，其设计是以技术成熟的 AN/WSQ6 系列浮标（美国海军指定开发的一种小型浮标系列）为基础，可被用来为极地气候的天气预报收集气象数据，以及被海洋学家用于研究海冰的流动。当前的 CALIB 浮标配置组成有：冰温探测传感器、气压探测传感器、Argo 遥测装置、碱性电池或锂电池等。

◆ 技术参数

投放速度	0~200kn
投放高度	500~800m
环境温度	−50~50℃
观测参数	冰表面温度，气压
电子设备	Argo PTT Metocean MODEL MAT906
光照	直射
电池	20 节
电池寿命	碱性 3 个月，锂电池 12 个月
尺寸（直径 × 高）	120 mm × 917mm
重量	8.2kg

◆ 图 145 加拿大 Metocean 公司 CALIB 浮标

5.1.2 加拿大 Metocean 公司 IceBeacon 浮标

◆ 设备简介 ………………………………………………………………………………………

海冰信号浮标 (IceBeacon) 是一种经过验证的牢固的模块化平台，专为大型传感器载荷而设计。其监测内容包括海冰运动、海冰厚度、温度以及海冰下界面相关参数和大气参数等。根据需求，可以选择管状外壳或是较大的罐筒状外壳。

◆ 技术参数 ………………………………………………………………………………………

观测参数	空气温度，海表面温度，GPS 信号，气压
电池	碱性电池 120 节，锂电池 75 节
电池寿命	碱性电池 3 个月，锂电池 12 个月
电子设备	Argo PTT Metocean MODEL MAT906
	CT/CTD SBE37 可选
尺寸（直径 × 高）	22cm × 122cm
重量	41kg

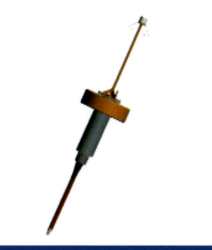

◆ 图 146　加拿大 Metocean 公司 IceBeacon 浮标

5.1.3 加拿大 Metocean 公司 IMB 浮标

◆ 设备简介

　　IMB(The Ice Mass Balance Buoy) 海冰质量平衡浮标是 Metocean 与合作伙伴 CRREL 共同开发的一个产品。该观测设备可以测量海冰厚度和温度，并获得气象数据和上层海洋数据。IMB 海冰质量平衡浮标由一个 Campbell 科技数据记录器、一个信号发射机、热敏电阻串以及冰上表面和冰下底面的声学探测器（用于测量海冰上下界面的位置，误差在 5mm 之内）组成。除了物质平衡的测量设备之外，该浮标还具有 GPS、气压计和气温传感器。

◆ 技术参数

结构特性	三组桅杆直径 25，10，5cm；温度链长度 4.5m
观测参数	空气温度，雪厚声纳，水下声纳，气压，温度链
电池	锂电池
数据采集器	Campbell CR100
转换器	Campbell AM16/32
卫星发射单元	Campbell ST20
重量	41kg

◆ 图 147　加拿大 Metocean 公司 IMB 浮标

5.1.4 加拿大 Metocean 公司 M-CAD 浮标

◆ 设备简介

　　M-CAD 是 Metocean 和日本海洋科学技术中心联合开发的,可以提供低成本的现场实时气象信息。M-CAD 通过卫星发布气象数据和海洋数据,同时在内部对数据进行备份存储。该系统主要由四个部分组成:水下传感器、气象传感器、系统控制器和数据遥测系统(包括内部数据记录器)。所有水下传感器通过感应耦合自动传导技术与主系统控制器通信。

◆ 技术参数

结构特性	三组桅杆直径 25,10,5cm;温度链长度 4.5m
观测参数	空气温度,雪厚声纳,水下声纳,气压,温度链
电池	锂电池
数据采集器	Campbell CR100
转换器	Campbell AM16/32
卫星发射单元	Campbell ST20

◆ 图 148　加拿大 Metocean 公司 M-CAD 浮标

5.1.5　加拿大 Metocean 公司 POPS 系统

◆ 设备简介

POPS 系统专为在极区冰面上部署而设计，是海冰上的新一代有效载荷平台，同样，传感器遥测技术和数据采集在 POPS 平台开发中依然很重要。该系统平台提供了气候资料和上层海洋资料，通过铱星传输遥测数据。该系统由六个主要部分组成：系统控制器、闪存数据记录器、海冰装配平台、气象传感器、数据遥测与 GPS 系统、海面下 CTD 垂直剖面系统。

◆ 技术参数

气压	Paroscientific216B 气压计
风速	R.M.Young 05103AP 螺旋风速计
温度	YSI44032 热敏电阻
海流剖面	ADCP WHM300，剖面量程 130~250m
CT 与 CTD	SBE37，深度量程 350m
遥测	ORBCOMM，Argo，铱星（可选）
方位与倾角	Precision Navigation TCM，罗盘仪与倾角传感器
电池性能	9~18VDC，寿命 2 年
重量	250kg

◆ 图 149　加拿大 Metocean 公司 POPS 浮标

5.1.6　加拿大 Metocean 公司 ITP 系统

◆ 设备简介

　　ITP 系统与 POPS 系统结构相似，是由美国伍兹霍尔海洋研究所开发的，其组成部分包括置于海冰表面的浮筒，悬于浮筒下面的缆绳，缆绳底端的镇重器以及由马达驱动的沿缆绳上下运动的剖面测量器。剖面测量器又包括测量装置、控制器、驱动系统和电池，ITP 能够测垂直剖面的电导率、温度、压力、溶解氧、光合有效辐射和荧光叶绿素。

◆ 技术参数

钢缆属性长度	10~800m，材料：塑铠电缆
剖面量程	标准电池包下可测量 1500km
运行时间	在每天记录 2 个 750m 剖面的情况下，运行时间可达 2.5~3 年
温度	最低约为 −25℃
数据传输	测量器与表面单元，感应连接；ITP 系统与陆地中心，卫星传输
观测要素	电导率，温度和压力
钻孔尺寸	海冰钻孔直径为 28cm

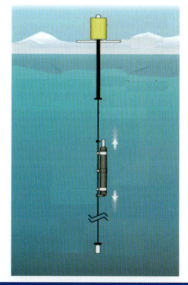

◆ 图 150　加拿大 Metocean 公司 ITP 浮标

5.2 声学测冰

5.2.1 加拿大 ASL 公司 SWIP 浅水冰层剖面仪

◆ 设备简介

这款仪器可以用来监测浅水环境的冰层以及浮冰，在有效穿透冰层的前提下可提供高测量准确度。应用于监测河流湖泊的冰层覆盖、潮汐冰的运动、河流冰的运动。

◆ 技术参数

频率	546kHz
波束宽度	6°
采样频率	2Hz
测量量程	20m
精度	±0.05m
接口	RS-232/422
电源	8~15VDC，内外供电可选

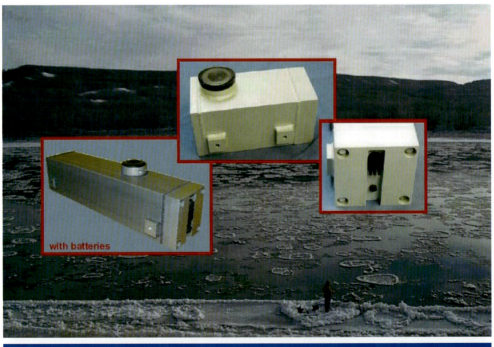

◆ 图 151　加拿大 ASL 公司 SWIP 浅水冰层剖面仪

6　海啸测量

　　海啸是由水下地震、火山爆发或水下塌陷和滑坡等大地活动造成的海面恶浪，并伴随巨大响声的自然现象，是一种具有强大破坏力的海浪。按照起因不同，海啸可以分为四类，分别是气象变化引起的风暴潮，火山爆发引起的火山海啸，海底滑坡引起的滑坡海啸和海底地震引起的地震海啸。

　　目前常用的海啸测量方法有基于数据库的预报、地震监测、海啸声波监测和海面高度监测，常用的设备有卫星遥感、岸边或岛屿潮位监测、压力式海啸浮标、GPS 海啸浮标。目前国内常用的是压力式海啸浮标。

　　本章主要收录了压力式海啸浮标的相关信息。

6.1　英国 Mooring Systems 公司 Arrow 海啸浮标

◆ 设备简介

　　该设备可以自动实时进行海浪预报，具有适用于全海洋深度的组合释放器，GPS 定位信标，可以工作 2 年。该设备与其他海啸浮标的不同之处在于它完全潜在水下 100m 处，只有当测到海啸威胁时，才会自动释放一个小浮标到海面，该浮标会高速上升到海面，通过铱星发送数据到警报中心。

◆ 技术参数

压力传感器深度量程	7000m
尺寸	直径 1.65m
浮球的净浮力	950kg
空气中总重量	900kg
锚系重块	1500kg
工作深度	100m(最大 300m)
通信	铱星 (SBD)

◆ 图 152　英国 Mooring Systems 公司 Arrow 海啸浮标

6.2 英国 Sonardyne 公司海啸浮标

◆ 设备简介

Sonardyne 海啸浮标基于该公司成功的 Compatt 5 水下声学应答器，采用 Sonardyne 最新的 Wideband 宽带数字声学技术，能够在不同的声环境件下确保可靠的声通信。

Compatt 5 能够布放至水下 7000m，并且可连续监测水压，每隔 15min 进行数据存储。因为可靠的早期海啸预警只能在靠近海底的地方获得，所以 Compatt 为将这些读数发送到水面上提供了重要手段。

Compatt 每隔 1h 将压力读数转化成信号，通过声传输将这些信号传送到水面浮标上。随后浮标上的卫星收发机自动将读数发送到位于岸上的海啸监测部门。系统也能够从控制中心接收数据，实现对 Compatt 监测参数进行必要的更改。

Compatt 可设置对水压进行连续监测，这些水压变化受到潮汐、天气情况和温度等因素的影响，且是可以预测的，因此超过预期模型 3cm 的微小变化将使装置自动切换到海啸报警状态，这将导致 Compatt 立即把前 1h 记录的数据传输到水面上，并且每隔 15s 提取一次压力读数并立即发送到浮标，浮标再通过卫星传输将信息发送给监测站。

这意味着对海啸的早期预警，可由海啸在数千英里外的深海海底导致的微小的水压变化，在几分钟之内就能够传达到监测机构的办公室里。

◆ 图 153　英国 Sonardyne 公司海啸浮标

6.3 美国 SAIC 公司 STB 海啸浮标

◆ 设备简介

美国 SAIC 公司生产有压力式海啸浮标 STB，该系统包括 3 个子系统：一个表面通信浮标、一个停泊浮标和一个底部压力记录器。底部压力记录器包括一个高度精确的可以监测地震和海平面变化的海底压力传感器。声学通信将底部测量压力资料传输至表面浮标，然后由卫星通信将资料接力传输至海啸预警中心进行分析。资料一经处理，可对地震事件或其他水下泥石流等是否已引发海啸形成提供即时评估。

◆ 图 154　美国 SAIC 公司 STB 海啸浮标

6.4 意大利 Envirtech 公司 MKI-4 海啸浮标

◆ 设备简介 ....

意大利 Envirtech 公司 MKI-4 海啸浮标系统为压力式深海海啸监测浮标，由表面通信浮标、底部压力传感器和声学耦合传输部分组成。该系统可通过铱星或者 Inmarsat 卫星或者北斗进行数据的实时传输，是可靠的海啸浮标。

◆ 技术参数 ....

海啸检测器	Mofjeld 计算法，遥控操作
通信	2 个声学调制解调器，最大通信速率 8500bps，工作频率 12.75~21.25kHz 1 个 WiFi 通信
卫星	2 个 Inmarsat mini-C 或 1 个铱星和 1 个 Inmarsat mini-C，可选北斗 12 通道 GPS 对浮标进行跟踪
数据采集器	NVRAM-32GB
供电	4 个太阳能板
航行指示	避障信号辐射范围为 3~5n mile，雷达反射面 10m²
尺寸（直径 × 长）	1800mm × 5872mm
材质	铝
空气中重量	1200kg

◆ 图 155　意大利 Envirtech 公司 MKI-4 海啸浮标

6.5　意大利 Envirtech 公司 MK III 海啸浮标

◆ 设备简介

意大利 Envirtech 公司 MK III 海啸浮标系统与 MKI-4 海啸浮标系统类似，其不同之处在于该系统体积大，质量大，更适合于深海布放。

◆ 技术参数

通信	2 个声学调制解调器，最大通信速率 8500bps，工作频率 12.75~21.25kHz 1 个 WiFi 通信
卫星	2 个 Inmarsat mini-C 或 1 个铱星和 1 个 Inmarsat mini-C，可选北斗 12 通道 GPS 对浮标进行跟踪
数据采集器	NVRAM-32GB
供电	4 个 50W 太阳能电池板，4 个 110Ah 电池
航行指示	避障信号辐射范围为 3~5n mile，雷达反射面 10m^2
材质	铝
重量	1995kg
尺寸	浮体：2650mm×1450mm，总长 12090mm

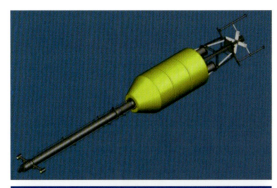

◆ 图 156　意大利 Envirtech 公司 MK III 海啸浮标

6.6　德国 Geopro 公司海啸浮标

◆ 设备简介

　　Geopro 公司海啸浮标已经发展到第二代，是海洋地震监测和海啸预测的永久性观测系统，它由 8mm 厚的聚乙烯浮筒做浮标，浮力达 2400kg。

　　该浮标筒内安装有 SEDIS Ⅵ宽频带数字地震仪，无线电发送设备，调制解调装置以及系统电源，两个 12V 太阳能充电电池给整个系统供电，整个结构非常牢固，几乎不需要保养和维修。

　　数字宽频地震传感器（摆）和数字压力传感器（预测海啸）位于投放至海底的密封玻璃球底部，它们可以在海底移动而不必抬起浮动。

◆ 技术参数

尺寸	1.8m×1.8m×1.3m
重量	＜500kg
浮力	2400kg
功耗	6W
数字传输速度	57.6kpbs/7200bps
数据传输协议	XMODEM
采样率和数据道数可变	

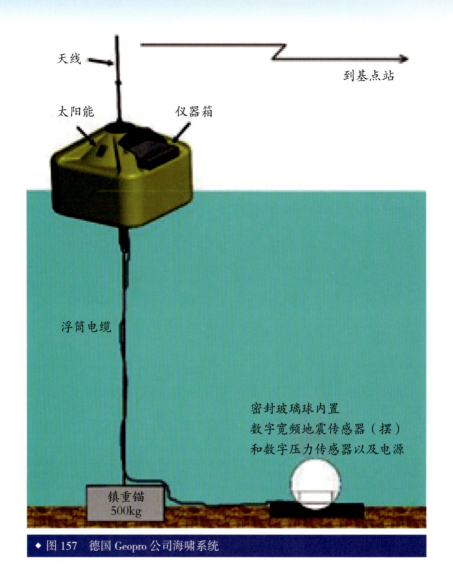

◆ 图157　德国 Geopro 公司海啸系统

7 声光测量

声光测量包括海水声速测量、噪声测量和光学特性测量。海水声速是研究声波在海水中传播的基本物理参数之一。海水中影响声速的主要因素是温度、盐度和压力等，其中温度的变化对声速的影响最大。测量海水声速的常用方式有直接法和间接法。直接法是利用声速仪来直接测量；间接法是利用 CTD 测量海水的温度、盐度和压力随深度的变化，进而通过经验公式计算出声速。

在海洋环境中，海面风浪、海洋生物活动、海上航运等自然和人为活动产生的声波，在传播过程中与海面、海底、水体等发生相互作用形成了一个复杂的背景噪声场，这些背景噪声就是通常所说的海洋环境噪声，是水声信道中的一种干扰背景场，其常用的测量方式有坐底式和漂浮式。

海水光学特性参数主要包括光吸收系数、散射系数、衰减系数和体散射函数等。这些参数仅取决于海水本身的物理特性，是海洋光学研究的基本参数，其主要的测量方式有浮标、潜标和卫星遥感。

本章收录了常用声速仪、噪声测量和海洋光学测量仪器信息。

7.1 声速仪

7.1.1 美国 Ocean Science 公司走航式声速仪

◆ 设备简介

Ocean Science 走航式声速仪可以在几分钟内得到垂直声速剖面数据，并且全程无需停下测量船。新型 Ocean Science 走航传感设备结合了最新的 Valeport 公司的由传播时间反演声速技术，使之成为了水文测量的重要工具。基于简单、便携、结构紧凑和价格实惠的特点，走航式声速仪缩短了测量时间，提高了测量结果的质量。最先进的无线通信技术使得剖面数据能在第一时间下载到测量计算机中，近乎达到实时测量的效果。

◆ 技术参数

	声速	温度	深度
分辨率	0.001m/s	0.001℃	0.001%m
原始数据准确度	0.02m/s	0.01℃	0.05%m
测量范围	1375~1900m/s	−5~35℃	0~2000m
	取样速度	SV+P	SVP+T	深度分辨率
声速	16Hz	x		40cm
声速 & 温度	32Hz	x	x	20cm

◆ 图158 美国 Ocean Science 公司走航式声速仪

7.1.2 美国 Sippican 公司抛弃式声速仪

◆ 设备简介

该仪器可以直接测定声速。抛弃式声速仪为航空反潜设备、反对抗设备和海洋地理研究提供精确声速。它通过声速传感器测定声速。

◆ 技术参数

型号	最大深度	额定船速	垂直准确度
XSV-01	850m	15kn	32cm
XSV-02	2000m	8kn	32cm
XSV-03	850m	5kn	10cm

◆ 图159 美国 Sippican 公司抛弃式声速仪

7.1.3　加拿大 AML 公司声速仪

◆ 设备简介

　　AML 公司声速仪是直接测量水中声速及压强的智能化传感器。声速测量基于脉冲的传播时间测量技术，而压强通过半导体应变计换能器进行测量。该设备可与电脑直接相连，也可接手持设备，直接读出数据。每个传感器都有内部校准系数，具有实时数据输出功能，确保可以即插即用。

◆ 技术参数

	测量范围	分辨率	准确度
声速	1375~1625m/s	0.06m/s	±0.025m/s
压力	0~500bar	0.01bar	±0.05%F.S.
采样频率	0.2Hz		
通信	RS-232		
供电	8~16VDC		

◆ 图 160　加拿大 AML 公司声速仪

7.1.4　英国 Valeport 公司迷你声速仪

◆ 设备简介

　　英国 Valeport 公司的迷你声速剖面仪是一款小型高准确度、低功耗的声速剖面采集记录仪器。该仪器测量准确度高、工作稳定、操作简单、使用方便，非常适用于水下机器人、近海岸工程、小型测船等测量项目中的声速校正。该迷你声速仪配置了英国 Valeport 公司独有的数字高准确度型声速传感器、PRT 温度传感器和免维护型压力传感器。

◆ 技术参数

	测量范围	准确度
声速	1350~1900m/s	±0.02m/s
温度	−5~35℃	±0.01℃
压力	100/500/1000/3000/6000bar 可选	±0.05%F.S.
采样频率	1~16Hz	
工作水深	500/6000m 可选	
尺寸（直径 × 长）	54mm × 435mm	
重量	0.8kg（塑钢），1.6kg（钛）	

◆ 图 161　英国 Valeport 公司迷你 SVP 声速仪

7.1.5　英国 Valeport 公司 UltraSV 声速仪

◆ 设备简介

UltraSV 声速仪是 Valeport 推出的最新一款声速仪，它设计紧凑、测量反应快、数据可靠，并且其传感器还可更换。

◆ 技术参数

声速测量范围	1375~1900m/s
声速分辨率	0.001m/s
声速准确度	±0.020m/s
声学频率	2.5MHz
采样持续时间	30μs（1500m/s）
采样频率	300Hz
供电	5VDC
功率	<250mW
工作水深	6000m
空气中重量	约300g

◆ 图162 英国 Valeport 公司 UltraSV 声速仪

7.1.6 英国 Valeport 公司 UV-SVP 声速仪

◆ 设备简介

UV-SVP 声速仪以迷你声速仪为基础，专为水下运载工具设计，可同时测量声速、温度和压力。

◆ 技术参数

	测量量程	准确度	分辨率
声速	1375~1900m/s	±0.020m/s	0.001m/s
温度	-5~35℃	±0.01℃	0.001℃

续表

压力	50/100/300/500/1000/3000bar 可选	0.001%F.S.	±0.01%F.S.
通信	RS-232，RS-485		
供电	8~30VDC，0.35W 功耗		
工作水深	3000m		
空气中重量	0.75kg		

◆ 图163 英国 Valeport 公司 UV-SVP 声速仪

7.1.7 英国 Valeport 公司 MIDAS SV X2 声速仪

◆ 设备简介

　　MIDAS SV X2 是一款可测声速、电导率、压力、温度多个指标的传感器。MIDAS SV X2 是 Valeport 的最新特色仪器，它结合了迷你声速仪和 CTD 的优点，向世界展示了二者最优秀的数据。

◆ 技术参数

	测量范围	准确度	分辨率
电导率	0~80mS/cm	±0.01mS/cm	0.002mS/cm
温度	-5~35℃	±0.01℃	0.005℃
压力	0~6000bar	±0.01%	0.001%
声速	1375~1900m/s	0.001m/s	±0.02m/s
尺寸（直径×长）	88mm×665mm		
重量	空气中 11.5kg，水中 8.5kg		

◆ 图 164　英国 Valeport 公司 MIDAS SV X2 声速仪

7.1.8　丹麦 Reson 公司 SVP70 和 SVP71 声速仪

◆ 设备简介

　　SVP70 设计紧凑结实，专为水下运载工具设置，可以用于 ROV、AUV 等，SVP71 结构轻便、设计紧凑。

◆ 技术参数

	SVP70	SVP71
声速测量范围	1350~1800m/s	1350~1800m/s
声速分辨率	0.01m/s	0.01m/s
声速准确度	±0.05m/s(0~50m)，±0.25m/s(6000m)	±0.05m/s(0~50m)，±0.25m/s(2000m)
采样频率	20Hz 以及更低	
通信	RS-232，RS-422	
供电	9~55VDC	
工作水深	0~6300m	2100m
尺寸（直径 × 长）	44mm × 165mm	44mm × 165mm
重量	约 1kg	约 650g

◆ 图 165　丹麦 Reson 公司 SVP70 和 SVP71 声速仪

7.1.9 中国科学院声学所东海站 USM2000 声速仪

◆ 设备简介

USM2000 是采用大规模高速 CMOS 集成电路技术开发出的一种高性能、大量程声速测量仪，测量原理不同于大多数声速仪，采用的是环鸣法。

◆ 技术参数

声速测量范围	1000~2200m/s（流体）， 200~1000m/s（气体）， 1000~7000m/s（固体）
声速测量准确度	优于 ±0.01m/s
测量数据分辨率	28bit
最大工作水深	200m
不丢失数据容量	64KB
数据接口	RS-232/485 或 USB 可选
工作电压	5VDC（内置可充电锂电池）
深度测量	0~200m
压力观测	（可选）
温度观测	（可选）
工作方式	自容式和非自容式可程控设置

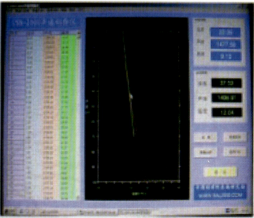

◆ 图166 中国科学院声学所东海站 USM2000 声速仪

7.2 噪声测量

7.2.1 美国 C-products 公司 C-Phone 水听器

◆ 设备简介

C-Phone 提供其他多种类型水听器具备的功能。其特殊的制作方式使噪声得到很大程度的衰减，大大提高了测量灵敏度，同样该设备小巧便携，使用方便。

C-Phone 设备包含水听器飘带、60m 信号线、甲板接收器、临时电源、13A 电源插头、2m 的 BNC 线、人工操作端、插头保护帽等部件。

◆ 技术参数

尺寸（长 × 直径）	1800mm × 26mm
单元数	8/ 根
单元敏感度	−195dB（ref. 1m 1 μPa）
填充介质	纯蓖麻油
频率响应	−3dB（500Hz~12kHz）
输出信号内阻	1000Ω/ 相
工作水深	0~20m

◆ 图 167 美国 C-products 公司 C-Phone 水听器

7.2.2 丹麦 Reson 公司系列水听器

◆ 设备简介

丹麦 Reson 公司系列水听器主要设计用于水下精密声学测量、信号探测以及校准参考声速。Reson 公司的水听器在科学研究、海军和环境监测的参考测量领域闻名于世，另外也用于工业和商业产品领域过程控制。

◆ 技术参数

型号	名称	频率范围	接收灵敏度	工作水深
TC4013	小型参考水听器	1Hz~170kHz	−211±3dB	700m
TC4014	宽带球型水听器，内置 26dB 前放	15Hz~480kHz	−187dB（250Hz）	900m
TC4032	内置 10dB 前放	5Hz~120kHz	−170dB（250Hz）	600m
TC4033	坚固球形参考水听器	1Hz~160kHz	−203±3dB	900m
TC4034	超宽带球形参考水听器	1Hz~470kHz	−218±3dB	900m
TC4035	宽带小型探头水听器，内置 10dB 前放	10Hz~800kHz	−214±2dB	300m
TC4037	高压球形参考水听器	1Hz~100kHz	−193dB（250Hz）	1500m
TC4038	宽带小型探头水听器	10Hz~800kHz	−227±2dB（100kHz）	20m
TC4040	参考水听器	1Hz~120kHz	−205	400m

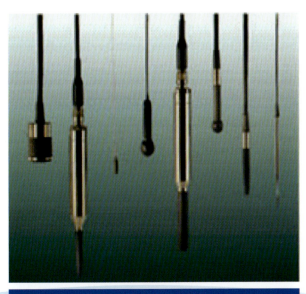

◆ 图 168　丹麦 Reson 公司系列水听器

7.2.3 荷兰 Geo 公司 Geo-Sense 系列水听器

◆ 设备简介

Geo-Sense 系列水听器组合多样，型号众多。应不同应用而设计，主要分为：单道水听器和多道水听器。

◆ 技术参数

	单道水听器	多道水听器
设计目的	为高分辨率声源设计	为高分辨率声源设计
设计特点	基于 Benthos2000 水听器，水听器阵列耦合前置放大器	水听器阵列耦合前置放大器
型号	8 单元水听器：2.8m 有效长度， 16 单元水听器：5.0m 有效长度， 24 单元水听器：7.5m 有效长度	最大 48 道， 短用水听器 0.5m， 道间距 3.25m 或 6.50m
采集站	GeoSuite	GeoSuite

◆ 图 169　荷兰 Geo 公司 Geo-Sense 系列水听器

7.2.4 加拿大 Ocean Sonics 公司 icListen 智能水听器

◆ 设备简介

icListen 水听器是一款全新概念的、自容式、紧凑型、一体化的水声测量记录系统。在这个测量记录系统中，除了水听器外，还集成了前置放大器、滤波器、A/D 变换器以及数据处理单元和数据记录单元，通过以太网接口（RS-232/USB 接口可选）可以直接与水面上的上位机相连，从而形成一个完整的水声测量记录系统。在测量的过程中，该系统可以对采集到的数据进行实时处理，有效减少存储与传输的数据量。

◆ 技术参数

可测量信号峰值	175dB（ref. 1m 1μPa）
频率响应	10Hz~100kHz ± 3dB， 10Hz~200kHz ± 4dB
噪声	30dB（ref. 1m 1μPa）（10kHz）
接收灵敏度	-171dB（ref. 1m 1μPa）（带前放）
工作深度	200m（工程塑料外壳），3500m（钛合金外壳）
内置电池	3.7V，2.6Ah 可充电锂电池
供电电源	24（1±15%）VDC
尺寸	267mm×45mm
接口	以太网（RS-232，USB 可选）

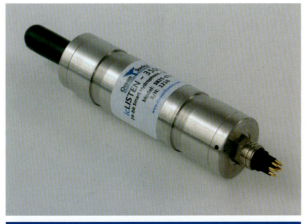

◆ 图 170 加拿大 Ocean Sonics 公司 icListen 智能水听器

7.2.5 中国船舶重工集团公司第七一〇研究所 HMZS-1 海洋环境噪声监测浮标

◆ 设备简介

海洋环境噪声监测浮标是基于国产自主剖面漂流探测浮标平台技术，搭载水听器单元，实现对海洋环境噪声监测、记录和回收。浮标记录环境噪声数据存储满后，浮标上浮到水面，并通过卫星定时上传 GPS 定位信息，导引打捞回收船回收浮标。

◆ 技术参数

噪声记录频段	20Hz~20kHz
记录容量	≥ 256GB
最大工作深度	500m
连续记录时间	≥ 30 天
重量	≤ 42kg

◆ 图 171　中国船舶重工集团公司第七一〇研究所 HMZS-1 海洋环境噪声监测浮标

7.2.6　杭州应用声学研究所海洋环境噪声监测浮标

◆ 设备简介

杭州应用声学研究所海洋环境噪声监测浮标主要用于海洋环境噪声的大范围、移动式实时测量,测量结果远程传输。

◆ 技术参数

技术指标	频率范围	从几赫到几十千赫
	工作寿命	1 个月
	工作水深	60/180/360m 可选
	深度测量误差	≤量程的 3%
	工作环境	三级海况正常工作,五级海况不损坏
拖体规格尺寸	重量	≤ 25kg
	尺寸(直径 × 长)	250mm × 1700mm

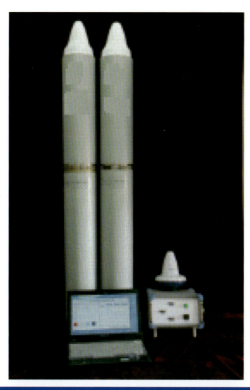

◆ 图 172　杭州应用声学研究所海洋环境噪声监测浮标

7.2.7　杭州应用声学研究所 LSS32 海洋环境噪声监测潜标

◆ 设备简介 ....

　　杭州应用声学研究所 LSS32 型海洋环境噪声监测潜标可以在浅海（LSS32–1型）或深海（LSS32–2 型）工作，是一种海洋环境噪声和声传播损失测量设备。为海洋环境噪声长期定点监测、海洋声传播试验研究以及海洋水文参数同步采集等提供可模块化组合使用的测量装备，是进行海洋声学调查不可或缺的重要设备之一。

◆ 技术参数 ....

型号		LSS32
技术指标	水听器通道数	若干
	声信号频率范围	从几赫到几十千赫
	温度、深度传感器	若干
	温度测量精度	0.02℃
	深度测量精度	1%F.S.±0.3m
	连续工作时间	>5 天
	ADCP	150kHz
标体规格尺寸	重量	≤150kg
	尺寸	直径<1m，高度不大于 2m
	耐压深度	400m，1000m 可选
硬件	通信输出	以太网口
环境参数	工作温度	−5~35℃
	存储温度	−20~55℃（相对湿度≤85% RH）

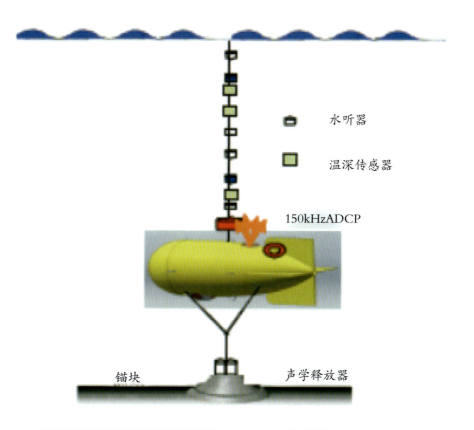

◆ 图 173　杭州应用声学研究所 LSS32 海洋环境噪声监测潜标

7.3 海洋光学测量

7.3.1 美国 WETLabs 公司 C-Star 透射计

◆ 设备简介

C-Star 将单块集成电路外壳和高度集成的光电元件有机结合，成本低、结构紧凑，用于测量水下透射率。该装置可以在自由空间内测量，也可在带有水泵的流管内测量，还可以在停泊或行进中测量。

◆ 技术参数

光程	25/10cm
波长	650/530/470/370nm
接收角	约 1°
带宽	约 10~12nm（370nm），约 20nm（650、530、470nm）
线性度	99% R^2
工作水深	600/6000m 可选
尺寸（长×宽×高）	29.2cm×6.4cm×9.3cm（10cm 光程），47cm×6.4cm×9.3cm（25cm 光程）
重量	空气中：2.2/3.6kg（铝），水中：0.9/2.7kg（铝）

◆ 图 174 美国 WETLabs 公司 C-Star 透射计

7.3.2 美国 WETLabs 公司 AC-S 高光谱吸收/衰减仪

◆ 设备简介

AC-S 高光谱吸收/衰减仪在 400~730nm 波长范围内，能输出 80 多个测量值。4nm 的光谱分辨率充分满足了"光谱指纹"和卷积分析的要求。AC-S 采用 25cm 或 10cm 长的光学通道，能高效测定最纯洁水体的吸收和衰减系数。

◆ 技术参数

光谱范围		400~730nm
带通		15nm/通道
输出波长数量		80~90
分辨率		4nm
450~730nm	4Hz	±0.001m^{-1} 正常，0.003m^{-1} 最大
	1Hz	±0.0005m^{-1} 正常，0.0015m^{-1} 最大
400~449nm	4Hz	±0.005m^{-1} 正常，0.012m^{-1} 最大
	1Hz	±0.003m^{-1} 正常，0.006m^{-1} 最大
准确度		±0.01m^{-1}
动态范围		0.001~10m^{-1}
工作水深		500m
尺寸（直径 × 长）		10.4cm × 79cm
重量		空气中 5.9kg，水中 0.8kg

◆ 图 175　美国 WETLabs 公司 AC-S 高光谱吸收/衰减仪

7.3.3 美国 WETLabs 公司 BB9 后向散射仪

◆ 设备简介

BB9 后向散射仪采用 117° 的质心角，大大减少了计算总散射系数的误差。BB9 单体设计使得它更容易整合在其他剖面设备上，例如压力和温度传感器相结合，一起提供剖面散射数据。

◆ 技术参数

波长	412/440/488/510/532/595/650/676/715nm
测量量程	约 0.0024~5m^{-1}
灵敏度	2.14×10^{-5}
采样频率	1Hz
线性度	99%R^2
供电	7~15VDC
通信	RS-232，RS-485
工作水深	600m
尺寸（直径 × 长）	14.6cm × 30.5cm
重量	空气中 3.1kg，水中 1.8kg

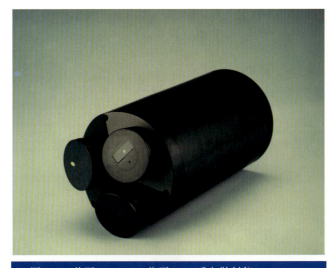

◆ 图 176 美国 WETLabs 公司 BB9 后向散射仪

7.3.4　美国 HOBILabs 公司 HydroRad 水下高光谱仪

◆ 设备简介

　　该系列设备为自容式水下高光谱仪，自带电池和数据采集，方便现场布放，用于水辐射等研究。HydroRad 系列水体辐照度辐亮度测量仪可分为内嵌传感器型和光纤型两种，内嵌传感器型有 HydroRad-E1、HydroRad-ES1、HydroRad-E2，光纤型有 HydroRad-1、HydroRad-2、HydroRad-3、HydroRad-4，型号中最后一位代表通道数，该系列的技术指标相同。

◆ 技术参数

传感器	有辐照度和辐亮度采集传感器
波长	350~850nm
带宽	0.30~0.35nm
自动曝光控制	光谱仪积分时间从 21ms~20s，取决于光水平
工作水深	200m

◆ 图177　美国 HOBILabs 公司 HydroRad 水下高光谱仪

7.3.5　美国 HOBILabs 公司 HydroRad 水下光谱仪

◆ 设备简介

　　HOBILabs 公司为方便水下光谱长期测量，在 HydroRad 的基础上增加了 HydroShutter-HR 防污系统。HydroShutter-HR 防污系统专门用于光纤型 HydroRad 光学传感器以及 HydroRad-ES1。铜质快门覆盖于传感器表面，通过电动控制防护镜头，在每次采样前，快门自动打开，采样完成后，快门旋转覆盖传感器，从而使传感器能够在水下进行长时间的测量而不被浮游生物污染。HydroRad 水下长期测量光谱仪的类型主要有：HydroRad-ES1、HydroRad-2S、HydroRad-3S 和 HydroRad-4S。

◆ 技术参数

辐亮度	
可选波长	350~3000nm
最大工作水深	800m
直径	2.5cm
长度	1.37cm
重量	15g
余弦辐照度	
可选波长	350~1000nm
最大工作水深	800m
直径	2.5cm
长度	0.9cm
重量	10g
球形辐照度	
可选波长	380~1000nm
最大工作水深	200m
直径	6.4cm
长度	11cm
重量	200g

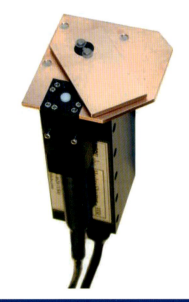

◆ 图178 美国 HOBILabs 公司 HydroRad 水下光谱仪

7.3.6 美国 HOBILabs 公司 HydroScat-4S 多谱后向散射仪

◆ 设备简介

　　HydroScat-4S 作为 HoBILabs 公司生产的多谱后向散射仪，是一款能同时测量后向散射系数和荧光的仪器。该仪器提供了四个通道测量后向散射系数，或者三个通道测量后向散射系数加上一个通道测量荧光值。HydroScat-4S 的特别之处在于仪器镜头上集成了防污铜面板和防污快门，可有效处理镜头上的附着物如浮游植物等，从而达到清理镜头的作用。该类型仪器是专门为水下长期无人值守监测而设置的。

◆ 技术参数

测量参数	四个波长后向散射或者三个波长后向散射系数加上一个荧光值
后向散射角度	散射角度 140°
标准波长	420/470/532/700nm 或者 420/532/700nm 加上叶绿素荧光
可选波长	420/442/470/488/510/532/590/620/676/700/852nm
荧光	700nm（激发 420nm）——叶绿素
光谱带宽	10/20nm（676nm）/40nm（700nm）
bb 噪声	$2 \times 10^{-5} \sim 2 \times 10^{-4} m^{-1}$ RMS

电池工作时间	连续操作可达 15h
电压	12V
功耗	2.2W
数据传输	RS-232，9600~57600bps
数据接口	Mate MCIL8F
内存	256KB，10000 数据，可扩展至 128MB
采集间隔	0.1~30000s
工作水深	330m
直径	13.3cm
长度	32cm
重量	空气中 6kg，水中 1.6kg

◆ 图179　美国 HOBILabs 公司后向散射仪

7.3.7　美国 HOBILabs 公司 Walrus II 浮标式高光谱仪

◆ 设备简介

　　Walrus II 浮标式高光谱仪是 HOBILabs 公司生产的表观光学特性测量仪器。该仪器采用浮标式设计，用户可根据需求安装辐射探头。Walrus 可测量水体辐照度、辐亮度、遥感反射率、光合有效辐射等参数。除此之外，Walrus 还可进行水体表观光学剖面测量。仪器倾角传感器监测仪器在测量中的倾斜角度以及太阳方位角。线状的承重使得仪器即使在海流中也不会出现倾倒的情况。

◆ 技术参数

校正波长范围	340~860nm
波谱宽度	2.4nm（0.4nm 像素分辨率）
输入电压	9~15V
操作温度	0~35℃
工作水深	100m
直径	18.7cm
长度	148cm
空气中重量	25kg

◆ 图 180　美国 HOBILabs 公司 Walrus Ⅱ 浮标式高光谱仪

7.3.8　美国 HOBILabs 公司体散射相函数测定仪

◆ 设备简介

该设备是全球唯一一款水体体散射函数 (VSF Volume Scattering Function) 剖面现场测量仪，能同时在 12 个不同角度（10~170°）测量，采样速率高达每秒 10 个样品。

◆ 技术参数

使用消偏振激光束
12 个辐射计接收器从不同角度监测
接收器是固定，且角度可调
高频脉冲激光，接收机同步到激光脉冲
前向接收器窄视场角 FOV（<0.5°）和低增益，以适应前向体散射函数的高信号
背向接收器具有更宽窄视场角 FOV（高达 2.2°），较高的增益，以适应后向体散射函数的低信号

◆ 图 181　美国 HOBILabs 公司体散射函数测定仪

7.3.9　美国 HOBILabs 公司 Gamma 水体光衰减测量仪

◆ 设备简介

　　Gamma 水体光衰减测量仪坚固耐用，多波段、遥测设计，无干扰原位测量。最大工作水深 500m，包括 Gamma-2、Gamma-4 和 Gamma-8 三种产品，适合野外测量。

◆ 技术参数 ....

采样频率：10Hz
最大工作深度 500m（定制 6000m）
内置闪存，可储存数据
Gamma-4 可和 a-sphere 一起使用测量后向散射系数
波长配置
Gamma-2：470/700nm
Gamma-4：442/470/590/700nm
Gamma-8：395/420/442/470/510/590/620/700nm

◆ 图 182　美国 HOBILabs 公司 Gamma 水体光衰减测量仪

7.3.10　美国 HOBILabs 公司 C-Beta 光衰减测量仪

◆ 设备简介 ....

　　C-Beta 光衰减测量仪广泛用于光衰减的测量，可同步测量后向散射，用于校正由后向散射引起的衰减测量误差。

◆ 技术参数

直径	11.7cm
长度	45cm
重量	空气中 5.3kg，水中 2.5kg
光束衰减	30cm 光程
后向散射	散射角度 140°
深度	330m
可选波长	442/470/488/510/532/550/590/620/676/852nm
波长宽度	10nm，20nm（676）
发射与接收角度	0.36°
后向散射角度	140°

◆ 图183　美国 HOBILabs 公司 C-Beta 光衰减测量仪

7.3.11　美国 HOBILabs 公司 a-Sphere 水体光吸收测量仪

◆ 设备简介

　　a-Sphere 水体光吸收测量仪是一款专为测量液体中光吸收而设计的仪器，可直接用于水体、海洋和实验室测量。a-Sphere 光吸收计可以说是光吸收测量领域的革命，它有更宽的光谱测量范围，比最新的高分辨率吸收计的光谱分辨率高出 10 倍。一体化设计，无需校正，免于污染，易维护。

◆ 技术参数

宽光谱范围	360~750nm
高分辨率	1500 个波长
波长分辨率	0.3nm
深度	330m
数据连接	RS-232，9600~115200bps
内存	128MB
尺寸（直径 × 长）	15.2cm × 49.5cm
重量	空气中 11.7kg，水中 3kg
测量室体积	520cm^3
材质	阳极氧化铝

◆ 图 184　美国 HOBILabs 公司 a-Sphere 水体光吸收测量仪

7.3.12　美国 HOBILabs 公司 HydroScat-6 后向散射测量仪

◆ 设备简介

　　HydroScat-6(以下简称 HS-6)是世界上第一款商业化的多光谱后向散射仪，能同时测量后向散射和荧光。HS-6 在推向市场的 10 余年间，一直以其稳定良好的性能和高灵敏度、高可靠性享誉业界。该系列产品有 HydroScat-2，Deep HydroScat-2，HydroScat-4 及 HydroScat-6。

◆ 技术参数

HydroScat-2	两个波长的后向散射，散射角度 140°，标准波长 420/700nm，一个荧光测叶绿素，工作水深 330m
Deep HydroScat-2	两个波长的后向散射，散射角度 140°，标准波长 420/700nm，一个荧光测叶绿素，工作水深 4000m
HydroScat-4	四个波长或三个波长的后向散射，散射角度 140°，标准波长：420/470/532/700nm 或 420/532/700nm 加荧光，工作水深 330m，其他可选
HydroScat-6	六个波长的后向散射，散射角度 140°；标准波长：420/442/470/510/590/700nm（可定制其他波长），两个波段的荧光；工作水深：330m（标准），500m（可选）

◆ 图 185 美国 HOBILabs 公司 HydroScat-6 后向散射测量仪

7.3.13 德国 TriOS GMBH 公司 RAMSES-ACC 水下高光谱辐射计

◆ 设备简介

　　RAMSES-ACC 水下高光谱辐射计是一款高度集成的高光谱辐射计，测量光谱范围覆盖紫外/可见光，尺寸小、功耗低，应用非常灵活。其包括 RAMSES-ACC-VIS 和 RAMSES-ACC-UV 两种产品。

◆ 技术参数

型号	RAMSES-ACC-VIS	RAMSES-ACC-UV
波长范围	320~950nm	280~500nm
光谱采样	3.3nm/像素	2.2nm/像素
光谱准确度	0.3nm	0.2nm
通道数量	190	100
工作温度	−10~50℃	
工作水深	300m	

◆ 图186　德国 TriOS GMBH 公司 RAMSES-ACC 水下高光谱辐射计

7.3.14　加拿大 Satlantic 公司 HyperPro II 自由落体式水下高光谱剖面仪

◆ 设备简介

HyperPro II 的优良设计来自于加拿大 Satlantic 公司前几代水色剖面测量仪器的宝贵经验。HyperPro II 可以搭载多光谱（multispectral）或高光谱（hyperspectral）传感器。在自由落体式的剖面测量模式下，HyperPro II 能在水中缓慢的做自由落体式下降。HyperPro II 可以在一组数据中直观的得到 AOPs 与 IOPs 之间的关系。同其他所有 Satlantic 生产的剖面观测设备一样，HyperPro II 避免了自身阴影以及船体运动导致的干扰等问题，在各种环境均能开展测量工作。

◆ 技术参数

电路规格	
A/D 转换	16bit
积分时间	自动选择 16~2048ms
采样频率	最大 12Hz
数据传输速率	57.6kbps
通信协议	RS-422 或 RS-232
电源要求	使用 MDU-200 供电或 12VDC
压力传感器	
量程	300PSI
准确度	0.1m
分辨率	0.01m
姿态传感器	
线性范围	±45°
精度	<0.2°
其他可选传感器	
WETLabs ECO Series、ECO-BB2-SAT、ECO-FL-SAT、ECO-FL-NTU-SAT、ECO-VSF-SAT	
电导率传感器	
准确度	0.1PSU
外部温度传感器	
测量分析	-2.5~40℃
准确度	0.02℃
分辨率	0.003℃
物理特性	
尺寸	直径 48mm
重量	18lb/8.2kg
下沉速率	0.1~1.0m/s
工作温度	-2.5~40℃

◆ 图187 加拿大 Satlantic 公司 HyperPro II 自由落体式水下高光谱剖面仪

7.3.15 加拿大 Satlantic 公司 HyperSAS 海面高光谱仪

◆ 设备简介

　　HyperSAS 可沿着船舶的航迹对水色进行连续观测，也可安装在海上观察平台进行长时间连续观察，或安装在航空器上遥感观测水色。该系统尺寸小，重量轻，结构紧凑，便于安装。由 HyperSAS 系统测量的离水辐亮度和反射系数可用于计算多种海洋要素，其中包括溶解态有机物，悬浮物及表层叶绿素浓度。由于叶绿素是藻类生物量的重要监测指标，所以可利用这些资料来估计浮游植物的丰度和初级海洋生产力，检测赤潮等。HyperSAS 数据还可用来校准和验证卫星水色观测数据。如果在 HyperSAS 测量的同时采集表层水样，综合分析后可建立海表生物—光学模型。

◆ 技术参数

	空气中的辐照度	空气中的辐亮度
光线入射角	余弦 ±3%，0~60° 10%，60~85° (350~800nm)	3°

续表

典型饱和度	9mW cm^{-2}nm^{-1}	0.5mW cm^{-2}nm^{-1}
信噪比	1.6x10^4	1.6×10^4
工作环境温度	−10~50℃	−10~50℃
尺寸（高 × 直径）	39.9cm × 6.0cm	36.2cm × 6.0cm
重量	1.0kg	1.0kg

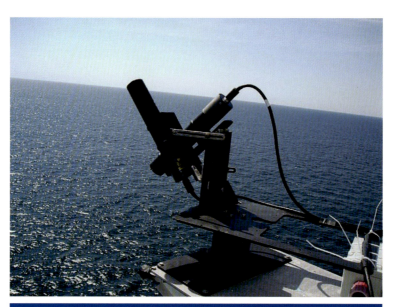

◆ 图188 加拿大 Satlantic 公司 HyperSAS 海面高光谱仪

7.3.16 加拿大 Satlantic 公司 HyperOCR 高光谱海洋水色辐射计

◆ 设备简介

高光谱海洋水色辐射计(HyperOCR)是 Satlantic 公司最新的高精度光学传感器，厂家校准的波长范围从 350~800nm，达 136 个通道。HyperOCR 能够轻松的集成到第三方的设备或直接连接到电脑上进行现场实时测量。此外，Satlantic 公司专有的 RS-485 宽频网络接口技术可将多个仪器设备连接到一个数据接口。这为多个仪器连接到串口有限的设备提供了方便。

测定高光谱离水辐照度可用于研究水体中的光合作用、自然水体中的生物光学分析。其他应用还包括估算紫外线辐射水平和在农业、林业中的高光谱测量研究。

7 声光测量

◆ 技术参数

型号	空气中辐照度	水中辐照度	空气中辐亮度	水中辐亮度
光学视角	余弦 ±3%，0~60° 10%，60~85° (350~800nm) 余弦效应（平面）	余弦 ±3%，0~60° 10%，60~85° (350~800nm) 余弦效应（平面）	3°	8.5°
典型 NEI	1.0×10^{-3} $\mu Wcm^{-2}nm^{-1}$	1.5×10^{-3} $\mu Wcm^{-2}nm^{-1}$	5.3×10^{-5} $\mu Wcm^{-2}nm^{-1}sr^{-1}$	9.0×10^{-5} $\mu Wcm^{-2}nm^{-1}sr^{-1}$
饱和度（500nm，积分1024ms）	$9.0\ \mu Wcm^{-2}nm^{-1}$	$13.5\ \mu Wcm^{-2}nm^{-1}$	$0.5\ \mu Wcm^{-2}nm^{-1}sr^{-1}$	$0.8\ \mu Wcm^{-2}nm^{-1}sr^{-1}$
长	39.9cm	39.9cm	36.2cm	36.2cm
直径	6.0cm	6.0cm	6.0cm	6.0cm
重量	1.0kg			
工作水深	250m			
工作环境	−10~50℃			
光学特性				
光谱范围	305~1100nm			
校正范围	350~800nm			
光谱采样	3.3nm/像素			
光谱精度	0.3nm			
光谱分辨率	10nm			

◆ 图189　加拿大 Satlantic 公司 HyperOCR 高光谱海洋水色辐射计

7.3.17　加拿大 Satlantic 公司 OCR-500 多波段光谱仪

◆ 设备简介

　　OCR-500 多波段光谱仪体积小，整合了高精度的光学技术和精密微电子技术的全数字式光学传感器。Satlantic 在传感器的设计中充分考虑了性能、体积和电源等重要因素。OCR-500 系列辐射计可安装在实时剖面仪（Profiler II），锚系浮标，潜标和水下自航器 AUV，分为上行光和下行光两种。

◆ 技术参数

空间分布特征	
下行光辐照度传感器	上行光辐照度传感器
视野：在空气中或在水中（余弦响应） 采集面面积：86.0mm^2 光学感应器：17mm^2 硅光电二极管	视野：10° 在空气，14° 在水中； 入射开口：直径 9.5mm； 光学感应器：13mm^2 硅光电二极管
光学特性	
超范围波段拒收：10^{-6}； 余弦接收响应：3%（0~60°），10%（60~85°）； 典型饱和度：300 μWcm^{-2} nm^{-1}； 典型 NEI：2.5×10^{-3} μWcm^{-2}nm^{-1}sr^{-1}	超范围波段拒收：10^{-6}； 探头外拒收：5×10^{-4} >1.5 FOV； 典型饱和度：5 μWcm^{-2} nm^{-1}
电气特性	
通信方案：RS-232，RS-485； 网络方案：SATNET； 输入电压：6~22VDC （常规采用 12V）	
物理特性	
长度：11.0cm(4 通道)，12.5cm（7 通道）； 直径：4.6cm(4 通道)，6.5cm（7 通道）； 重量：260g(4 通道)，420g（7 通道）； 材质：Acetron 塑料（耐压 350m），防腐蚀铝合金（耐压 1000m）； 接头（标准）：小型 8 针公头	
系统特性	
采样频率：7Hz（24Hz 可选）； 数据格式：二进制； 波特率：9.6~115.2kbps（用户自选）	

续表

光谱特性
带宽范围：400~865nm； 通道数量：4 或 7 通道； 光谱带宽：10 或 20nm； 过滤片类型：离子辅助沉积； 特制低强度荧光
时间常数：0.011s

◆ 图190　加拿大Satlantic公司OCR-500多波段光谱仪

8 生化测量

海洋生化测量包括海洋生物调查和海水化学分析。海洋生物调查主要包括微生物调查、浮游生物调查、底栖生物调查三大类。最常用的调查方法有采样分析法和原位测量法。原位测量的仪器主要分为光学类和声学类,主要根据生物体的光学或者声学特性设计。

海水化学分析内容主要包括 pH 值、重金属、溶解气体(O_2、CO_2 和 CH_4)和营养盐等。常用的测量方式有采样分析法和原位测量法。

生化测量的采样分析法均需要用到采样器,这些采样器按照用途不同可以分为采水器、生物采样器和沉积物采样器三大类,该部分内容单列为了一章。

本章收录了常用海洋生化特性现场测量仪器的信息。

8.1 海洋生物调查

8.1.1 加拿大 ODIM Brooke Ocean 公司 LOPC 型激光浮游生物计数器

◆ 设备简介

该计数器利用激光束照射测量通道内水体中的浮游生物，对浮游生物量进行计数。由于检测带宽很窄，扫描速率很高，使其测量分辨率很高，而重复计数几率很低（能够保证在 $10^6/m^3$ 个浮游生物的密度下不重复计数）。该计数器还设有额外接口，可与一些附加传感器连接进行综合测量，可用于实验室和拖曳观测。

◆ 技术参数

扫描速率	35 μs
测量分辨率	0.1~35mm
检测带宽	1mm
工作水深	600m，3400m 和 6000m 可选
航速	可达 12kn

◆ 图 191 加拿大 ODIM Brooke Ocean 公司 LOPC 型激光浮游生物计数器

8.1.2　加拿大 ASL 公司 AZFP 水体声学剖面仪

◆ 设备简介

水体声学剖面仪用于水体浮游动物的监测，利用声学后向散射技术监测水体中的浮游动物及其位置，是功能强大的科研和环境监测工具。可选配声纳用于水体鱼类和沉积物的研究。主要功能：长期连续数据收集，不同的频率用于监测不同尺寸的浮游动物，可放置于水体底部向上监测，也可置于浮球上向下监测。

◆ 技术参数

工作频率	38~770kHz
识别浮游动物尺寸	6~30mm
监测范围	50~300m
工作水深	600m
尺寸	17cm×100cm
重量	50kg

◆ 图192　加拿大 ASL 公司 AZFP 水体声学剖面仪

8.1.3　美国 Fluid Imaging 公司 FlowCAM 流式细胞摄像仪

◆ 设备简介

　　FlowCAM 流式细胞摄像仪是一套将流式细胞仪和显微镜的功能以及成像和荧光技术结合到一起的新型数字流式细胞分析设备。该设备不仅具有自动计数的功能，而且能自动在线显示、存储流动液体中的任何颗粒物的清晰数字图像，提供更加精确可靠的数据。

◆ 技术参数

型号	VS-Ⅰ	VS-Ⅱ	VS-Ⅲ
计数颗粒物的大小	0.5 μm~3mm		
大小范围	3 μm~3mm（图像）		
相机	Firewire 数字式 CCD		
图像类型/格式	8 位灰度（单色 CCD）或 24 位真彩色（彩色 CCD）/8 位（单色）或 24 位（彩色）TIFF		
放大倍数/流通池	20 倍/流通池（厚度）：50 μm，90 μm，100 μm； 10 倍/流通池（厚度）：90 μm，100 μm，300 μm； 4 倍/流通池（厚度）：300 μm，600 μm； 2 倍/流通池（厚度）：600 μm，800 μm，1000 μm； 0.5 倍/流通池（厚度）：800 μm，1000 μm，2000 μm		
散射触发	N/A	√	√
荧光触发	N/A	N/A	√
激发波长	N/A	N/A	488nm 或 532nm
荧光发射波长	N/A	N/A	575±15nm（藻红蛋白） >650nm（叶绿素） 645±20nm（藻青蛋白）
颗粒数量/浓度	√	√	√
颗粒大小	√	√	√
进样流速	0.005 ~20mL/min		
数据接口	USB 或以太网接口		
供电要求	台式：100~250VAC，50/60Hz； 便携式：100~250VAC，50/60Hz 或 120VDC		
尺寸（长×宽×高）	台式：21cm×16cm×12cm， 便携式：18 cm×15cm×14cm		
运输重量	台式：43.1kg， 便携式：38.6kg		

◆ 图 193　美国 Fluid Imaging 公司 FlowCAM 流式细胞摄像设备

8.1.4　美国 Mclane 公司 ESP 环境样品处理器

◆ 设备简介

环境样品处理器（ESP）可以现场收集和分析海底水样。设备可以收集离散的水样，集中微生物或颗粒，自动应用分子探针以识别微生物，且可实时远程回收和分析生成的数据。

◆ 技术参数

检测方法	三明治杂交（SHA）和免疫吸附化验（cELISA）
温度量程	4~29℃
工作时长	3 个月
电源	10~16VDC
工作水深	50m
尺寸	94.6cm × 64.8cm
重量	空气中 150kg，水中 102.1kg

◆ 图194　美国Mclane公司环境样品处理器（ESP）

8.1.5　荷兰Cytobuoy公司系列浮游植物流式细胞仪

◆ 设备简介

CytoBuoy系列浮游植物流式细胞仪是现场进行浮游植物测量/监测的首选仪器。它可以分析粒径在0.4~700μm、长度最大可达4mm的浮游植物细胞或其他颗粒，而且样品不需预处理。具有便携式浮游植物流式细胞仪CytoSense、在线监测型浮游植物流式细胞仪CytoBuoy、水下浮游植物流式细胞仪CytoSub三种型号。

◆ 技术参数

激光光源	固态激光器，488nm，20mW
样品粒径下限	标准版：1μm，pico版：0.4μm
样品粒径上限	直径：700μm，长度：4000μm
样品颗粒浓度	103~1010个/L
鞘液	无需外加鞘液，用样品过滤液做鞘液
检测器	前向光散射（FWS）、侧向光散射（SSC）、红色荧光、绿色荧光、橙色荧光等
测量参数	颗粒数、颗粒长度、光学参数（FWS、SSC、荧光等）、浮游植物形态学信息等
仪器重量	CytoSense约16kg，CytoBuoy和CytoSub视所加附件而定
工作倾角	±30°

◆ 图 195　荷兰 Cytobuoy 公司系列浮游植物流式细胞仪

8.2 溶解气体测量

8.2.1 美国 ApolloSciTech 公司 AS-P2 型二氧化碳分析仪

◆ 设备简介

AS-P2 型二氧化碳分析仪是由美国 ApolloSciTech 公司研发的，主要用于走航船只或岸基上，实时测量表层海水和大气的 CO_2 分压、溶解氧、盐度、温度并记录实时监测站点的经纬度。该设备的主要组件包括：CO_2/H_2O 分析仪、温度/盐度测定仪、溶解氧传感器。

◆ 技术参数

测量量程	0~3000 μatm
准确度	≥ ±1ppm
响应速度	<2min
分辨率	0.01ppm

◆ 图196 美国 ApolloSciTech 公司 AS-P2 型二氧化碳分析仪

8.2.2　美国哈希公司 G1100 荧光法微量溶解氧分析仪

◆ 设备简介

该设备采用干的传感器，无膜、无电解液、无化学品，传感器可手动或校准，能够准确、可靠、全自动地实现溶解氧监测。其主要特点安装、操作简单、低维护性。

◆ 技术参数

传感器	工作温度范围	−5~100℃
	工作压力范围	1~40m
	工作流速范围	50~500mL/min
测量量程	0~20000ppb	
最低检测限	0 ± 2ppb	
响应时间	30s（90%）	
分辨率	1ppb	
输出	3 路 4~20mA 模拟输出	

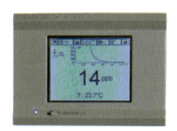

◆ 图 197　美国哈希公司 G1100 荧光法微量溶解氧分析仪

8.2.3 美国 SeaBird 公司 SBE43 系列溶解氧分析仪

◆ 设备简介

SBE43 是海洋溶解氧测量设备,是一种完全重新设计的克拉克极谱膜测量设备,使用了优秀的材料,优越的电子接口和校准方法,包含 SBE43 和 SBE43F 两种产品。

◆ 技术参数

测量量程	120% 表面饱和度	
初始准确度	±2%	
稳定性	0.5%/1000h	
响应时间 (63%)	2~5s(0.5 百万膜),8~20s(1.0 百万膜)	
供电	6.5~24VDC; 60mW(SBE 43),45mW(SBE 43F)	
信号输出	0~5VDC	
工作深度	600m(塑料),7000m(钛)	
重量	SBE 43	钛合金:空气中 0.7kg,水中 0.4kg; 塑料:空气中 0.5kg,水中 0.1kg
	SBE 43F	钛合金:空气中 0.4kg,水中 0.2kg; 塑料:空气中 0.3kg,水中 0.1kg

◆ 图 198 美国 SeaBird 公司 SBE43 系列溶解氧分析仪

8.2.4　美国 SeaBird 公司 SBE63 溶解氧分析仪

◆ 设备简介 ··

　　SBE63 是一种光学溶解氧分析仪，它采用先进的技术和优质的材料制造而成。

◆ 技术参数 ··

初始准确度	> ±3 μmol/kg 或 ±2%
分辨率	0.2 μmol/kg
漂移	<1 μmol/kg/100000 个采样 (20℃)
响应时间 (63%)	< 6s(20℃)
测量量程	120% 表面饱和度
采样频率	1Hz
输出	RS-232，600~115200bps
供电	6~24VDC，35mA
工作水深	600m，7000m
空气中重量	600m 塑料：245g，7000m 钛：270g

◆ 图 199　美国 SeaBird 公司 SBE63 溶解氧分析仪

8.2.5 美国 Eutech 公司 CyberScan 系列溶解氧分析仪

◆ 设备简介

CyberScan 系列溶解氧测量仪使用克拉克极谱膜测量，可同时测量温度和溶解氧浓度，它包含 CyberScan DO110、CyberScan DO600 和 CyberScan DO300 三种型号。

◆ 技术参数

产品型号	特点	参数	测量范围	记忆
CyberScan DO110	标准手提式	溶解氧，温度	0.00~19.99mg/L 或 ppm	100 组
CyberScan DO600	超级记忆，防水，背光多数据显示测量仪	溶解氧，温度	0.00~90mg/L 或 ppm；0~600% 氧饱和度	500 组
CyberScan DO300	防水，背光显示	溶解氧，温度	0.00~19.99mg/L 或 ppm	50 组
分辨率	0.01mg/L，0.1ppm 或 ±1.5%F.S.			
氧饱和度	0.0~199.9 %			
准确度	0.1% 或 ±1.5%F.S.			
温度测量范围	0.0~50.0℃			
分辨率和准确度	0.1℃，±0.5℃			
盐度校正	0.0~50.0ppt			
气压修正	555~1499mmHg 或 66.6~199.9kPa			
电池要求	4 节 1.5V 电池，>700h；9VDC 电源适配器			

◆ 图 200　美国 Eutech 公司的 CyberScan 系列溶解氧分析仪

8.2.6 美国 Eutech 公司 EcoScan DO6 溶解氧分析仪

◆ 设备简介

EcoScan DO6 溶解氧分析仪是一种经济型溶解氧测量仪，适合于现场溶解氧测量，该设备可同时测量温度、盐度和气压，但是该设备无记忆功能，只能用于现场测定。

◆ 技术参数

产品型号	参数	量程	记忆
EutechDO 6+	DO/℃	0.00~19.99mg/L 或 ppm	无
EcoScanDO 6	DO/℃	0.00~19.99mg/L 或 ppm	无
溶解氧测量范围	0~20.00mg/L 或 ppm		
分辨率	0.01mg/L 或 0.01ppm 或 ±1.5%F.S.		
氧饱和度	0.0~200.0%		
准确度	0.1% 或 ±1.5%F.S.		
温度测量范围	0.0~100.0℃		
分辨率和准确度	0.1℃，±0.3℃		
盐度校正	0.0~50.0ppt		
气压修正	555~1499mmHg 或 66.6~199.9kPa		
方式	手动输入后自动校正		
特殊功能	自诊断、电极特性		
电池要求	4 节 1.4V 电池		

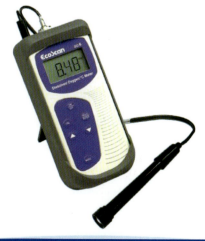

◆ 图 201　美国 Eutech 公司 EcoScan DO6 溶解氧分析仪

8.2.7　美国 Eutech 公司 Eutech DO700 溶解氧分析仪

◆ 设备简介

Eutech DO700 溶解氧分析仪有以下特点：溶解氧单位可选择 ppm，mg/L 或百分比饱和度；在不同的温度、盐度和大气压下都会自动补偿，准确测量；大屏幕便于读数；读数稳定后自动提示；可储存 100 条记录；含电极支架。

◆ 技术参数

溶解氧	测量范围：0.00~30.00mg/L；分辨率：0.01mg/L；相对误差：±0.5% F.S.
氧饱和度	测量范围：0~199.9%，300%；分辨率：0.1%/1%；相对误差：±0.5% F.S.
温度	测量范围：0.0~100.0℃；分辨率：0.1℃；相对误差：±0.5℃
盐度补偿	测量范围：0~50ppt；分辨率：0.1ppt
大气压补偿	测量范围：450~825mmHg；分辨率：1mmHg；相对误差：手动输入；方法：探头内置
仪表功能	温度补偿方式：自动/手动（0.00~100/32.00~212 ℉）
GLP 标准	符合
数据存储	100 组
操作温度	5.0~45.0℃
LCD 显示	双行 LCD
输入	DIN
电源	9VDC，3.3A 或 100/240VAC
尺寸	17.5cm×15.5cm×6.9cm
重量	650g

◆ 图 202　美国 Eutech 公司 Eutech DO700 溶解氧分析仪

8.2.8　德国 Contros 公司 HydroC 水下二氧化碳分析仪

◆ 设备简介

　　HydroC 水下二氧化碳传感器广泛应用于海气交换、海水酸化、湖沼研究、气候研究、农业/渔业、海水监测、碳获取和储存（CCS）等各个应用领域。该传感器采用了高渗透性膜技术和非色散红外分光检测的专利技术，具有低检测阈和高准确度的特点，可设置不同的自动调零间隔，并且集成了海鸟公司的水泵以获得更快的响应速度，可以安装在浮标和潜标上进行长期定点测量，也可以进行剖面测量或者安装在 ROV、AUV 上，是一款可以用于深水（2000m 以上）环境的二氧化碳分析仪。

◆ 技术参数

传感器	高准确度光学分析 NDIR 设备
CO_2 浓度测量范围	标准校正：200~1000 μatm（其他量程可选）
温度测量范围	3~30℃
反应时间	60s
分辨率	<1 μatm
准确度	±1%
电源	300mA（12V）
工作水深	2000/4000/6000m 可选
重量	水中 2.2kg，空气中 4.5kg
尺寸	89mm×380mm

◆ 图 203　德国 Contros 公司 HydroC 水下二氧化碳分析仪

8.2.9 德国 Contros 公司 HydroC 水下甲烷分析仪

◆ 设备简介

HydroC 水下甲烷分析仪广泛应用于气候变化研究、甲烷水合物研究、湖沼研究、海岸风险管理、管道检测和泄漏检测等各个应用领域。该传感器采用了高渗透性膜和非色散红外分光检测的专利技术，具有低检测阈和高准确度的特点，集成了 SeaBird 公司的水泵，获得更快的响应速度，采用水泵同时可以有效减少生物附着的情况，可以安装在浮标和潜标上进行长期定点测量，也可以进行剖面测量或者安装在 ROV、AUV 上，是一款可以用于深水 (2000m 以上) 环境的 CH_4 的分析仪。

◆ 技术参数

CH_4 浓度测量范围	100nmol/L~50 μmol/L
分辨率	10nmol
传感器	高准确度光学分析 NDIR 设备
量程	80nmol/L~5 μmol/L
温度测量范围	3~30℃
分辨率	<10nmol/L
操作深度	2000/4000/6000m 可选
重量	水中 2.2kg，空气中 4.5kg
尺寸	89mm×380mm

◆ 图 204　德国 Contros 公司 HydroC 水下甲烷分析仪

8.2.10 挪威 AADI 公司海洋卫士溶解氧分析仪

◆ 设备简介 ···

海洋卫士溶解氧分析仪采用光学氧传感器（光极），具有长期稳定和高灵敏度特点，包括 SW、IW、DW 三个型号。

◆ 技术参数 ···

溶解氧	浓度	空气饱和度
测量范围	0~500 μmol/L	0~150%
分辨率	<1 μmol/L	0.4%
准确度	<8 μmol/L 或 5%	<5%
响应时间 (63%)	<8s（4330F）	<25s（4330）
温度		
量程	−5~40℃	
分辨率	0.01℃	
准确度	±0.1℃	
响应时间 (63%)	<2s	
输出	AiCaP/ 总线 /RS-232	
采样间隔	2s~255min	
供电	6~14VDC	
工作深度	SW：0~300m，IW：0~2000m，DW：0~6000m	

◆ 图 205　挪威 AADI 公司海洋卫士溶解氧分析仪

8.2.11　加拿大 RBR 公司 Solo DO 溶解氧分析仪

◆ 设备简介

加拿大 RBR 公司的 Solo DO 是一款小型独立的水下溶解氧分析仪，可以应用于海运、海水净化和水产养殖等领域，可以长期在河塘、湖泊和海洋中工作。拥有温度和压力补偿系统，当环境参数发生变化时，依然可以准确地测量水体的溶解氧含量。

◆ 技术参数

工作水深	1700m
数据接口	USB
测量单位	2000 万样本
传感器	Oxyguard DO522M18
时钟准确度	±60s/ 年
响应时间	约 10s
准确度	±2% 氧气饱和度
分辨率	饱和度的 1%
尺寸	270mm×25mm
重量	空气中 170g，水中 65g

◆ 图 206　加拿大 RBR 公司 Solo DO 溶解氧分析仪

8.2.12　加拿大 Pro-oceanus 公司 CO_2-Pro 水下二氧化碳分析仪

◆ 设备简介 ··

　　CO_2-Pro 水下二氧化碳分析仪是世界领先的测量水下二氧化碳浓度的科研仪器，小巧轻便，即插即用。有三种工作模式：走航测量、实验室测量和锚系潜标测量。

◆ 技术参数 ··

测量范围	0~600ppm
准确度	±0.5%
分辨率	0.01ppm
数据存储	2GB 内存
数据输出	RS-232 接口
采样间隔	1.65
输入电压	12~18VDC
工作温度	0~30℃（标准）
外壳	防腐蚀合金铝
长度	33cm，43cm（带接头）
直径	19cm
空气中重量	6kg
水中重量	0kg

◆ 图 207　加拿大 Pro-Oceanus 公司水下 CO_2 分析仪

8.2.13 新西兰 Zebra-Tech 公司 D-Opto 溶解氧分析仪

◆ 设备简介

新西兰 Zebra-Tech 公司 D-Opto 溶解氧分析仪采用成熟的技术，以很少的现场维护和维修，可实现对溪流、河流和海洋环境的溶解氧水平长期准确监测。该设备包括 D-Opto 传感器、D-Opto 记录器和 D-Opto 开闭器。

◆ 技术参数

准确度	1%F.S. 或 0.02ppm（取大）
分辨率	0.01%F.S. 或 0.001ppm
温度准确度	±0.1℃
温度分辨率	0.01℃
信号输出	SDI-12，4~20mA 或 0~5V
供电	8~24VDC
工作水深	300m
尺寸	48mm×160mm

◆ 图 208　新西兰 Zebra-Tech 公司 D-Opto 溶解氧分析仪

8.3 重金属测量

8.3.1 意大利 Idronaut 公司 VIP 重金属在线分析仪

◆ 设备简介

VIP 重金属在线分析仪是意大利 Idronaut 公司、日内瓦 CABE 大学以及 IMT 研究所联合研发的水下微量重金属剖面分析的仪器。可以同时进行多元素分析，抗干扰能力强、测量灵敏度高。适合于河流、海洋、水库、港口等环境监测和污染控制监测，还可用于浮标剖面监测。

◆ 技术参数

测量参数	Cu^{2+}，Pb^{2+}，Cd^{2+}，Zn^{2+}	Mn^{2+}，Fe^{2+}
最低检测限	10^{-6}mg/L	10^{-3}mg/L
工作温度	4~25℃	
测量时间	15~20min	
尺寸（直径×长）	100mm×1050mm，（POM 塑料）， 75mm×1100mm（316L 不锈钢）	
重量	空气中的重量为 8kg，水体中的重量为 3.5kg（POM 塑料）； 空气中的重量为 8kg，水体中的重量为 4kg（316L 不锈钢）	
工作水深	500m	

◆ 图 209　意大利 Idronaut 公司 VIP 重金属在线分析仪

8.4 营养盐测量

8.4.1 美国 SubChem 公司 APNA 自记式水下营养盐分析仪

◆ 设备简介 ....

SubChem APNA 自记式水下营养盐分析仪应用于营养盐及其他重要环境化学要素的高分辨率、定点长期或现场剖面监测。APNA 采用连续流动分析方法，实现了对硝酸盐、亚硝酸盐、磷酸盐、硅酸盐和氨氮等几项营养盐的浓度现场快速读取。

◆ 技术参数 ....

营养盐	亚硝酸盐	硝酸盐	磷酸盐	铁	硅酸盐
波长	A540nm	A540nm	A820nm	A560nm	A820nm
路径长度	1/5cm	1/5cm	1/5cm	1/5cm	1/5cm
量程	0.05~50 μmol	0.05~50 μmol	0.05~50 μmol	0.05~50 μmol	0.15~170 μmol
准确度	2%F.S.	2%F.S.	2%F.S.	2%F.S.	3%F.S.
供电	12~75VDC
工作水深	200m
尺寸	32.6cm×16.8cm（直径×长）
重量	空气中 8.8kg，水中 1.4kg

◆ 图 210 美国 SubChem 公司自记式水下营养盐分析仪

8.4.2　美国 SubChem 公司 ChemFin 营养分析仪

◆ 设备简介

该产品是一种紧凑、低功耗的海洋营养分析设备。它可以选择单通道或多通道模式，以连续测量或者间歇测量手段，采用荧光分析法对营养物质进行分析，并可用于探测微量金属元素等。该设备灵敏度高、反应快、适用于多种平台，例如船舶、水下机器人、潜艇等。

◆ 技术参数

测量物质	亚硝酸盐	硝酸盐	磷酸盐	硅酸盐	铵盐
波长（nm）	A540	A540	A820	A820	F370/460 ex/em
路径长度	1/5cm	1/5cm	1/5cm	1/5/15cm	
测量范围（单通道/μmol）	0.05~50	0.05~50	0.05~50	0.05~170	0.01~15
测量范围（多通道/μmol）	0.02~11	0.02~11	0.02~14	0.05~45	0.1~100
准确度	2%F.S.	2%F.S.	2%F.S.	3%F.S.	1%F.S.
供电（VDC）	12~72				
工作水深（m）	600				
尺寸（直径×长）	4.0in×13in				
重量	6.4kg（空气中）				

◆ 图 211　美国 SubChem 公司 ChemFIN 营养分析仪

8.4.3　美国 EnviroTech 公司 EcoLAB2 多通道营养盐分析仪

◆ 设备简介

　　EcoLAB2 多通道营养盐分析仪是新一代现场营养盐分析仪，主要应用于海洋和淡水领域。EcoLAB 开创了新的现场监测方法，它可以同时分析硝酸盐、亚硝酸盐、磷酸盐、硅酸盐、铵盐、尿素、铁离子。EcoLAB2 由全新的检测器、水流驱动系统、电子元件以及嵌入式软件和突破性的设计组成。其优点包含扩展的测量范围、提升的检测能力、更多的检测方法以及新型系泊系统，在海洋和内陆水域中如同在实验室一样。标准版本是专门用在近海、河口、河流和湖泊等环境，海洋版本额定工作水深可达 4000m。EcoLAB 能够与监测系统和海面浮标系统相集成，监测参数包括硝酸盐、磷酸盐、氨和硅酸盐。

◆ 技术参数

	硝酸盐	硅酸盐	磷酸盐	铵盐
量程	0~5mg/L NO_3/N	0~6mg/L SiO_4/Si	0~0.8mg/L PO_4/P	0~4mg/L NH_4/N
波长	543nm	810nm	880nm	
准确度	2%F.S.	3%F.S.	3%F.S.	1%F.S.
灵敏度	0.003mg/L	0.003mg/L	0.003mg/L	0.003mg/L
持续时间	6 个月	2 个月	2 个月	4 个月
深度限制	标准 200m，可选 4000m			
电流	分析：260mA，休眠：100 μA，平均：22mA(8 个星期)			
通信	RS-232，ASCII~19.2kbps(N81)			
电源	12VDC(9.0~15.5V)			
尺寸	310mm×590mm（直径 × 长）			
重量	空气中 25kg，水中 4kg			

◆ 图212　美国 Envirotech 公司 EcoLAB2 多通道营养盐分析仪

8.4.4　美国 EnviroTech 公司 MicroLAB 营养盐监测仪

◆ 设备简介

MicroLAB 是基于 EPA 方法的营养盐在线监测仪。MicroLAB 将过去只能在实验室采用的光学分析方法带到了野外，获得数据稳定而可靠，满足美国 EPA 标准。MicroLAB 可以利用实验室标准方法在线监测硝酸盐、磷酸盐、硅酸盐和氨氮，是野外长期监测的理想工具。

◆ 技术参数

	硝酸盐	硅酸盐	磷酸盐	铵盐（氨氮）
探头	比色计	比色计	比色计	荧光计
化学方法	4500-NO_3	EPA 366.0	EPA 365.5	Aminot
测量范围	0~13mg/L	0~4mg/L	0~1.5mg/L	0~4mg/L
测量范围	0~960 μmol	0~120 μmol	0~48 μmol	0~300 μmol
通路长度	2/5/10/20mm	2/5/10/20mm	2/5/10/20mm	
波长	543nm	810nm	880nm	
准确度	2%F.S.	3%F.S.	3%F.S.	2%F.S.
检测极限	0.002mg/L	0.002mg/L	0.002mg/L	0.002mg/L
检测极限	0.15 μmol	0.06 μmol	0.06 μmol	0.15 μmol

续表

持续时间	典型 2 个月，最大 4 个月	典型 1 个月，最大 2 个月	典型 1 个月，最大 2 个月	典型 1 个月，最大 2 个月
深度限制	标准 200m			
电池寿命	50 天 (硝酸盐 /60min 采样间隔 /20℃)，46 天 (硝酸盐 /60min 采样间隔 /0℃)			
通信	RS-232，ASCII，300bps~115.2kbps(默认 19200bps)，SDI-12 接口			
电源	12VDC(9.0~15.5V)，平均电流 27mA，标配为电池，可选外部电源			
材质	舱：PVC，配件：钛			
试剂	有效载荷：最大 4500mL，用量：1.3mL/ 样本 (硝酸盐)，废弃物 3.4mL/ 样本，总容量样品数：典型 1200 个			
工作环境	淡水、咸水、河口及海水			
尺寸	215mm×450mm（直径 × 长）			
重量	9.9kg			

◆ 图 213　美国 Envirotech 公司 MicroLAB 营养盐监测仪

8.4.5 美国 EnviroTech 公司 AutoLAB4 自动营养盐分析仪

◆ 设备简介

AutoLAB 自动营养盐分析仪是一套模块化的、用于分析营养盐浓度的自动化测量系统。它利用标准的和经过认证的非连续分析方法进行测量。AutoLAB 系统高度模块化，可以通过配置模块，同时测量 1~6 种营养盐。它可以在无人值守的自动采样模式下长期运行。当前提供硝酸盐、磷酸盐、铵盐、硅酸盐、铁离子和氯化物等分析模块。AutoLAB 可以定期自我校准，通过极少的维护，就能获得可靠的营养盐数据。通过自带泵控制功能，AutoLAB 可以使用任何合适的泵和选配的转接控制器来采集样品。整套系统还可以使用低廉的无线或者 GPRS 模块进行数据远程自动发送。系统自带的 DataLink 软件可以为用户提供一套完整的、从水环境到桌面的解决方案。

◆ 技术参数

	硝酸盐	硅酸盐	磷酸盐	铵盐
量程	0~5mg/L NO_3/N	0~6mg/L SiO_4/Si	0~0.8mg/L PO_4/P	0~4mg/L NH_4/N
波长	543nm	810nm	880nm	660nm
灵敏度	0.003mg/L	0.003mg/L	0.003mg/L	0.003mg/L
典型续航时间	840 个分析	840 个分析	840 个分析	840 个分析
最大续航时间	2520 个分析	2520 个分析	2520 个分析	2520 个分析
最大采样速率	7min	6min	6min	6min
密封/防护等级	防溅 (NEMA-4X, IP67)			
电流	分析：400mA，休眠：每通道 150μA			
通信	RS-232			
电源	标准 12VDC(10.0~15.0V)；可选：90~250VAC，50~60Hz			
材质	铝舱、Delrin、316/A4 不锈钢			
尺寸	单模块：508mm×216mm×381mm，双模块：508mm×343mm×381mm			
重量	单模块：11.3kg，双模块：25kg			

◆ 图214　美国 Envirotech 公司 AutoLAB4 自动营养盐分析仪

8.4.6　美国 EnviroTech 公司 Aqua Sentinel 在线营养盐分析仪

◆ 设备简介

　　Aqua Sentinel 在线营养盐分析仪是一款营养盐和其他化学物质自动在线监测仪器，它可用于所有自然水体、研究机构、调查船、水产养殖场、海产运输、废水处理和过程控制等环境。Aqua Sentinel 系统高度模块化，可以通过配置模块，同时测量 4 种营养盐。Aqua Sentinel 可以进行长达几个星期的无人值守监测，4 通道分析模块可以快速测定每种参数。集成的自我校准 / 维护程序使得 Aqua Sentinel 能够以最少的维护工作，经济有效地获得可靠的数据。

◆ 技术参数

	硝酸盐/亚硝酸盐	磷酸盐	氨	硅酸盐
量程	5mg/L	0.8mg/L	4mg/L	6mg/L
测量方法	比色	比色	比色	比色
波长	543nm	880nm	660nm	810nm
准确度	2%F.S.	3%F.S.	2%F.S.	2%F.S.
灵敏度	0.001mg/L	0.0005mg/L	0.001mg/L	0.001mg/L

续表

最大续航时间	两次维护期间每通道 3000 个样品
密封保护	NEMA 4X/IP68
数据存储	4GB 可移动式存储器
通信	RS-232，可选：RS-485、以太网、无线 (802.11g)、手机网络 (GSM)
显示 / 控制	选购：800×600LCD/ 触摸屏
电源	12VDC 电源，选购：90~250VAC，50~60Hz
尺寸	610mm×510 mm×305mm
重量	40.5kg

◆ 图 215　美国 Envirotech 公司 Aqua Sentinel 在线营养盐分析仪

8.4.7　美国 EnviroTech 公司 NAS-3X 原位营养盐分析仪

◆ 设备简介

NAS-3X 原位营养盐分析仪用于海洋和淡水中的营养盐浓度的高频时间序列测定，是一款先进的原位营养盐分析仪。现在有测量硝酸盐、磷酸盐、硅酸盐和氨的四个版本。NAS-3X 通常以无人值守模式部署一到三个月，甚至还可以部署更长时间。NAS-3X 还可以用在许多浮标和河流应用中的近水面处，也可安放到水下（最大 250m 水深）进行营养盐监测。

◆ 技术参数

	硝酸盐	硅酸盐	磷酸盐	铵盐
测量范围	0~10/30/60/120/300 μmol	0~10/60 μmol	0~1/3/6 μmol	0~10/50/100 μmol
通路长度	5/10/20mm	10/20mm	20mm	N/A
波长	543nm	810nm	880nm	N/A
准确度	2%F.S.	3%F.S.	3%F.S.	1%F.S.
灵敏度	0.05 μmol	0.06 μmol	0.06 μmol	0.05 μmol
最大续航时间	6 个月	2 个月	2 个月	4 个月
电流	分析：285mA，休眠：0.15mA，平均：19mA(8 个星期)			
通信	RS-232，ASCII，19200bps			
电源	12VDC(9.5~15.0V)			
材质	舱：uPVC 和聚乙烯，配件：钛			
工作水深	标准：100m，选购：250m			
尺寸	246mm×799mm（直径×长）			
重量	空气中 14kg，水中 5.5kg			

◆ 图 216　美国 Envirotech 公司 NAS-3X 原位营养盐分析

8.4.8　意大利 SYSTEA 公司 WIZ 营养盐分析仪

◆ 设备简介

　　WIZ 是一款新型的便携式野外在线营养盐分析仪，可用于地表水及海水中四个化学参数的自动测量，操作简单携带方便。WIZ 可测量硝酸盐、亚硝酸盐、磷酸盐、氨氮等。可选：硅酸盐、总磷、总氮、铁离子等其他参数。

◆ 图 217　意大利 SYSTEA 公司 WIZ 营养盐分析仪

8.4.9　意大利 SYSTEA 公司 NPAPro 营养盐分析仪

◆ 设备简介

　　NPAPro 是一款浸没式的多参数野外在线分析仪，可用于地表水和海洋水中最多四个参数（营养盐或其他化学参数）的连续自动监测。NPAPro 采用由国际标准推荐的湿化学法检测营养盐含量，使得野外操作更加简便易行。同样由于其独特的设计，该设备非常适用集成于浮标。

◆ 图 218　意大利 SYSTEA 公司 NPAPro 营养盐分析仪

8.4.10　意大利 SYSTEA 公司 DPAPro 深海在线分析仪

◆ 设备简介

　　DPA（深海在线分析仪）是一款新型的野外分析仪，可适用于地表水及海洋水中最多达四个化学参数的自动化测量，最大深度可达水下 30m，可在沿海浮标和浮台上方便的使用。可测量硝酸盐、亚硝酸盐、磷酸盐、氨氮等。

　　5mL 的微环流反应器使得试剂及校准液的消耗量降到最低，拥有独一无二的配备，光纤式比色探测器结合新型的荧光计，紧凑型的设计使其可被方便地集成到沿海浮标和水质监测浮台上，外置式试剂筒使得野外试剂及校准液的更换简便。

　　测量结果直接以浓度为单位显示，存储的数据包括日期、时间和样品测量的光密度值，数据可通过串行通信端口进行远程传输，运用 Windows 兼容的软件 NPA-DPA 便可实现远程控制。

◆ 图 219　意大利 SYSTEA 公司 DPAPro 深海在线分析仪

8.4.11　意大利 SYSTEA 公司 μMAC-1000 便携式分析仪

◆ 设备简介

　　μMAC-1000 是一款便携式的在线分析仪，配备单参数或多参数多种规格可选（μMAC-1000MP），提供专业的自动化分析解决方案。它使用公认的实验室湿化学分光光度法进行样品分析。

◆ 图 220　意大利 SYSTEA 公司 μMAC-1000 便携式分析仪

8.4.12　意大利 SYSTEA 公司 MicroMacc 在线分析仪

◆ 设备简介 ……………………………………………………………………………………

　　MicroMacc 是由微处理器控制的基于比色法的在线分析仪，是专为不同种类水源中的总氮含量进行自动化监测所设计制造的。

◆ 图 221　意大利 SYSTEA 公司 MicroMacc 在线分析仪

8.4.13　德国 SubCtech 公司 Marine Systea 营养盐分析仪

◆ 设备简介

　　Marine Systea 营养盐分析仪以一种独特的在线营养盐测量技术,服务于工业、环境监测以及专业的海洋学研究等多个领域。由于它极低的检测极限和长期稳定的测量,使它具有长期监测的能力。SubCtech 已经为全球提供了数百台移动式小型营养盐分析仪。它的试剂消耗量极低,每次分析只需 100 μL。维护间隔也很长,更进一步减少了它的运行费用。

◆ 技术参数

营养盐	NH_3,NO_2,NO_3,NO_2,PO_4,SiO_2; 一台仪器最多可以组合四个参数(每个光度计两个)
量程	取决于测量方法,可通过稀释剂自动或编程测量
测定界限	取决于测量方法,例如:氨 1ppb,磷酸盐 0.5ppb
测量间隔	取决于测量方法,典型是 5~7min,测量速率可调整
校准	自动、内部和外部编程
试剂	内部储存器(可选冷藏)或外部压缩制冷。缓冲溶液和去离子水可以存储于外部更大的容器中
信号	RS-232 和可选模拟输出 (0~5V,4~20mA), 可选用于输出状态和错误的数字排针(例如气泡、泄漏、测量量程)
工作温度	最佳结果的环境温度为 10~30℃
环境	IP55 等级防溅和防尘
电源	10~36VDC 或 90~230VAC;远程关机 0.1W,待机 4W,分析 10W
尺寸	500mm×100mm×350mm
重量	无试剂和设备约 10kg

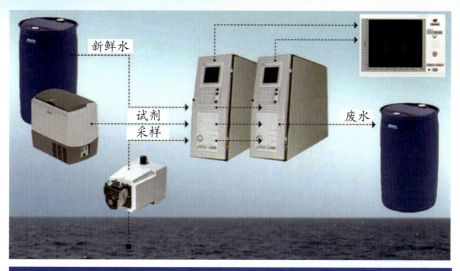

◆ 图222　德国 SubCtech 公司 Marine Systea 营养盐分析仪

8.4.14　加拿大 Satlantic 公司 ISUS 和 SUNA 水下硝酸盐分析仪

◆ 设备简介

著名的 ISUS 和 SUNA 水下硝酸盐分析仪（紫外光谱法）由美国 MBARI 海洋研究所发明，加拿大 Satlantic 公司独家生产，是世界上野外水下测量硝酸盐准确、操作简单的仪器。ISUS 和 SUNA 采用先进的紫外吸收光谱分析技术，探头式设计，不需要化学试剂，将仪器没入水中，可以迅速得到实时的、高精度的硝酸盐浓度数据。ISUS 和 SUNA 被用于地球所有的水体：从深海海底到海表面、远洋到近海、从湖泊到河流、河口，ISUS 和 SUNA 适应任何海水和淡水环境。ISUS 和 SUNA 的高稳定性、高反应速度、高精度、坚固耐用、长期连续工作能力，得到科学家们的喜爱。既适合剖面测量，又适合长期定点观测。

◆ 技术参数

（1）采用世界领先的紫外光谱法，不用化学试剂，自动进行温度和盐度补偿，厂家实验室多点校准，硝酸盐测量范围：0.5~2000 μmol(0.007~28mg/LN)，准确度：±2 μmol(0.028mg/L) 或读数的 ±10%（以大的为准），海水和淡水都可使用，精度一致。

（2）实时兼自容模式：ISUS 内置 256M 内存具有四种实时数据输出接口：

RS-232、RS422 数字信号、模拟电压 0~4.096VDC、USB。SUNA 暂无内存，也有四种实时数据输出接口：RS-232、SDI-12、模拟电压 0~4.096VDC、模拟电流 4~20mA。

（3）ISUS 采样率 1Hz，SUNA 采样率 0.5Hz，适合于快速垂直水层剖面测量，获得高分辨率的水层空间分布和时间序列数据，并适合于水下拖体、无人自航器（AUV）、水下滑翔机（Glider）等快速调查、实验室测量、调查船甲板泵水测量（提供流动槽）等。

（4）具备高效的防生物附着铜罩，或水下光学镜头擦拭器，适合定点长期测量，采样间隔 1s~12h 任意设置，可无人值守连续工作达半年，维护成本低，适合水质长期监测浮标、锚系潜标等。

（5）ISUS 最大工作水深达 150m（塑料外壳）或 1000m（铝合金外壳）；SUNA 最大水深 100m（塑料外壳）或 2000m（铝合金外壳）。

（6）水下探头式设计，小巧轻便，仪器内部没有泵等活动部件、工作稳定可靠，适合海上恶劣的环境，操作简单，到达现场 1 分钟即可下水工作。

（7）直接输出硝酸盐浓度数据，并输出 256 个通道的紫外吸收光谱的原始数据，用户可推算硝酸盐以外的多种水下化学物质的浓度。

（8）可独立自容式使用，并可与 CTD 或客户自制数据采集器集成。

（9）在 Windows 平台运行的 ISUSCom 和 SUNACom 软件，功能强大，包括仪器设置、零点校准、后期数据分析处理等。

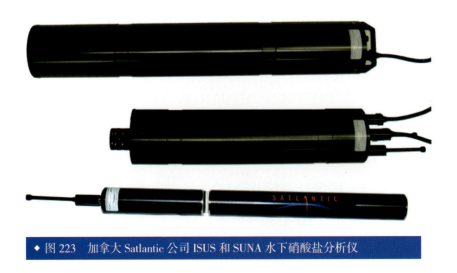

◆ 图 223　加拿大 Satlantic 公司 ISUS 和 SUNA 水下硝酸盐分析仪

8.5 叶绿素测量

8.5.1 德国 TriOS GMBH 公司 MicroFlu-chl 叶绿素 α 分析仪

◆ 设备简介

TriOS MicroFlu-chl 叶绿素 α 分析仪由高准确度微型浸入式电极传感器和多功能显示器组成。电极传感器是一个一体化微型荧光计。仪表根据叶绿素 α 的光谱吸收特征，通过测定高能 LED 光源照射下水体释放出的特定波长荧光来测量水中叶绿素 α 的含量。

主要特点：高灵敏度，快速响应，稳定可靠，量程可选，自动日光补偿，低功耗，操作维护简便，传感器一体化微型设计，坚固耐用，防水优良，停电后恢复供电可自动启动转入正常分析状态，智能通信和强大的 Windows 软件功能。

◆ 技术参数

分析方法	荧光法
波长	470nm/Ex，685nm/Em
量程	0~10/100/500 μg/L 可选
灵敏度	0.02 μg/L
传感器外壳	不锈钢材质
输出	RS-232 或 4~20mA
电源	5~15VDC
最大功耗	200mW
工作水深	500m
尺寸	48mm×217mm
重量	0.7kg

◆ 图 224 德国 TriOS GMBH 公司 MicroFlu-chl 叶绿素 α 分析仪

8.5.2 英国 Valeport 公司 Hyperion-C 叶绿素 α 荧光计

◆ 产品简介

Hyperion-C 是一个高性能的叶绿素 α 荧光计,适合于 ROV 等水下机器人使用,工作水深可达 6000m。

◆ 技术参数

激光波长	470nm
检测波长	696nm
检测范围	0~500 μg/L
检测最低限	0.025 μg/L
分辨率	0.01 μg/L
线性	0.99R^2
响应时间	2s
输出频率	1Hz
通信	RS-232
供电	9~30VDC
工作水深	6000m
尺寸(直径×长)	40mm×179.5mm
重量	1kg

◆ 图 225 英国 Valeport 公司 Hyperion-C 叶绿素 α 荧光计

8.6 浊度测量

8.6.1 美国 Campbell 公司 OBS-3A 浊度仪

◆ 设备简介

美国 Campbell 公司生产的 OBS-3A 浊度仪，可测量浊度、电导率（盐度）、温度和深度。

◆ 技术参数

	测量范围	准确度
浊度	0~4000NTU	<2%
泥	0~5000mg/L	2%
沙	2~1000g/L	3.5%
压力	0~200m	0.5%
温度	0~35℃	±0.5℃
电导率	0~65mS/cm	1%
采样频率	1~25Hz	
工作水深	<300m	
尺寸（直径 × 长）	76mm×62mm	

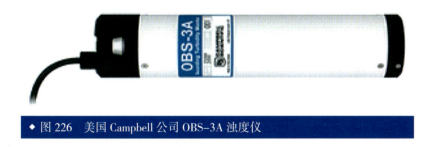

◆ 图 226　美国 Campbell 公司 OBS-3A 浊度仪

8.6.2 美国 Eutech 公司 CyberScan TB 1000 浊度仪

◆ 设备简介

Cyberscan TB 1000 浊度仪符合美国制定的 NTU 测量方法 EPA 的性能标准。

此外，红外光源模型符合 ISO 7027 标准的测量，是饮料生产、饮用水、污水处理、石油化工、电镀等各种应用中的理想仪器。

◆ 技术参数

浊度量程	0~1000NTU
分辨率	0.01NTU(0~9.99NTU)，0.1NTU(10~99.9NTU)，1NTU(100~1000NTU)
准确度	±2%F.S.+0.01NTU
重复性	±1%F.S.+0.01NTU
标定点的数量	3 个
校准选项	4 个点 (0.02，10，100，1000)
光源	白光（钨）或红外
反应时间	<6s
输出	RS-232
电源	12VDC 电源，使用交流适配器 110VAC 或 220VAC，50/60Hz

◆ 图 227　美国 Eutech 公司 CyberScan TB 1000 浊度仪

8.6.3 美国 YSI 公司 600TBD 型浊度仪

◆ 设备简介

　　YSI 600TBD 型浊度仪是在 YSI 600OMS 光学监测系统平台上，以 YSI 6136 型浊度传感器为核心的浊度监测系统，用于河流、湖泊、池塘、河口及饮用水源水中悬浮固体状况的研究、调查和监测。该监测仪亦可同时测量温度、电导和深度或透气式水位。其光学传感器带自动清洁刷，防止沾污和消除气泡，RS-232 或 SDI-12 输出接口，可与数据采集平台连接，内置高容量存储器（150000 个读数），兼容 YSI 650 型多参数显示和记录系统，兼容 EcoWatch 数据分析软件。

◆ 技术参数

参数	测量原理	测量范围	分辨率	准确度
浊度	90°散射法	0~1000NTU	0.1NTU	读数之±2%或0.3NTU，以较大者为准（使用AMCO~AEPA 标准）
温度	热敏电阻法	-5~70℃	0.01℃	±0.15℃
电导率	四电极流通式颠倒测量管法	0~100mS/cm	0.001~0.1mS/cm（视量程而定）	读数之±0.5%+0.001mS/cm
盐度	由电导率和温度计算	0~70ppt	0.01ppt	读数之±1.0%或0.01ppt，以较大者为准
参数	传感器类型	测量范围	分辨率	准确度
透气式水位	不锈钢应力传感器	0~9m	0.0003m	±0.003m（0~3m），±0.01m（3~9m）
深度（浅水）	不锈钢应力传感器	0~9m	0.001m	±0.02m
深度（中水）	不锈钢应力传感器	0~61m	0.001m	±0.12m
内置电源	4 节 5 号碱性电池（可选，25℃，15min 采样间隔下，可工作 25~30 天）			
外部电源	12VDC			
工作水深	最大 61m			
尺寸	4.19cm×54.1cm（直径×长）			
重量	0.7kg（含电池），0.6kg（不含电池）			

◆ 图 228　美国 YSI 公司 600TBD 型浊度仪

8.6.4　英国 AQUAtec 公司 AQUAlogger 210TY 浊度仪

◆ 设备简介

　　AQUAlogger 210 是一款高准确度、低功耗的小型数据采集器，它可以集成多种著名的海洋传感器（如浊度、温度、压力、电导率、荧光、PAR 等）进行剖面测量或长期监测。既可以连接电脑进行实时测量，也可进行自容式测量。目前应用最广泛的是利用 AQUAlogger 210 集成浊度传感器，进行浊度的长期监测或剖面测量。著名的 AQUAlogger 210TY 海洋浊度剖面仪，就是 AQUAlogger 210 集成了 SeaPoint STM 浊度传感器，利用光学后向散射（OBS）技术来测量水体的浊度。该设备经过长达 1 年的室内和野外试验，于 2007 年 3 月通过了苛刻的 ACT（Alliance for Coastal Technologies）认证。

◆ 技术参数

内置浊度传感器	
光源波长	880nm
散射角	15~150°
测量范围	0.01~2500FTU，四级量程自动切换
线性	0~1250FTU 时，±2%；0~1600FTU 时，±5%；>1250FTU，非线性
工作水深	< 1000m
内置可选传感器	温度传感器	压力传感器
传感器类型	热敏电阻	压阻型（绝对压力）
测量范围	−2~30℃	16~4000m 可选
分辨率	0.007℃	优于 0.01%F.S.
准确度	±0.05℃	±0.2% F.S.

◆ 图 229　英国 AQUAtec 公司 AQUA logger 210TY 浊度仪

8.6.5　日本 JFE Adv 公司 Infinity-Turbi 浊度仪

◆ 设备简介

该设备可以提供高准确度的浊度测量结果，且具有机械刮，可以使设备长时间免维护。

◆ 技术参数

	中低浊度	高浊度	深度
测量范围	0~1000FTU	0~100000ppm	0~25m
分辨率	0.03FTU	2ppm	0.0005m
准确度	±0.3FTU 或 ±2%	±10ppm 或 ±5%	±0.035m
采样频率	0.1~600s		
采样数	1~18000		
电池	CR-V3 锂电池		
通信	USB 2.0		
工作水深	200m		
尺寸	70mm×280mm		
重量	空气中 1.4kg，水中 0.7kg		

◆ 图230　日本 JFE Adv 公司 Infinity-Turbi 浊度仪

8.7 多参数测量设备

8.7.1 美国哈希公司 Hydrolab 多参数水质分析仪

◆ 设备简介

Hydrolab 是一款新型多参数、宽量程的水质监测仪器，可用于地表水、地下水、饮用水、污水排放口、海洋等不同水体的水质在线及便携监测。监测参数包括溶解氧、pH 值、ORP（还原电位）、电导率（盐度、总溶解固体、电阻）、温度、深度、浊度、叶绿素、蓝绿藻、若丹明 WT、铵/氨离子、硝酸根离子、氯离子、环境光、总溶解气体共十五种参数。

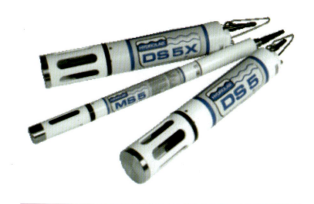

◆ 图 231　美国哈希公司 Hydrolab 多参数水质分析仪

8.7.2 美国 WETLabs 公司 WQM 型水质分析仪

◆ 设备简介

WQM 型水质分析仪是由 WETLabs 公司和 SeaBird 公司联合研发的一款水质监测仪，使用美国 SeaBird 公司的 CTD、溶解氧传感器和 WETLabs 公司的叶绿素、浊度传感器，可同时获取温度、盐度、深度、溶解氧、叶绿素、浊度及后向散射数据。具有长期防污染、准确度高、稳定可靠等特性，适用于近海富营养化水体长期水质监测、环境监测和海洋调查。

◆ 技术参数

	测量范围	准确度	分辨率
电导率	0~90mS/cm	0.003 mS/cm	0.0005mS/cm
压力	0~100/200m	0.1%F.S.	0.002%F.S.
温度	−5~35℃	0.002℃	0.001℃
溶解氧	120%饱和度(标准)(150%升级版)	2%饱和度	标准值的0.035%或0.003mL/L(0℃,35PSU)

	测量范围	准确度	准确度	波长
叶绿素	0~50 μg/L	0.2%F.S.	0.04%F.S. 0.02% F.S.	EX/EM 470/695 nm
浊度	0~25NTU	0.1%F.S.	0.04%F.S.	700nm
输出	RS-232			
供电	9~16VDC			
采样频率	1Hz			
工作水深	200m			
尺寸	65.4cm×18.5cm(长×直径)			
重量	空气中5.4kg,水中1.8kg			

◆ 图232 美国WETLabs公司WQM型水质分析仪

8.7.3 美国Xylem公司多参数在线分析仪

◆ 设备简介

　　Xylem可提供各种类型的在线分析仪,可测试水、污水、环境、食品饮料等行业的多种参数,在线分析仪的探头通常采用的是电化学法或光学法。Xylem还生产先进的在线数字信号多参数监测设备,该设备可以同时连接多达20个探头。

Xylem 可提供多款探头，可测量以下参数：pH 值、氧化还原电位（ORP）、溶解氧（DO）、化学需氧量（COD）、电导率、温度、浊度/悬浮固体浓度、营养盐参数、氨氮、硝酸盐、污泥界面、在线折光指数、总有机碳。

◆ 图 233　美国 Xylem 公司多参数在线分析仪

8.7.4　德国 Sea & Sun Technology 公司 MSS 系列微观结构探头

◆ 设备简介

微观结构探头是海洋和湖泊水域的微观结构测量仪器，产品包括 MSS60、MSS90 和 MSS90-2D 型号，用来测量从零到强度微小的微量水分层。微观结构测量系统包括一个 MSS 剖面仪，一部专用绞车，一个传感器结构和一个数据采集计算机。几款产品的区别主要在于可探测的深度范围。

◆ 技术参数

MSS60：可探测深度为 400m，空气中重量为 6kg，外壳长度 0.8m，采用标准 CTD 探测设备，不可附加其他传感器，16 通道传输，样本传输速度为 1024bps。

MSS90-2D：可探测深度为 2000m，空气中重量为 27kg，外壳长度 1.4m，采用标准 CTD 探测设备，最多可附加 2 个其他传感器，16 通道传输，样本传输速度为 1024bps。

◆ 图 234　德国 Sea & Sun Technology 公司 MSS 系列微观结构探头

8.7.5　加拿大 RBR 公司多参数水质分析仪

◆ 设备简介

该设备可以在 3~13 个参数间任意组合，内置 128MB 内存和 8 节高能锂电池（标配），采用 USB 通信、Delrin 塑料外壳，可测量要素包括温度、电导（盐度）、压力（深度），溶解氧、有效光合作用辐照 (PAR)、叶绿素、蓝绿藻、可溶性有机发光团、浊度、pH 值、ORP、水中溢油、透射率、CO_2 和甲烷等。

◆ 技术参数

测量参数	耐压水深	测量范围	准确度
电导率	2000m	0~85mS/cm	±0.003mS/cm
温度	6000m	−5~35℃	±0.002℃
温度链	6000m	−5~35℃	±0.005℃

续表

深度	6000m	0~6600m	0.05% m
深度	10000m	0~10000m	0.01% m
酸碱度	1200/6000m	0~14pH	±0.05 pH
氧化还原电位	1200/6000m	±2V	±0.01V
溶解氧（电极法）	100/2000m	0~150% 饱和度	±1% 饱和度
溶解氧（光学法）	6000m	0~120% 饱和度	±5% 饱和度
浊度	6000m	0~2500FTU(自动调节)	< ±2% FTU
叶绿素	6000m	0.02~150 μg/L	< ±2% μg/L
透射率	600/6000m	660/530/470/370nm	±0.1% nm
有效光合作用辐照	540m	0~10000 $\mu mols^{-1}m^{-2}$	< ±2% $\mu mols^{-1}m^{-2}$
有效光合作用辐照	2000m	0~5000 $\mu mols^{-1}m^{-2}$	< ±2% $\mu mols^{-1}m^{-2}$
方向	内置	0~360°	±0.5°
姿态仪	内置	±40°	±0.2°
姿态仪	地质专用	±40°	±0.01°
高度	1000/6000m	0~100m	±0.05m

◆ 图235 加拿大RBR公司多参数水质分析仪

8.7.6 加拿大 Satlantic 公司 LOBO 水环境长期实时监测系统

◆ 设备简介

LOBO 水环境长期实时监测站 (Land/Ocean Biogeochemical Observatory 又称陆地海洋生物地球化学要素观测站) 是加拿大 Satlantic 公司提供的先进的水环境监测整体解决方案，这套系统由 Satlantic 公司和 MBARI 海洋研究所共同开发，主要有 4 种型号：

（1）近海浮标型（Bay LOBO）：用于近海、湖泊、水库水环境监测；

（2）河口浮标型（River LOBO）：用于河流、河口水环境监测；

（3）岸基型（Dock LOBO）：固定于岸边、海水浴场、栈桥等水环境监测；

（4）水底固定型（Benthic LOBO）：用于湖底、海底等水环境监测。

LOBO 浮标系统测量的参数包括：温度、盐度、深度、海流、浊度、硝酸盐、有色溶解有机物 (CDOM)、溶解氧、叶绿素等。

◆ 技术参数

测量参数	测量范围	准确度	分辨率
硝酸盐	0~2000 µmol	2 µmol 或读数的 10%	0.05 µmol
叶绿素	0~30/75/250 µg/L	0.02 µg/L	0.04%F.S.
浊度	0~10/25/100/200/1000NTU	0.1NTU	0.04%F.S.
电导（盐度）	0~90mS/cm	0.03mS/cm	0.01mS/cm
温度	−5~35℃	0.002℃	0.001℃
溶解氧	0~120%	0.2mg/L	0.02mg/L
压力（可选）	0~20bar	0.2%F.S.	0.04%F.S.
有色溶解有机物	0~120QSU	0.05QSU	0.05QSU
磷酸盐（可选）	0~10mmol	5nmol	1nmol
速度剖面 ADCP（可选）	0~10m/s	0.5cm/s 或流速的 1%	0.1cm/s
波浪（可选）	±20m	2%	0.01m
pH 值（可选）	0~14	0.01	0.001
透射率仪（可选）	波长：370/470/530/560nm	0.003m^{-1}	

◆ 图 236　加拿大 Satlantic 公司 LOBO 水环境长期实时监测系统

8.7.7　挪威 SAIV A/S 公司 SD204 型温盐深水质分析仪

◆ **设备简介**

　　SD204 型温盐深水质分析仪（CTD）可以测定、计算和记录海水的电导率/盐度、温度、深度（压力）及声速等参数。根据用户需要，仪器还可以选配溶解氧、荧光及浊度三个参数传感器。测量完成后，数据被记录于仪器内置的物理内存中，并可以方便地传输到电脑里。仪器配套的 SD200W 软件，不仅可用于数据传输，而且具有强大的数据处理功能。这让 SD204 的性能可媲美一些大型的、昂贵的 CTD、STD 系统。SD204 还可以通过线缆、电话线或人造卫星进行在线实时监控。

　　通过真空成型技术将仪器的电子元件及其他组成部分内置于高强度聚亚安酯外壳中，确保仪器具有良好的防水性。

　　仪器的开关转换由一个磁性按钮或电脑键盘来控制。电池舱可容纳两节可替换的 C 型电池，仪器电能消耗非常低，常规操作下，电池容量可维持设备连续工作一年。

◆ 技术参数

电导率	测量范围：0~70mS/cm， 分辨率：0.01mS/cm， 准确度：±0.02mS/cm
盐度	测量范围：0~40ppt， 分辨率：0.01ppt， 准确度：±0.02ppt
温度	测量范围：−2~40℃， 分辨率：0.001℃， 准确度：±0.01℃， 反应时间：<0.5s
压力	测量范围：0~500/1000/2000/6000bar 可选， 分辨率：0.01m， 准确度：±0.02%F.S.， 反应时间：<0.1s， 定购时请指定深度
声速	测量范围：1300~1700m/s， 分辨率：5cm/s， 准确度：±10cm/s
溶解氧	传感器类型：SAIV205， 测量范围：0~20mg/L， 分辨率：0.01mg/L， 准确度：±0.2mg/L
荧光	传感器类型：Seapoint 公司，叶绿素/若丹明/有色溶解有机物(CDOM) 可选， 测量范围：0~2.5/7.5/25/75 μg/L 可选， 分辨率：0.03 μg/L
浊度	传感器类型：Seapoint 公司， 测量范围：0~12.5/62.5/250/750FTU 可选， 线性：<2%
工作模式	STD/CTD(声音速率、溶解氧、浊度、荧光等可选)
采样频率	1s~180min
内存容量	CMOSSRAM，可存储 58000 组 STD/CTD 数据
数据传输	RS-232 接口，1200~9600bps
供电源	2 节 3.6V C 型锂电池，推荐使用 SAFTLS26500 型(可测定 1500000 组数据)
材质	真空定型聚亚安酯和不锈钢(316)
工作水深	500/1000/2000/6000m 可选
尺寸	60mm×400mm（直径×长）
重量	空气中 2.5kg，水中 1.3kg
便携箱	534mm×427mm×157mm，总重 5.5kg

◆ 图 237　挪威 SAIV A/S 公司 SD204 型温盐深水质分析仪

8.7.8　日本 TSK 公司多参数水质自动分析仪

◆ 设备简介 ⋯⋯⋯⋯⋯⋯⋯⋯⋯⋯⋯⋯⋯⋯⋯⋯⋯⋯⋯⋯⋯⋯⋯⋯⋯⋯⋯⋯⋯⋯⋯

　　该设备配备清洗设备雨刷，去除污垢得到稳定的数据，用不锈钢制成，可以测量叶绿素含量。

◆ 技术参数 ⋯⋯⋯⋯⋯⋯⋯⋯⋯⋯⋯⋯⋯⋯⋯⋯⋯⋯⋯⋯⋯⋯⋯⋯⋯⋯⋯⋯⋯⋯⋯

	测量	准确度	测量方法
浊度	0~2000NTU	±2%F.S.	反向散射光或积分球型
水温	−10~40℃	±0.2℃	铂
pH	2~12	±0.2	玻璃电极
DO	0~20mg/L	±0.4mg/L	隔膜电极（原电池）
电导率	0~100MS/M	±3% F.S.	电磁感应
水深	0~50m	±0.2m	压力传感器（半导体应变计）
叶绿素 α	0~200mg/L	0~50mg/L：±5% F.S.，50~200mg/L：±10% F.S.	荧光

◆ 图 238　日本 TSK 公司多参数水质自动分析仪

8.7.9　天津市海华技术开发中心多要素水质分析仪

◆ 设备简介

多要素水质分析仪是现场测量水中温度、溶解氧、pH 值、压力、盐度和 ORP 六要素的便携式仪器，根据测量要素可分成六参数、四参数等系列水质分析仪，适用于江、河、湖、海等水质的现场测量。

◆ 技术参数

项目参数	测量范围	准确度	分辨率
氧化还原电位	−999~999mV	±20mV	0.1mV
pH 值	2~13	±0.2	0.01
温度	0~35℃	±0.1℃	0.01℃
溶解氧	0~15mg/L	±0.3mg/L	0.01mg/L
盐度	0~35	±0.3	0.01
压力	0~30bar	±0.1bar	0.01bar
重量及尺寸	水下部分 60mm × 320 mm，重量 2kg；水上部分 120 mm × 220 mm × 40 mm，重量 0.1kg		
环境温度	0~40℃		

◆ 图239 天津市海华技术开发中心多要素水质分析仪

8.7.10 天津市海华技术开发中心 CSS2 水质分析仪

◆ 设备简介

CSS2 水质分析仪，是现场测量水中温度、盐度、pH 值和溶解氧四要素的便携式仪器，适用于江、河、湖、海等水质的现场测量。仪器采用微处理器进行数据采集和处理，操作简便、结构紧凑、低功耗，配有可充电电池，可满足不同场合的测量要求。

◆ 技术参数

项目参数	测量范围	准确度	分辨率
pH 值	2~13	±0.2	0.01
温度	0~35℃	±0.1℃	0.01℃
溶解氧	0~15mg/L	±0.3mg/L	0.01mg/L
盐度	0~35	±0.3	0.01
尺寸	水下部分 60mm×320mm，水上部分 120mm×220mm×40mm		
重量	水下部分 2kg，水上部分 0.1kg		
环境温度	0~40℃		

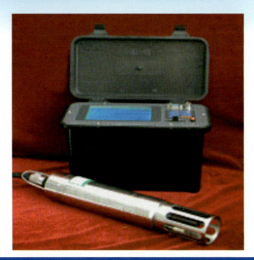

◆ 图 240　天津市海华技术开发中心 CSS2 水质分析仪

8.7.11　天津市海华技术开发中心 FZS4-1 生态水质监测浮标

◆ 设备简介

FZS4-1 生态水质监测浮标是一种以浮标为平台的现场水质多要素自动监测系统，用于海洋现场自动监测和传输海水的温度、电导率、盐度、pH 值、溶解氧、氧化还原电位、浊度、叶绿素和可溶解固体等生态环境参数，有预留接口，可根据用户需要配置硝酸盐、磷酸盐等其他参数。

浮标直径为 0.6m，高为 1.2m，电源为太阳能电池。浮标装有手机 (GSM) 天线、GPS 天线。所有传感器具有防止生物附着的装置，布放、回收维护十分简单。

◆ 技术参数

测量项目	类型	测量范围	分辨率	准确度
温度	热敏电阻	2~35℃	0.01℃	±0.05℃
电导率	电磁感应元件	0~60mS/cm	0.01mS/cm	±0.6mS/cm
盐度	实用盐度计算方法	8~35	0.01	±0.05
pH 值	电极	0~14	0.01	±0.2
溶解氧	电极	0~20mg/L	0.01	±0.3mg/L
氧化还原电位	电极	-999~999mV	0.01mV	±25mV
总溶解固体	计算方法	0~60mg/L		
浊度	光学	0~500NTU		±2NTU
叶绿素	光学	0~400μg/L		±15%

续表

供电	太阳能电池
重量	<30kg

◆ 图 241　天津市海华技术开发中心 FZS4-1 生态水质监测浮标

8.7.12　中国船舶重工集团公司第七一〇研究所 HMSZ-1 水质监测浮标

◆ 设备简介

水质监测浮标是一个成本低、性价比高的海洋环境监测浮标，可搭载不同水质监测传感器实现不同参数的水质监测，通过船上布放后，自动下沉稳定在各设定深度进行检测，完成检测后上浮水面通过卫星将存储的该剖面监测数据传回陆地接收站。

◆ 技术参数

直径	200mm	重量	≤ 37kg
材料	非金属	通信方式	电台/北斗
观测要素	溶解氧、浊度、温度等	剖面周期	1h~10 天
传感器	哈希公司溶解氧、浊度、温度传感器		

续表

极限检测	≤ 40ppb 含氧量
温度测量范围	0~60℃
深度测量范围	0~2000m
设备寿命	>70 个测量剖面（或 >200 天）

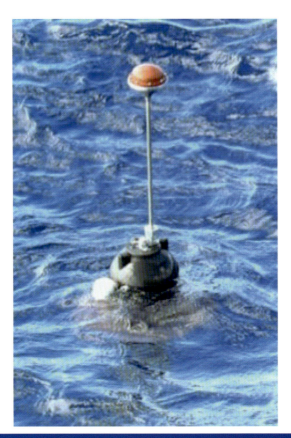

◆ 图 242　中国船舶重工集团公司第七一〇研究所 HMSZ-1 水质监测浮标

8.7.13　杭州应用声学研究所 FHS 水质环境监测浮标

◆ 设备简介

　　杭州应用声学研究所 FHS 水质环境监测浮标是一种实时监测设备，广泛地应用于海洋、湖泊、水库和河流的水环境监测，提高了数据的采集效率。浮标搭载的水质、营养盐、重金属、气象等传感器，能连续、实时地测量水环境的变化，及时做出预报。通常将浮标布放在近海、河流、湖泊和水库中，多个浮标联网后，通过无线传输，将测量的数据传至监测部门的监控室，为用户提供准确的数据信息。

8 生化测量

◆ 技术参数

型号		FHS1200	FHS2000	FHS3000	剖面测量型
储备浮力		300kg	800kg	2000kg	800kg
抗风速		≥60m/s			
规格尺寸	浮体直径	1200mm	1900mm	2800mm	1900mm
	空气中重量	400kg	1000kg	1500kg	1000kg
环境要求	工作温度	−2~55℃			
	储藏温度	−40~55℃			
	冲击振动	冲击加速度 300m/s²			
供电	电池类型	免维护胶体蓄电池			
	电池寿命	3~4 年			
硬件	通信及输出	GPRS 57600kbps，CDMA 57600kbps，北斗 9600kbps			

◆ 图243　杭州应用声学研究所 FHS 水质环境监测浮标

9　海洋气象测量

通俗来讲，气象就是指发生在空中的风、云、雨、雷、露、虹、晕和闪电等一切大气的物理现象。它对农业、航空、军事、交通和工业有着重要的影响。

海洋气象测量要素主要包括风、气温、气压、湿度和降雨量等，常用的测量方式有海上气象站观测和卫星遥感。海上气象站一般均为综合性测量，包括风温湿压等多个要素，常安装于海上固定平台、船舶和浮标上。

浮标用气象站较多使用非活动式的传感器，例如超声波风速风向仪等。另外，因为能耗的考虑，浮标气象站一般观测要素较少。

本章收录了常用风、温、湿、压、能见度和辐射测量的设备信息。

9.1 风速测量

9.1.1 美国 R.M.Young 公司 05103 风速风向仪

◆ 设备简介

美国 R.M.Young 公司生产的 05103 风速风向仪具有卓越的性能和优异的环境适应性，能够适应各种复杂的测量环境。产品在设计之初即考虑到了仪器的简单化和轻量化结构，使用的材料是能够抵御来自大气污染和海洋空气环境的高强度、防紫外的热塑性材料、不锈钢和电镀铝。

05103 的风速传感器采用螺旋桨式，风向传感器采用尾桨式电位计，二者采用一体化设计，有效降低空间占用，并减少仪器本身对测量数据的影响。

◆ 技术参数

风速传感器	
量程	0~100m/s
准确度	±0.3m/s 或读数的 1%
启动风速	1.0m/s
阵风风速	100m/s
风向传感器	
量程	360°（机械），355°（电子）
准确度	±3°
启动风速（10°位移）	1.1m/s
阻尼比	0.3
工作温度	−50~50℃
供电	8~24VDC（5mA，12VDC）
输出	模拟信号（05103），0~5VDC（05103V），4~20mA（05103L）
尺寸（高×长）	37cm×55cm
螺旋桨直径	18cm
重量	1kg（净重），2.3kg（含包装箱）

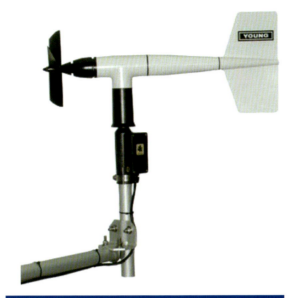

◆ 图 244　美国 R.M.Young 公司 05103 型风速风向仪

9.1.2　美国 R.M.Young 公司 05108 风速风向仪

◆ 设备简介 ···

R.M.Young 公司生产的 05108 风速风向仪是原 05103 型的最新升级型号，继承了 05103 的优异性能和高可靠性，同时进一步延长了使用寿命。与以往采用的不锈钢轴承相比，其采用的新型长寿命陶瓷轴承，不仅使用寿命更长，而且拥有更强的抗腐蚀性。同时，其工作温度也由原有的 –50~50℃提高到 –50~60℃。05108-45 型是专为高山型气候而开发的，具有防冰霜涂层，适合在高原地区的恶劣环境下使用。

◆ 技术参数 ···

工作温度	–50~60℃
供电	激发电压最大 15VDC（05103），8~24VDC（5mA，12VDC，05608C），8~30VDC（最大 40mA，05638C）
输出	模拟信号（05108），0~5VDC（05608C），4~20mA（05638C）
风速传感器	
测量范围	0~100m/s
准确度	±0.3m/s 或读数的 1%

续表

启动风速	1.0m/s
风向传感器	
量程	360°（机械），355°（电子）
准确度	±3°
启动风速	1.0m/s
尺寸（高×长）	40cm×57cm
螺旋桨直径	18cm
重量	1kg（净重），2.3kg（含包装箱）

◆ 图 245　美国 R.M.Young 公司 05108 型风速风向仪

9.1.3　美国 R.M.Young 公司 A100LK 风速仪

◆ 设备简介

　　A100LK 风速仪采用三杯式风杯设计，简单易用，适用于一般性气象学研究/应用与风资源调查，具有功耗低、适用电压宽的特点，十分适合没有交流电的偏远地区使用。A100LK 采用脉冲/频率输出信号，与 CSI 的数据采集器具有良好的兼容性。它在测量中产生的高频率脉冲信号使其能够准确反映出风的湍流变化，非常适用于风资源评估调查。

◆ 技术参数

测量范围	0~77.22m/s
启动风速	0.2m/s
停止风速	0.1m/s
准确度	1% ± 0.1m/s
距离常数	2.3m ± 10%
供电	6.5~28VDC
电耗	≤ 2mA
工作温度	−30~70℃
外形尺寸	高 19.5cm，旋桨直径 15.2cm
重量	490g（含 3m 电缆）

◆ 图 246　美国 R.M.Young 公司 A100LK 风速仪

9.1.4　美国 R.M.Young 公司 27106T 风速仪

◆ 设备简介

27106T 螺旋桨式风速仪采用独特的垂直旋桨设计，非常适合于测量垂直分量的风速。同时，它也可以采用水平或倾斜安装的方式测量任意方向的风速。27106T 风速传感器结构简单、使用方便，螺旋桨采用碳纤维热塑性塑料，具有良好的耐用性。它与 CSI 的全系列数据采集器具有良好的兼容性。

◆ 技术参数

测量范围	0~35m/s
轴向测量范围	0~40m/s
启动风速	0.4m/s
距离常数	<2.1m
输出信号	模拟电压
工作温度	−50~50℃
螺旋桨直径	20cm
重量	500g

◆ 图247　美国R.M.Young公司27106T风速仪

9.1.5　美国R.M.Young公司03002风速风向仪

◆ 设备简介

R.M.Young公司的03002风速风向仪是其03001风速风向传感器的改进型。

风速测量采用直径 40mm 的三杯式风杯，风向测量采用尾桨式风向标。03002 将各传感器的连接线缆整合在一起，使仪器的安装、维护更加简便。

◆ **技术参数**

工作温度	−50~50℃（非凝结环境）
风速传感器	
测量范围	0~50m/s，阵风 60m/s
准确度	±0.5m/s
启动风速	0.5m/s
输出	频率脉冲
直径	12cm
重量	113g
风向传感器	
量程	360°（机械），352°（电子）
准确度	±5°
启动风速	0.8m/s（10°位移时），1.8m/s（5°位移时）
阻尼比	0.2
风向标长度	22cm
风向标重量	170g

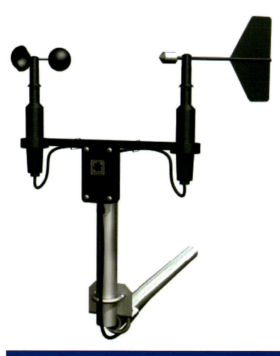

◆ 图 248　美国 R.M.Young 公司 03002 型风速风向仪

9.1.6 美国 R.M.Young 公司 81000 三维超声波风速仪

◆ 设备简介

美国 R.M.Young 公司的超声波式风速仪 81000 是三维、无移动部件的新型测风传感器。二维风速仪虽经济，但它忽略了重要的垂直风速分量。81000 可提供风全图，同时又十分经济。

◆ 技术参数

	测量范围	准确度	分辨率
风速	0~30m/s	±1%	0.01m/s
采样频率	160Hz		
供电	12~30VDC，4W 电源		
操作温度	−50~50℃		
通信方式	RS-232，RS-485		
输出	3 个电压输出（UVW 或风速 / 方位角 / 仰角）		
尺寸	55cm×17cm		
重量	1.7kg		

◆ 图 249　美国 R.M.Young 公司 81000 三维超声波风速仪

9.1.7　美国 R.M.Young 公司 85000 二维超声波风速风向仪

◆ 设备简介

　　R.M.Young 公司最新推出的 85000 二维超声波风速风向仪，是一款性能出色、可靠性高、抗腐蚀能力强的产品。它已通过了风洞测试和出厂标定，能够为用户提供精准的大范围测量服务。

　　85000 型以模拟信号方式输出风速风向数据，并有多种数据输出格式可供用户选择。同时，它还可配备一个防鸟环，以防止鸟类降落其上影响到测量。

　　85004 型配备了加热器，能够使其更好地在低温环境下工作。而 85106 型则专门针对海洋环境进行了改进，具有更好的抗潮湿、抗腐蚀性。

◆ 技术参数

测量范围	风速 0~70m/s，风向 0~360°
分辨率	风速 0.1m/s，风向 1°
准确度	风速 ±2% 或 0.1m/s（30m/s），±3%（70m/s）；风向 ±2°
通信方式	RS-232，RS-485
信号类型	ASCII TEXT，RMYT，NMEA，SDI-12
模拟电压输出	0~5000mV
供电	9~16VDC，150mA（典型）
加热电压	24VDC，最大 60W（仅 85004）
工作温度	-50~50℃
尺寸	34cm×17cm（长×宽）
重量	0.7kg

◆ 图 250　美国 R.M.Young 公司 85000 二维超声波风速风向仪

9.1.8　美国 MetOne 公司 034B 风速风向仪

◆ 设备简介

MetOne 公司的 034B 风速风向传感器将风杯与风向标整合为一体，减少了体积的同时也降低了二者之间的相互影响，保证测量数据能如实反映当前的风力状况。034B 准确度高、反应灵敏，铝合金和不锈钢的应用，结合优秀的结构设计，使其具有环境适应性强、经久耐用的特点，能够在绝大多数气象条件下正常、可靠地工作。该产品结构简单，便于安装，维护简便，是一款性价比很高的产品。

◆ 技术参数

工作温度	-30~70℃
重量	907g
风速传感器	
准确度	0.11m/s（<10.1m/s 时），±1.1%（>10.1m/s 时）
分辨率	0.7998m/s
启动风速	0.4m/s
测量范围	0~49m/s
输出	脉冲信号

续表

风向传感器	
准确度	±4°
启动风速	0.4m/s
测量范围	机械 0~360°，电子 0~356°
分辨率	0.5°

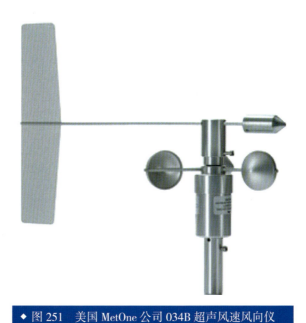

◆ 图 251　美国 MetOne 公司 034B 超声风速风向仪

9.1.9　美国 MetOne 公司 014A/024A 风速风向仪

◆ 设备简介

　　MetOne 公司生产的 014A/024A 风速风向仪是一款精致、耐用、经济的产品。该传感器可以长期布置在野外环境中进行连续的风速、风向测量，具有很高的性价比。传感器使用了高强度的抗腐蚀材料，设计用于长期无人职守的风沙、扬尘、盐化等野外气象环境下。传感器使用快速连接电缆，可以延长至几百米而不影响传感器的测量性能。

◆ 技术参数

风速传感器	
测量范围	0~45m/s
启动风速	0.45m/s
准确度	±0.11m/s 或 1.5%
功耗	最大 10mA
温度测量范围	−50~70℃
重量	0.31kg
风向传感器	
测量范围	0~360°
启动风速	0.45m/s
准确度	±5°
温度测量范围	−50~70℃
材质	铝
重量	0.45kg

◆ 图252　美国 MetOne 公司 014A/024A 风速风向仪

9.1.10 美国 MetOne 公司 010C/020C 风速风向仪

◆ 设备简介 ··

　　MetOne 公司生产的 010C/020C 风速风向传感器能够提供精确、详细的风速风向信息。它启动风速低、响应灵敏，能够迅速对周围风速风向的变化做出反应。可广泛应用于各种对可靠性和准确度要求极高的领域，如微气象观测，高可靠性、高准确度的梯度测量系统等。

◆ 技术参数 ··

风速传感器	
测量范围	0~60m/s
启动风速	0.22m/s
标定测量范围	0~50m/s
准确度	±1% 或 0.07m/s
分辨率	<0.1m/s
工作温度	−50~65℃
电源需求	12VDC，10mA
输出	11V 脉冲信号
输出阻抗	最大 100Ω
材质	氧化铝
重量	0.68kg
风向传感器	
测量范围	机械 0~360°，电子 0~357°
启动风速	0.22m/s
准确度	±3°
分辨率	<0.1°
工作温度	−50~65℃
电源要求	12 VDC，10mA（工作状态）；12VDC，350mA（加热状态）
输出信号选择	0~5V，0~360°；0~2.5V，0~360°
特殊量程	0~1.0V，0~360°
输出阻抗	最大 100Ω
材质	轻质氧化铝
重量	0.68kg

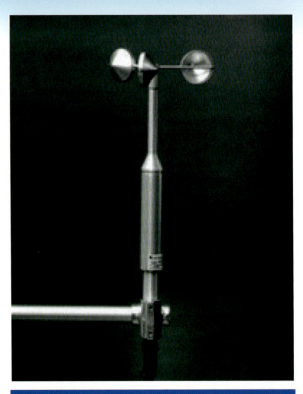

◆ 图 253　美国 MetOne 公司 010C/020C 风速风向仪

9.1.11　美国 Campbell 公司 CSAT3 三维超声波风速仪

◆ 设备简介

　　Campbell 研发的 CSAT3 三维超声风速仪具备 10cm 的垂直测量路径，采用声学脉冲测量模式，可以抵御恶劣天气环境的影响。仪器测量三个正交风（U_x，U_y，U_z）和声速，最大输出频率60Hz。它可以提供模拟输出和两种类型的数字输出。CSAT3 通过的其内部时钟、计算机发出的 RS-232 命令或 CSI 数据采集器上的 SDM 命令三种方式进行测量、控制。利用 SDM 协议的群触发功能可同步测量多个 CSAT3，这样，多个 CSAT3 就可以进行大范围组网测量。

　　CSAT3A 是通量观测系统中的专用型号，用于测量水平和垂直风的湍流脉动，其所配电缆经过针对性改进，可以方便地与 EC100 控制箱连接，可与 EC150 或 EC155 共同组成了开路/闭路涡动协方差测量系统已在世界范围内得到广泛应用。

◆ 技术参数

测量路径长度	垂直 10.0cm，水平 5.8cm
路径角度（与水平面）	60°
采样频率	1~60Hz
平均输出频率	10Hz 或 20Hz
测量输出	U_x，U_y，U_z，C（U_x，U_y，U_z 是三维风速，C 是声速）
通信方式	SDM，RS-232
数字输出范围	±65.535m/s
模拟输出	4 个电压输出，±5V，12bit
模拟输出范围	U_x、U_y：±30m/s 或 ±60m/s；U_z：±8m/s
声速	C，300~366m/s（-50~60℃）
标准分辨率	U_x，U_y 是 1mm/s RMS，U_z 是 0.5mm/s RMS，C 是 15mm/s（0.025℃）RMS（基于稳定风素测定数据，采样频率不影响噪声值）
电流	200mA（60Hz 测量），100mA（20Hz 测量）
电压	10~16VDC
工作温度	-30~50℃
尺寸	探头长 47.3cm，高 42.4cm；电子设备仓 26cm×16cm×9cm
重量	探头 1.7kg，电子设备仓 3.8kg

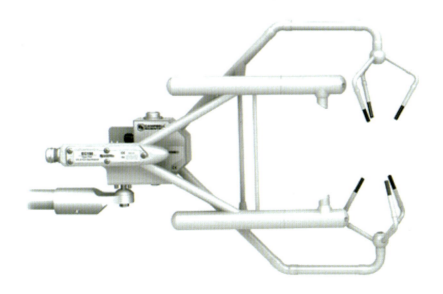

◆ 图 254　美国 Campbell 公司 CSAT3A 三维超声波风速仪

9.1.12　英国 Gill 公司 HS 系列三维超声波风速仪

◆ 设备简介

　　HS 系列三维超声波风速仪是由 Gill 公司研发的，可输出 U、V、W 三个方向的风速以及声速，能够满足专业研究级的性能要求。它采用斜向对称设计的超声探头能够更准确地测量风在垂直面的运动。HS 系列超声风速仪能够方便地安装在近地面或作物、树木冠层之上，能够精确测量通量。优秀的产品设计、精良的制造工艺以及不锈钢材质，赋予其长久的使用寿命，使其能够适应绝大部分恶劣环境。

◆ 技术参数

采样频率	50Hz（HS-50），100Hz（HS-100）
测量范围	风速 0~45m/s，风向 0~359°
分辨率	风速 0.01m/s，风向 1°
准确度	<1%RMS，±1° RMS
输出参数	U、V、W，声速
声速测量范围	300~370m/s
声速准确度	±0.5%，20℃时
声速分辨率	0.01m/s
通信方式	RS-422 全双工
波特率	2400~115200bps
模拟输出	7 参数（U、V、W、SoS、PRT、2 个模拟输入）
输出频率	0.4~50Hz（HS-50），0.4~100Hz（HS-100）
模拟输出	±2.5V，14b
模拟输出准确度	<0.25% F.S.
模拟输入	6 个差分输入
模拟输入电压	±5V
模拟输入准确度	<0.1% F.S.
电源	9~30VDC（24VDC 时 <150mA，12VDC 时 <300mA）
防护等级	IP65
工作环境	-40~60℃，降雨 <300mm/h

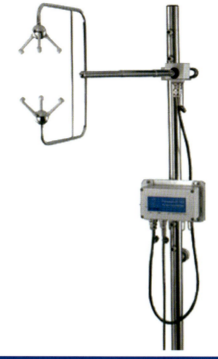

◆ 图 255　英国 Gill 公司 HS 系列三维超声波风速仪

9.1.13　英国 Gill 公司 Wind Master 超声波风速风向仪

◆ 设备简介

　　Gill 公司生产的新型 Wind Master 是进行湍流、能量平衡、梯度通量研究所必不可少的高性能三维超声风速风向仪，目前已被广泛应用于专业气象观测系统、道路气象站、建筑安全吹风试验、风力发电研究、海洋风力研究和通量系统等众多领域。

　　Wind Master 是该系列产品的基本型号，采用铝/碳纤维材料，而 Wind Master Pro 具有更加出众的设计性能，风速量程最大达到 65m/s（Wind Master 最大为 45m/s），能够在更大的测量量程内为用户提供更加精准的测量数据。同时，Wind Master Pro 采用不锈钢材料制造，能够胜任更加恶劣测量环境的需要，并具有优秀的使用寿命。它安装简单，维护方便。

◆ 技术参数

采样频率	20Hz（仅限 Wind Master）或 32Hz
输出频率	1/2/4/8/10/16/20/32Hz
测量范围	风速 0~45m/s，风向 0~359°（Wind Master）；风速 0~65m/s，风向 0~359°（Wind Master Pro）
分辨率	风速 0.01m/s，风向 0.1°
风速准确度（12m/s 时）	<1.5% RMS（标准），<1% RMS（用户定制）
风向准确度（12m/s 时）	2°（标准），0.5°（用户定制）
超声温度	−40~70℃
超声分辨率	0.01℃
声速	300~370m/s
声速分辨率	0.01m/s
声速准确度	±0.5%（20℃时）
输出参数	U、V、W、极坐标
通信方式	RS-232、RS-422、RS-485
波特率	2400~115200bps
供电	9~30VDC（55mA，12VDC 时）
工作环境	−40~70℃，5~100%RH，<300mm/h
防护等级	IP65
尺寸	750mm×240mm
重量	1.0kg（Wind Master），1.7kg（Wind Master Pro）

◆ 图 256　英国 Gill 公司 Wind Master 超声波风速风向仪

9.1.14　英国 Gill 公司 Wind Observer 二维超声波风速风向仪

◆ 设备简介

　　Wind Observer 二维超声波风传感器是一个非常不错的选择。此传感器利用了最新的超声专利技术，其不锈钢外壳具备 IP66 防护等级，能够在各种恶劣环境下保护仪器稳定可靠工作，并能够降低日常的维护量，而且不用在现场对传感器进行标定。超声探头配备了加热器（选配），可以防止冰、雪对传感器造成的影响，甚至可以在大部分极端天气条件下使用。Wind Observer 产品已经过了非常严格的测试，在国际上得到了机场、海运、石油、气象等众多应用领域的认可。

　　Wind Observer 包括多种不同型号，用户可根据不同需要选择不同的产品，以更好地满足应用需要。

　　Wind Observer 65 具有 0~65m/s 的风速量程，具有 1、2、4、5、8、10Hz 多种超声输出频率可选，并可选配模拟输出方式。

　　Wind Observer 70 和 WindObserver 75 拥有更大的风速量程，其最大风速量程分别达到 70m/s 和 75m/s，具备 1~4Hz 的超声输出频率，能够在高风速等极端天气下稳定工作。其已被美国联邦航空管理局（FAA）和英国民用航空局用于地面风的观察与报告工作之中。

　　Wind Observer IS 能够满足本质安全（Intrinsically Safe）标准要求，通过了 ATEX 防爆认证，采用全密封设计，分离式供电电源，可应用于危险区域或海洋环境。

◆ 技术参数

型号	Wind Observer65	Wind Observer70	Wind Observer75	Wind Observer IS
测量范围	风速 0~65m/s，风向 0~359°	风速 0~70m/s，风向 0~359°	风速 0~75m/s，风向 0~359°	风速 0~75m/s，风向 0~359°
准确度（12m/s）	风速 ±2%，风向 ±2°			
温度测量范围	−40~70℃			
分辨率	风速 0.01m/s，风向 1°			

续表

启动风速	0.01m/s			
超声输出频率	1/2/4/5/8/10Hz 可选	1~4Hz	1~4Hz	1Hz
测量参数	U、V；极坐标矢量；NMEA；Tunnel	U、V；极坐标矢量；NMEA	U、V；极坐标矢量；NMEA	风速；风向
通信方式	RS-422，RS-485，全双工/半双工			
模拟输出（选配）	±2.5V，0~5V 或 4~20mA			
模拟量输出值	3个（风速、风向、状态或声速温度）			
供电	9~30VDC（12VDC 时 40mA）	9~30VDC（最大 40mA，平均 50mA）		200~250VAC，10VA
加热供电	3A，24VDC 或 AC	最大 7A，24VDC 或 AC		
工作环境	-55~70℃（加热条件下），0~100%RH，降雨 <300mm/h			-30~70℃，0~100%RH，降雨 <300mm/h
防护等级	IP66（NEMA4X）			

◆ 图 257　英国 Gill 公司 Wind Observer 二维超声风速风向仪

9.1.15　英国 Gill 公司 Wind Sonic 二维超声波风速风向仪

◆ 设备简介

　　Wind Sonic 二维超声波风速风向传感器借助 Gill 公司在业界知名的技术和多年的从业经验，利用超声波对风速风向进行测量，为用户提供了一种替代传统机械式风杯、风桨传感器的低成本、高性能的解决方案。它反应迅速、性能良好、工作可靠，能够进行 360° 全向测量，已被广泛应用于农业、气象观测、污染监测、道路气象站、海洋与生态研究等领域。

　　优秀的设计与制造工艺使 Wind Sonic 能够适应恶劣的使用环境，其外壳采用聚碳酸酯材料，拥有出众抗腐蚀性能，延长使用寿命。它安装简单，维护方便、快捷。利用 Wind Sonic 附带的软件，用户可以轻松对传感器进行设置，使测量工作变得更加简便、快捷。

　　Wind Sonic M 二维超声风传感器在原有 Wind Sonic 的基础上，采用新型硬质阳极氧化铝合金外壳，并可选配加热装置，使其具有更优异的耐低温性能，其工作温度达到 −40~70℃（带加热器），非常适合于海洋环境。

◆ 技术参数

测量范围	风速 0~60m/s，风向 0~359°
准确度（12m/s 时）	风速 ±2%，风向 ±3°
分辨率	风速 0.01m/s，风向 1°
启动风速	0.01m/s
响应时间	0.25s
输出信号	SDI-12（仅限 Wind Sonic），RS-232，RS-422，RS-485 或 NMEA 模拟量输出（可选）
输出频率	0.25Hz，0.5Hz，1Hz，2Hz，4Hz（可选）
输出参数	风速风向或 U、V（矢量）
启动时间	<5s
工作环境	−35~70℃，<5~100%RH；−40~70℃（Wind Sonic M 带加热）
供电	5/7/9~30VDC（依输出信号类型而定）
防护等级	IP65，IP66（Wind Sonic M）
尺寸	142mm × 160mm
重量	0.5kg，0.9kg（Wind Sonic M）

◆ 图258 英国Gill公司Wind Sonic二维超声波风速风向仪

9.1.16 英国Gill公司R3-50/100三维超声波风速风向仪

◆ 设备简介

R3-50/100是Gill公司运用业界知名的技术水平和多年的从业经验所研发的高性能、高可靠性、低成本的三维超声风速风向仪，能够在复杂、恶劣的气象条件下正常工作。Gill公司为每一个出厂的R3-50/100都依据相关标准进行出厂标定并提供标定证书。R3-100拥有更短的反应时间、更快的扫描频率。

◆ 技术参数

测量范围	风速0~45m/s，风向0~359°
分辨率	风速0.01m/s，风向1°
准确度	风速1%RMS，风向±1° RMS
声速测量范围	300~370m/s
声速准确度	±0.5%（20℃时）
声速分辨率	0.01m/s
采样频率	50Hz（R3-50），100Hz（R3-100）
输出频率	0.4~50Hz可选（R3-50），0.4~100Hz可选（R3-100）
参数	U、V、W、声速
通信方式	RS-422全双工
波特率	2400~115200bps
模拟输出准确度	<0.1%FSR（R3-50），<0.25%FSR（R3-100）

续表

供电	9~30VDC，<4W（24VDC 时，<150mA 或 12VDC 时 300mA）
工作环境	−40~60℃，<300mm/h
防护等级	IP65
尺寸	750mm×240mm
重量	1.0kg

◆ 图 259　英国 Gill 公司 R3-50/100 三维超声波风速风向仪

9.1.17　德国 Thies Clima 公司三维超声波风速风向仪

◆ 设备简介

　　三维超声波风速仪能够从各空间方向测量风速和风向。此风速仪免维护、无磨损、无需校正，并且配备有加热装置，从而使得其能在冬天甚至更极端的天气条件下正常运行。所有的运算都是由一个高性能的数字—信号—数据处理器(DSP)在超声波信号及时段内，按照准确的 32 进制来处理。该仪器能提供滑动平均值、标准差、协方差等方面的综合统计能力，这些功能可以通过选择数据接口进行备选。滑动平均值可以设置为矢量或者标量形式，各项参数可以一致也可以不同。

◆ 技术参数

项目	参数
风速和风向传感器	
测量范围	风速 0.01~65m/s，风向 0~360°； 风速 0.01~65 m/s，仰角 0~180°
准确度	风速：±0.1 m/s(<5m/s)，2%(>5m/s)； 风向：±1°
模拟温度	
测量范围	−40~70℃
准确度	±0.5℃（−40~70℃）
输出	
测量速率	1 ms~60s，可选择 1ms 步长
输出速率	1 ms~60s，可选择 1ms 步长
数据输出接口	RS−485/RS−422，FD/HD
传输速率	1200~921600bps
模拟输出	3 通道输出 X, Y, Z 三个矢量分量，0~10V 负载
模拟输入	0~10V 电压输入，分辨率为 16bit，测量误差 <0.1%
输出形式	ASCII Thies，NMEA 0183 version 3
固件升级	通过系列接口上传 (RS−485)
操作电压	12~24VAC/DC； 消耗电流：3VA，加热：150VA； 加热器可关闭，由温度控制
工作温度	−55~70℃
防护等级	IP65

◆ 图 260　德国 Thies Clima 公司三维超声波风速风向仪

9.1.18 芬兰 Vaisala 公司 WM30 风速风向仪

◆ 设备简介

该传感器可进行风速和风向测量，价格便宜、设计紧凑、重量轻、功耗低，是移动应用的最佳选择。

◆ 技术参数

风速传感器	
测量范围	0.5~60m/s
距离常数	<0.4m/s
传感器输出	2m
测量准确度（在风速介于 0.4~60m/s 之间时）	0.7m/s（1Hz 采样频率下）
风速在 10m/s 以内	±0.3m/s
风速在 10m/s 以上	误差 <2%
风向传感器	
传感器/转换器类型	电位器
测量范围	WMS3011-wiper：0~355°，WMS3022-wiper：0~360°
启动门槛值	<1.0m/s
延时距离	0.6m
测量准确度	优于 ±3°
工作电压	3~15VDC
工作温度	-40~55℃
储藏温度	-60~65℃

◆ 图 261　芬兰 Vaisala 公司 WM30 风速风向仪

9.1.19 芬兰 Vaisala 公司 WINDCAP WMT52 超声波风速风向仪

◆ 设备简介

该传感器采用了三角形设计，提高了数据准确度，无运动部件，免维护、设计紧凑、功耗低，可用于海洋、风电和环境监测。

◆ 技术参数

风速	测量范围 0~60m/s；响应时间 0.25s；准确度 ±0.3m/s 或 3%（0~35m/s），±5%（35~60m/s）
风向	测量范围 0~360°，响应时间 0.25s，准确度 ±3°
数据接口	SD-12，RS-232，RS-485，RS-422，USB 适配器
波特率	1200~115200bps
工作温度	-52~60℃
储藏温度	-60~70℃
外壳防护等级	IP65
常规情况下平均功耗	当输入电压为 12VDC（默认测量间隔时间）为 3mA
加热设备电压	5~32VDC（或交流电压输入、最大 30VRMS）
高度	139mm
直径	114mm
重量	510g

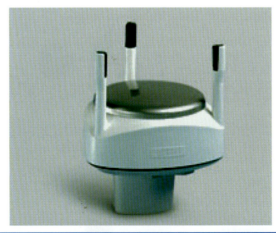

◆ 图262 芬兰 Vaisala 公司 WINDCAP WMT52 超声波风速风向仪

9.1.20 芬兰 Vaisala 公司 WMT700 超声波风速风向仪

◆ 设备简介
WMT700 系列超声波风速风向传感器是一种坚固耐用、性能可靠的超声波风速风向仪。

◆ 技术参数

	测量范围	误差	分辨率
风速	0~75m/s	±0.2m/s 或读数的 3%	0.01m/s
风向	0~360°	±2°	1°

◆ 图 263 芬兰 Vaisala 公司 WMT700 超声波风速风向仪

9.1.21 天津市海华技术开发中心 XFY3 风速风向仪

◆ 设备简介
XFY3 风速风向仪（强风计）具有抗强风、耐海洋性气候、测风范围宽、空气动力性能好、工作稳定可靠、使用方便等特点，可以安装在海洋站、气象站、船舶和浮标上用于对风速风向的测量，15 年来，已应用 3000 余套，深受用户好评。已安装于南北极科考站、珠穆拉玛峰上。

◆ 技术参数

	测量范围	准确度	起动风速	分辨率
风速	1.0~95.0m/s	±(5%V+0.5)m/s	≤1.0m/s	0.1m/s
风向	0~360°	±3°	≤1.5m/s	1°

◆ 图264　天津市海华技术开发中心 XFY3 风速风向仪

9.1.22　深圳市智翔宇仪器设备有限公司 CFF2D-2 二维超声波风速风向仪

◆ 设备简介

　　CFF2D-2 二维超声波风速风向仪无启动风速限制，360°操作，同时具备风速、风向、温度的测量，可全天候工作，不受暴雨、冰雪、霜冻、沙尘天气的影响，测量精度高，性能稳定，使用寿命长，免维护，不需现场校准。可应用于风力发电、电力安全监控、气象监测、桥梁隧道、航海船舶、航空机场、城市环境监测等领域。

◆ 技术参数

测量参数	二维风速、风向
测量范围	0~60m/s
测量误差	±2%（当风速为 10m/s）
分辨率	0.1m/s
风向测量范围	0~359.9° 全方位，无盲区
测量误差	±2°（当风速为 10m/s）
分辨率	0.1°
电源	12~30VDC
采样频率	15Hz
信号输出接口	选择 RS-485/4~20mA（数字/模拟输出）
防护	IP66
防爆等级	本安型 IA 级
工作温度	-40~70℃
工作湿度	5~100%RH
结构材料	不锈钢 316L
尺寸（长×宽）	400mm×265mm
重量	2.0kg

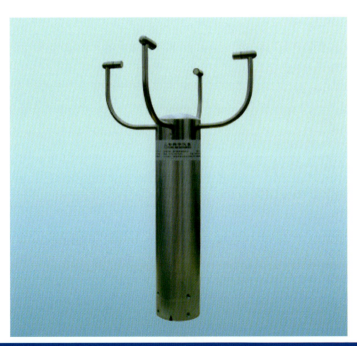

◆ 图 265　深圳市智翔宇仪器设备有限公司 CFF2D-2 二维超声波风速风向仪

9.1.23 深圳市智翔宇仪器设备有限公司 CFF3D-1 三维超声波风速风向仪

◆ 设备简介

CFF3D-1 三维超声波风速风向仪，能准确测出大气中的立体风速风向，能真实反映气流的流动状况，以及捕捉空气中的湍流、瞬间的阵风。这些研究是基于精准的风速平均值和差异值的测量。

◆ 技术参数

风速传感器	
测量范围	0~60m/s
分辨率	0.1m/s
误差	±2%（当风速为10m/s）
风向传感器	
测量范围	0~359.9°
分辨率	0.1°
误差	±2°（当风速为10m/s）
采样率	15Hz
通信方式	RS-485
波特率	2400~115200bps
输出模式	4~20mA，0~5VDC
电源要求	12~30VDC
防护等级	IP66
工作温度	-40~70℃
湿度	5~100%RH
尺寸（长×宽）	750mm×240mm
重量	2.5kg

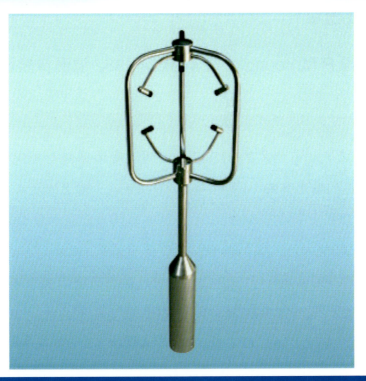

◆ 图266　深圳市智翔宇仪器设备有限公司 CFF3D-1 三维超声波风速风向仪

9.2 温湿测量

9.2.1 美国 R.M.Young 公司 41342/41382 温湿传感器

◆ 设备简介

美国 R.M.Young 出品的 41342 铂电阻温度传感器可提供精确的温度测量。它有三种可选的输出方式：4 线铂电阻，0~1V 电压输出以及 4~20mA 电流输出。探头可以很容易安装在 R.M.Young 出品的多层自然通风防辐射罩或强制通风防辐射罩内。

41382 温湿传感器在 41342 温度传感器的基础上增加了电容式湿度传感器，可提供 0~1VDC 和 4~20mA 两种信号输出方式。

◆ 技术参数

测量范围	温度 −50~50℃，相对湿度 0~100%RH（限 41382）
反应时间	10s
准确度（23℃时）	温度 ±0.3℃，±0.1℃（由美国 NIST 进行标定）；相对湿度 ±1%RH（限 41382）
供电（41342）	5mA，10~28VDC（电压型），20mA，10~28VDC（电流型）
供电（41382）	8mA，10~28VDC（电压型），40mA，10~28VDC（电流型）
防辐射罩	41003P 多层防辐射罩，43502 强制通风辐射罩
湿度准确度	±2%RH
相对湿度传感器类型	Rotronic Hygromer
稳定性	±1%RH/ 年
响应时间	10s
输出信号	0~1VDC（电压型），4~20mA（电流型）

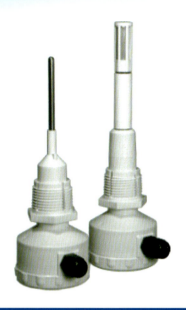

◆ 图 267　美国 R. M. Young 公司 41342/41382 温湿传感器

9.2.2　美国 Campbell 公司 HC2S3 温湿传感器

◆ **设备简介** ··

　　HC2S3 是由 Campbell 生产的一种准确度高、结实、耐用的可适用于野外长期观测的温度及相对湿度传感器。

　　HC2S3 采用了先进的电容式传感器测量相对湿度。HC2S3 使用与 HMP45C 相同的 41003-5 防辐射罩,可以方便地进行互换。另外,该传感器配有一个聚乙烯过滤器,用来防止灰尘和微粒进入,保证了传感器测量的优越性和可靠性。在配备聚四氟乙烯(特氟龙)的过滤器后,HC2S3 虽在响应时间方面略有下降(≤30s),但可大幅提高环境适应性,能够在海洋等高盐度、高湿度环境下正常使用。

◆ **技术参数** ··

工作温度	-40~100℃
过滤器	聚乙烯或聚四氟乙烯
输出信号	0~1V
功耗	<4.3mA(5VDC),<2.0mA(12VDC)

续表

温度传感器类型	PT100 热敏电阻
温度测量范围	−40~60℃（标准），−45~100℃（定制）
温度准确度	±0.1℃（23℃时）
长期稳定性	<0.1℃/年
相对湿度传感器类型	Rotronic Hygromer IN-1 相对湿度探头
相对湿度测量范围	0~100%RH
相对湿度准确度	±0.8%RH（23℃时）
长期稳定性	<1%RH/年
响应时间	≤22s（63% 时间常数，1m/s）
供电	5~24 VDC
尺寸（直径 × 长）	15mm×183mm
重量	10g

◆ 图 268　美国 Campbell 公司 HC2S3 温湿传感器

9.2.3　美国 Campbell 公司 CS215 温湿传感器

◆ 设备简介

　　CS215 是由 Campbell 基于瑞士 Sensirion 公司的 SHT75 探头，采用 CMOSens 技术的数字式湿度和温度探头制造的温度湿度传感器。该型探头在阿尔卑斯山高山极端环境下经过了两年的测试，表现出良好的可靠性和优异的准确性。

　　该传感器采用 SDI-12 信号输出，程序编写简单，耗电量低，与 Campbell 的 CR 系列数据采集器具有良好的兼容性。

◆ 技术参数

温度传感器	
测量范围	-40~70℃
准确度	±0.3℃（25℃时），±0.4℃（5~40℃），±0.9℃（-40~70℃）
响应时间	<120s（63%，1m/s）
输出分辨率	0.01℃
相对湿度传感器	
测量范围	0~100%RH（-20~60℃）
准确度（25℃时）	±2%(10~90%RH)，±4% (0~100%RH)
温度依赖性	优于 ±2%（20~60℃）
短期滞后	< 1.0%RH
长期稳定性	优于 ±1%RH/ 年
响应时间	<20s（63%，静止空气）
输出分辨率	0.03%RH
校准	NIST、NPL
电压	6~16VDC（推荐使用数据采集器的 12VDC 接口）
电流消耗	静止状态 120 μA，测量状态 1.7mA（持续 0.7s）
工作温度	-40~70℃
尺寸	长 18cm，直径 1.2/1.8cm（探头端 / 电缆端）
重量	150g（含 3m 电缆）

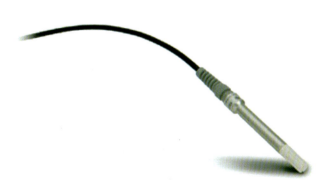

◆ 图 269　美国 Campbell 公司 CS215 温湿传感器

9.2.4　美国 Campbell 公司 109SS 温湿传感器

◆ **设备简介**

109SS 是由 Campbell 公司出品的能胜任野外严酷环境的温度传感器。包裹在热敏电阻外的 316L 型不锈钢保护套，保证该产品即使在地下/水下或腐蚀性环境，也能稳定、可靠地工作。109SS 响应时间短，并能够和 Campbell 公司的所有 CR 系列数据采集器连接使用。109SS 温度传感器的有效测量范围能够达到 -40~70℃，而其采用的热敏电阻在 100℃ 的严酷环境下也能保证不损坏。其最大掩埋深度能达到 15.24m。

◆ **技术参数**

测量范围	-40~70℃
环境温度	-50~100℃（热敏电阻），-50~70℃（连接头及电缆）
最大工作深度	15.24m
最大线缆长度	304.8m
可交换性误差	±0.6℃（-40℃），±0.38℃（0℃），±0.1℃（25℃），±0.3℃（50℃），±0.4℃（70℃）
尺寸	5.84cm×0.16cm（长×直径）
重量	100g（含 3.2m 电缆）

◆ 图 270　美国 Campbell 公司 109SS 温湿传感器

9.2.5　芬兰 Vaisala 公司 HMP60 温湿传感器

◆ 设备简介

HMP60 是一款由 Vaisala 出品的简单耐用、价格经济的温湿度传感器，适合于批量应用或集成到其他制造商的设备、培养箱、温室、发酵室及数据记录仪中，其与 Campbell 的全系列数据采集器拥有良好的兼容性。

HMP60 采用的是 Intercap 湿度探头，可实现在野外现场的快速更换。此外，它还可以通过 CWS900 系列无线传感器接口接入无线传感器测量网络，实现测量数据的数字无线传输。

◆ 技术参数

测量范围	-40~60℃，0~100%RH
准确度	温度 ±0.6℃，相对湿度 ±3%RH（0~40℃）
电压	5~28VDC（推荐使用数据采集器的 12VDC 接口）
电流	典型状态 1mA，最大 5mA
工作温度	-40~60℃
尺寸	长 7.1cm，直径 1.2/1.8cm（探头端/电缆端）
重量	50g（含 2m 电缆）

◆ 图 271　芬兰 Vaisala 公司 HMP60 温湿传感器

9.2.6　芬兰 Vaisala 公司 HMP155A 温湿传感器

◆ 设备简介

HMP155A 是一款性能优异的温度和相对湿度传感器。它采用 Vaisala 最新研制的具有专利技术的 HUMICAP 180R 加热型相对湿度探头，并结合当前先进的制造工艺，具有卓越的稳定性和较强的环境适应能力。它广泛应用于气象观测与预报、道路环境监测、民航、工业检测等领域。

◆ 技术参数

温度传感器	
传感器类型	Pt100
测量范围	−80~60℃
准确度（模拟电压输出）	±(0.226~0.0028×F.S.)℃（−80~20℃），±(0.055+0.0057×F.S.)℃（20~60℃）（采用 RS-485 信号输出时，准确度优于模拟电压）
相对湿度传感器	
传感器类型	HUMICAP 180R
测量范围	0.8~100%RH
准确度	±（1.2%+0.012×读数）%RH（−40~−20℃，40~60℃），±（1.0+0.008×读数）%RH（−20~40℃）
工作环境	温度 −80~60℃，相对湿度 0~100%RH
工作电压	7~28VDC
输出信号	电压（0~1V/5V/10V），RS-485，Pt100（4 线连接）
外壳	聚碳酸酯
外壳防护等级	IP66

◆ 图272　芬兰 Vaisala 公司 HMP155A 温湿传感器

9.3 气压测量

9.3.1 美国 R.M.Young 公司 61302 气压传感器

◆ 设备简介 ....

R.M.Young 61302 气压传感器具有极大的灵活性，其改进型气压传感器拥有两种配置，61302L 具备 4~20mA 电流输出，61302V 则提供了 0~5VDC 输出模式。两种配置都支持模拟信号输出和串行输出。建议用户在户外使用该型号气压传感器时，为其配备 61360 型防水外壳和 61002 型压力端口。

◆ 技术参数 ....

压力测量范围	500~1100hPa
工作温度	−40~60℃
数字准确度	0.2hPa（25℃），0.3hPa（−40~60℃）
模拟准确度	0.05%
分辨率	0.01hPa（串行输出），0.015%（模拟输出）
温度依赖性	0.0017% 模拟压力量程（25℃时）
频率	最大 1.8Hz
串行输出	全双工 RS-232，ASCII 文本或的 NMEA 格式，半双工 RS-485（仅限 61302L）
模拟输出	4~20mA（61302L），0~5000mV（61302V）
功率	61302L（7~30VDC），最大 25mA（4~20mA），7mA（RS-232 或 RS-485）
	61302V（7~30VDC），1.4μA（睡眠模式），7mA（RS-232 模式）
尺寸	90mm×60mm×20mm
重量	44g

♦ 图 273　美国 R.M.Young 公司 61302 气压传感器

9.3.2　芬兰 Vaisala 公司 PTB110 气压传感器

♦ 设备简介 ....

　　Vaisala PTB110 传感器采用 0~2.5VDC 信号输出，既可以用于室温下的精确气压测量，也可以用于温度范围更宽的一般环境压力监测。

♦ 技术参数 ....

型号	PTB110
测量范围	500~1100hPa
总准确度	±0.3hPa（20℃）， ±0.6hPa（0~40℃）， ±1.0hPa（−20~45℃）， ±1.5hPa（−40~60℃），
可重复性	±0.03hPa
长期稳定性	±0.1hPa/ 年
分辨率	±0.01mb
响应时间	500ms
工作温度	−40~60℃
功耗	工作状态 <4mA， 休眠状态 <1 μA
供电	10~30VDC
尺寸	6.8cm × 9.7cm × 2.8cm
重量	90g

◆ 图 274　芬兰 Vaisala 公司 PTB110 气压传感器

9.3.3　芬兰 Vaisala 公司 PTB210 气压传感器

◆ 设备简介 ....

　　PTB210 是一款专为户外恶劣环境设计的高性能气压传感器，可用于宽温度量程内的测量，外壳可提供 IP65（NEMA 4）级别的保护。PTB210 具有串行和模拟两种输出方式，可提供 50~1100hPa（仅限串行输出）和 500~1100hPa（串行和模拟）两种量程范围。PTB210 气压传感器使用的是 BAROCAP 硅电容绝对压力传感器，提供卓越的滞后和可重复性，以及突出的温度和长期稳定性。供电电压、功耗等根据工作模式的不同会有所区别。PTB210 集成了 SPH10/20 系列静压头，保证了其在所有风况条件下都可以进行精确测量。

◆ 技术参数 ....

测量范围	500~1100hPa（A 级）	500~1100hPa（B 级）	50~1100hPa
非线性	±0.1hPa	±0.15hPa	±0.2hPa
滞后性	±0.05hPa	±0.05hPa	±0.1hPa
可重复性	±0.05hPa	±0.05hPa	±0.1hPa
校准准确度	±0.07hPa	±0.15hPa	±0.2hPa
准确度（20℃时）	±0.15hPa	±0.2hPa	±0.35hPa
总准确度	±0.25hPa	±0.3hPa	±0.5hPa
温度依赖性	±0.2hPa	±0.2hPa	±0.4hPa

续表

长期稳定性	±0.10（hPa/年）	±0.10（hPa/年）	±0.20(hPa/年)
输出	RS-232C，RS-485（可选）；0~5VDC，0~2.5VDC		0~5VDC，0~2.5VDC
工作温度	-40~60℃		

◆ 图275　芬兰 Vaisala 公司 PTB210 气压传感器

9.3.4　芬兰 Vaisala 公司 PTB330 气压传感器

◆ 设备简介

　　PTB330 是 Vaisala 推出的宽量程气压传感器，采用 BAROCAP 硅电容式绝对压力传感器来测量大气压力。具有准确度高、稳定性好的特点，能够满足大部分气压观测的需求。

◆ 技术参数

压力测量范围	500~1100hPa（A级）	500~1100hPa（B级）	50~1100hPa
线性度	±0.05hPa	±0.1hPa	±0.2hPa
迟滞性	±0.03hPa	±0.03hPa	±0.08hPa
可重复性	±0.03hPa	±0.03hPa	±0.08hPa
准确度（20℃时）	±0.1hPa	±0.2hPa	±0.2hPa
温度系数	±0.1hPa	±0.1hPa	±0.3hPa
长期稳定性	±0.1hPa	±0.1hPa	±0.1hPa

续表

总准确度（-40~60℃时）	±0.15hPa	±0.25hPa	±0.45hPa
响应时间	2s	1s	1s
串行输出	RS-232C，RS-232 或 RS-485		
模拟输出（可选）	电流：0~20mA，4~20mA；电压：0~1V，0~5V，0~10V		
典型电耗	25mA（RS-232），40mA（RS-485），25mA（电压输出），40mA（电流输出），20mA(显示屏与背光)		
供电	10~35VDC		
工作温度	-40~60℃		
防护等级	IP65		

◆ 图276 芬兰 Vaisala 公司 PTB330 气压传感器

9.3.5 芬兰 Vaisala 公司 PTU300 气压传感器

◆ 设备简介

　　Vaisala 的 PTU300 将大气压力、空气温度和空气相对湿度测量传感器有机整合为一体，可同时对大气压力和空气温湿度进行测量，其大气压力测量还可以提供两种不同的准确度类型，方便使用于不同情况。PTU300 系列一体式大气压力和温湿度传感器已通过挪威船级社认证。

◆ 技术参数

压力测量范围	500~1100hPa（A级）	500~1100hPa（B级）	50~1100hPa
线性度	±0.05hPa	±0.1hPa	±0.2hPa
迟滞性	±0.03hPa	±0.03hPa	±0.08hPa
可重复性	±0.03hPa	±0.03hPa	±0.08hPa
准确度（20℃时）	±0.1hPa	±0.2hPa	±0.3hPa
温度系数	±0.1hPa	±0.1hPa	±0.3hPa
长期稳定性	±0.1hPa	±0.1hPa	±0.2hPa
总准确度（-40~60℃时）	±0.15hPa	±0.25hPa	±0.45hPa
响应时间	2s	2s	1s
相对湿度测量范围	0~100%RH		
相对湿度准确度	±1%RH（0~90%RH），±1.7%RH（90~100%RH）		
温度测量范围	-40~60℃		
温度准确度	±0.2℃（20℃）		
工作温度	-40~60℃（液晶屏为0~60℃）		
服务端口	RS-232，USB		
数字输出接口	RS-232，RS-485（可选）		
继电器输出（选配）	0.5A，250VAC		
电流	0~20mA，4~20mA		
电压	0~1V，0~5V，0~10V		
以太网接口	RJ45，IPv4，10/100Base-T，Telnet，Modbus TCP/IP		
WALN接口	802.11b，IPv4，Telnet，Modbus TCP/IP，WEP 64/128，WPA2加密方式		
供电	10~35VDC，100~240VAC（选配）		
防护等级	IP65（NEMA 4）		

◆ 图277　芬兰Vaisala公司PTU300气压传感器

9.4 能见度测量

9.4.1 美国 R.M.Young 公司 CS120 能见度传感器

◆ 设备简介

CS120 能见度传感器采用久经考验的红外前散射技术，以验证过的 42°散射角来测量 10~30000m 范围内的大雾及雨雪天气气象能见度距离。它可以单独使用或与自动气象站结合使用，适用于道路、航海、航空和风能开发等领域。

◆ 技术参数

能见度测量范围	10~32km
准确度	±10%，（0~10000m）；±20%（10000~20000m）
工作温度	-25~60℃
工作湿度	0~100%
工作风速	可达 60m/s
防护等级	IP66
光学参数	
发射光频率	850nm
镜头污染回路	以秒为间隔检测发射光源和探测镜头以检查污染及堵塞；传感器自动对低到中等污染进行补偿调节
发射光源稳定度控制	确保温度变化和传感器老化情况下的稳定工作，以 1s 为间隔进行校正
电子参数	
供电	8~30VDC
罩加热供电	24VDC 或 AC
加热功率	2×30W，总共 60W
防结露加热	2×0.6W，总共 1.4W
总单位功耗	<3W（连续采样并加热情况下）
通信	
串口通信	RS-232 或者 RS-485
串口数据速率	1200~115200bps(默认 38400bps)
机械参数	
重量	约 3kg
尺寸	447mm×640mm×246mm
安装	安装于直径 32~52.5mm 的立杆

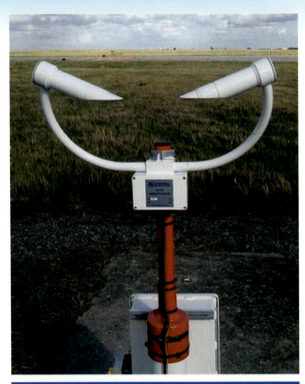

◆ 图 278　美国 R.M.Young 公司 CS120 能见度传感器

9.4.2　芬兰 Vaisala 公司 PWD50 能见度传感器

◆ 设备简介

PWD50 能见度传感器为各种能见度测量应用提供了完美解决方案，例如气象站和海事能见度测量。

◆ 技术参数

测量范围	10~35000m
工作环境	
工作温度	−40~60℃
工作湿度	0~100%RH
输入与输出	
测量输出	RS-232，RS-485，模拟电流输出、中继控制输出
工作电压	12~50VDC(电子器件)或 220VAC（选用加热器件时）
功耗	
PWD50	3W(电子器件配有露点加热器、输入电压 12VDC)
结构	
尺寸（长 × 宽 × 高）	69.5cm × 40.4cm × 19.9cm
重量	3kg

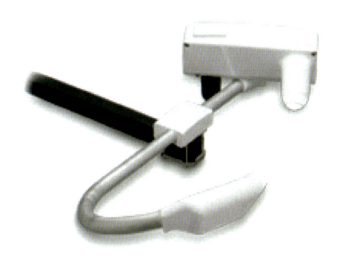

◆ 图279　芬兰 Vaisala 公司 PWD50 能见度传感器

9.4.3　英国 Biral 公司 VPF 系列能见度传感器

◆ 设备简介 ··

　　英国 BIRAL 公司生产有 VPF-710、VPF-730、VPF-750 三种能见度降水测量仪，可以测量能见度、测量降水类型和降水强度。传感器是紧凑的、耐用的仪器，对于在极端气候条件下使用是非常理想的，仪器寿命超过 20 年。

◆ 图280　英国 Biral 公司 VPF 系列能见度传感器

9.5 降水测量

9.5.1 美国 R.M.Young 公司 52202 加热型翻斗式雨量计

◆ 设备简介

R.M.Young 翻斗式雨量计是专门为世界气象组织（WMO）设计与生产的。为实现简单而有效的雨量测量，该设计采用了翻斗改造技术。翻斗的几何形状和所用材料均经特殊选择，以求获得最大限度的雨水释放、抗污染和测量误差。

◆ 技术参数

俘获面积	200cm^2
分辨率	每斗 0.01mm
准确度	降雨达 25mm/h 时，2%；降雨达 50mm/h 时，3%
输出	磁簧开关，速率 24VAC/DC，500MA
操作温度	−20~50℃
电源	18W
安装	夹装于 1in 铁管上或三栓固定于 160mm 直径圆环上
尺寸（直径 × 高）	18cm × 30cm（加安装外壳 39cm 高）
其他	水平调节，温控加热，吸入隔板

◆ 图281　美国 R.M.Young 公司 52202 加热型翻斗式雨量计

9.5.2 美国 R.M.Young 公司 50202 加热型虹吸式雨量计

◆ 设备简介

50202 型雨量计是无活动部件的降雨量收集及测量装置。绝热的壳体和热稳定性控制的加热器允许在冰点以下工作,测量溶化雪量作为等效的降雨量。热塑结构和不活动的部件使仪器防腐蚀,并几乎能消除所有机械故障。使用的电容传感器不受稳定条件的影响,仪器可广泛用于移动平台、浮标和船只上。利用数据采集设备进行周期性的查询,可以方便地完成总降雨量和降雨率的计算。

◆ 技术参数

测量范围	0~50mm
阈值	1mm
测量准确度	±1mm
信号输出	0~5.00VDC 对应 0~50mm 降雨量
排水时间	30s,自动虹吸并开始新的测量周期
测量电路	8~30VDC
加热电路	48W,28V(交流或直流)
工作温度	−20~50℃

◆ 图 282　美国 R.M.Young 公司 50202 加热型虹吸式雨量计

9.5.3 美国 YES 公司 TPS-3100 实时雨量计

◆ 设备简介

　　TPS-3100 全天候实时降水传感器首次突破了几十年来传统的测量降水的原理，与传统的称重式和翻斗式雨雪量计有移动部件并需要防冻液不同，因此在 –50~50℃ 范围内可提供精确、可靠的测量数据。它可以对实时降水进行远程自动化测量。

◆ 技术参数

雨量测量范围	0~50mm/h
雨量准确度	0.5mm/h
回流速率	0.5mm/s
可重复性	0.25mm/h
雨量分辨率	0.1mm/h
环境温度	–50~50℃
电缆连接	交流电缆 1.8m
供电需求	110/220VAC，50/60Hz，额定 100W，最大 1600W
输出信号	RS-232，ASCII
材料	铝
尺寸（高×宽×直径）	1.83m×0.21m×0.56m
重量	8kg

◆ 图 283　美国 YES 公司 TPS-3100 实时雨量计

9.6 辐射测量

9.6.1 美国 Radiometrics 公司 MP-3000A 地基微波辐射计

◆ 设备简介

MP-3000A 地基微波辐射计是 Radiometrics 公司最新推出的 35 通道微波辐射计，可以提供高度达 10km 的时间上连续的温度、相对湿度和液态水廓线数据，它们与连续的风廓线资料一起，为短期天气精准预报提供了必需资料。

◆ 技术参数

大气剖面	剖面测高 10km，标准 58 层
	可测量温度、相对湿度、水汽、液态水
通道	35 个标准频道（以液氮和/或 TIPPING 方法标定）
	21 个 K 带频道 22~30GHz，或 15 个频道 170~183GHz—水汽和液态水测量
	14 个 V 带频道 51~59GHz—温度和液态水测量
亮度准确度	0.2+0.002×|TkBB−Tsky|℃，TkBB—黑体温度，Tsky—天穹温度
亮度测量范围	0~400K
辐射计稳定性	<1K/年
辐射计分辨率	0.1~1K 取决于积分时间
积分时间	0.01~2.5s，用户可设定为 10ms 增量
周期	时间可编程，一般为 30~300s
功耗	<400W
重量	29kg
尺寸	50cm×28cm×76cm

◆ 图 284　美国 Radiometrics 公司 MP-3000A 地基微波辐射计

9.6.2　美国 Radiometrics 公司 PR-8900 辐射计

◆ 设备简介

　　PR-8900 是 PR 系列辐射计的一种，通常应用于非天气预报类作业。其远程感应器的频率信道介于 1.4~89GHz，可用于探测土壤、海洋、冰雪、植被等各种性质的辐射。其具有便携化、模块化、坚固耐用的设计，可以用于对大气和地表提供可靠和精确观测。不同波段的 PR 辐射计可同时使用组合成设备平台。

◆ 技术参数

用于大气遥感	89GHz 单偏振、定频辐射
用于其他用途	89GHz 双偏振、单通道

◆ 图 285　美国 Radiometrics 公司 PR-8900 辐射计

9.6.3 美国 YES 公司 MFR-7 辐射计

◆ 设备简介

MFR-7 辐射计是一种同时测量太阳总辐射、散射辐射和直接辐射的光谱辐射传感器。它能够以 415、500、615、673、870 和 940nm 六种宽波段波长来进行测量。可测量出太阳光谱的辐射、水汽的光学厚度、气溶胶和臭氧（采用臭氧吸收带）等。宽波段通道可以作为辐射计来测量太阳辐射。

◆ 技术参数

光谱范围	415/500/615/673/870/940nm
余弦修正	优于 5%（0~80° 天顶角），修正优于 1%
采样频率	最大 4 次/min
工作温度	–30~50℃
供电	交流 115~230VAC，50/60Hz，50W（最大）；直流 12V（1A），3A（最大）
数据通信方式	RS-232，调制解调器
设备内存	32KB，可扩展至 2MB

◆ 图 286　美国 YES 公司 MFR-7 辐射计

9.6.4　美国 YES 公司 UVB-1/UVA-1 紫外辐射计

◆ 设备简介

UVB-1 和 UVA-1 传感器可以分别测量大气中的紫外 -B（UVB）、紫外 -A（UVA）。该仪器采用紫外分光镜和高灵敏度紫外荧光测量法，用于阻挡太阳可见光，并通过固体光电探测器将紫外光转换为可见光进行测量。UVB-1 和 UVA-1 紫外辐射传感器准确度高、稳定性好，可以进行长期无人测量。

◆ 技术参数

光谱波长	280~320nm（UVB-1），280~400nm（UVA-1）
余弦响应	±5%（0~60℃）
灵敏度	2.0W/m^2/V（UVB-1），28W/m^2/V（UVA-1）
反应区域	大约在 2.54cm 直径范围内
输出	直流 0~4V
供电	直流 -12V，5mA；直流 12V，120mA（20℃）500mA（-40℃）
输入范围	直流 -11~-14V，直流 11~14V
模拟输出	直流 0~4V
温度检测输出	约 100kΩ
响应时间	100ms
工作温度	-40~40℃
重量	1.36kg

◆ 图 287　美国 YES 公司 UVB-1/UVA-1 紫外辐射计

9.6.5　美国 Solar Light 公司 540MICRO-PS Ⅱ 太阳光度计

◆ **设备简介**

　　该设备由美国 Solar Light 公司研发，是一手持式五通道太阳光度计，用于测量气溶胶光学厚度，简单、精确、可靠。MICRO-PS Ⅱ 太阳光度计既可在所有选定波长上测量气溶胶光学厚度和直接太阳辐射，还能够在 936nm 波长和 870nm 及 1020nm 其中一个波长或两个波长上测量水汽柱。

◆ **技术参数**

分辨率	0.1W/m^2
动态检测量程	>300000W/m^2
视角	2.5°
误差	1~2%
非线性（最大）	0.002%F.S.
操作环境	0~50℃，无骤变
计算机接口	RS-232
电源	4节5号碱性电池
尺寸（宽×长×厚）	10cm×20cm×4.3cm

◆ 图 288　美国 Solar Light 公司 540MICRO-PS Ⅱ 太阳光度计

9.6.6　美国 Solar Light 公司 PMA2140 全辐射计

◆ 设备简介

PMA2140 全辐射计能够对 400~1100nm 的光谱进行辐照度测量。对于那些需要花费少，不需要基于热电堆的平坦光谱响应的应用是不错的选择。

◆ 技术参数

光谱	400~1100nm
角响应	5%<60°
量程	2000W/m^2
显示分辨率	0.01W/m^2
操作环境	0~50℃
尺寸（直径 × 高）	40.6mm × 45.8mm
重量	200g

◆ 图 289　美国 Solar Light 公司 PMA2140 全辐射计

9.6.7　美国 Solar Light 公司 PMA2100 紫外光照度计

◆ 设备简介

　　PMA2100 是一款科研级数据记录型紫外光照度计，它可以通过与 35 种不同探测器的搭配来实现对 UVA、UVB、UVC、Visible，以及 IR 光的测量。

◆ 技术参数

输入	2 路
输出	±0.4V，±4V，自动修正
内分辨率	15 μV
动态量程	$>2\times10^5$
准确度	0.5%F.S.
最大非线性	最大 0.02%F.S.
最大温度系数	最大 50ppm/℃
数据存储	可存储 1024 数据点
操作温度	0~50℃
电源	4 节 AA 镍镉或碱性电池，9~12VAC 或 DC 适配器
重量	480g
尺寸（宽 × 高 × 直径）	10cm × 19.5cm × 4.5cm

◆ 图 290　美国 Solar Light 公司 PMA2100 紫外光照度计

9.6.8 美国 Solar Light 公司 PMA2110 UVA 辐射计

◆ 设备简介

PMA2110 UVA 辐射计能够提供 UVA 范围内的快速精确辐射照度测量。光谱响应覆盖 320~400nm 范围。聚四氟乙烯漫射体能够确保接近余弦功能的角度响应，使其适于漫射、辐射或扩展光源辐射测量。

◆ 技术参数

	PMA2110	PMA2110L	PMA2110C
测量范围	200mW/cm^2	20mW/cm^2	2mW/cm^2
分辨率	0.001mW/cm^2	0.001mW/cm^2	0.001mW/cm^2
光谱	320~400nm		
角响应	5%（<60°）		
操作环境	0~50℃		
温度系数	<0.1%/℃		
尺寸（直径 × 高）	40.6mm × 45.8mm		
重量	200g		

◆ 图 291　美国 Solar Light 公司 PMA2110 UVA 辐射计

9.7 云和气溶胶测量

9.7.1 美国 SigmaSpace 公司 MPL-4B 微脉冲激光雷达

◆ 设备简介

该设备由 NASA Goddard 空间飞行中心开发，由 NASA 提供产品认证，并在世界多处部署进行气溶胶和云层的长期自动监测，组成了全球气溶胶观测网络 MPLnet。它由光学收发器单元和激光控制器、数据处理单元组成。光学收发器装有工作波长为 532nm 激光发生器及光子计数检测设备。数据收集软件也可用来回放以前记录的数据文件。激光雷达的操作全自动化，数据的收集无人值守。

◆ 技术参数

收发器	
激光波长	532nm Nd：YV04
望远镜类型	Maksuv Cassegrain
脉冲重复频率	2500Hz
直径	178mm
脉冲能量	6~10μJ
数据设备	
测距分辨率	5m，15m，30m，75m（可编程）
最大距离	25km
探测盲区	<100m
计算机接口/控制	USB
尺寸（长×宽×高）	30cm×35cm×85cm
重量	25+2kg（双人携带）

◆ 图292　美国 SigmaSpace 公司 MPL-4B 微脉冲激光雷达

9.7.2　美国 SigmaSpace 公司迷你 MPL 微脉冲激光雷达

◆ 设备简介

迷你 MPL 是由 SigmaSpace 公司最新研发出来的，体积小且轻便，一个人即可携带进行野外观测。迷你 MPL 由光学收发器单元和数据处理单元组成。最新推出的迷你 MPL 可以配合专用的扫描温控箱完成激光的水平和垂直扫描，同时为了使雷达保持最佳工作状态，专用温控箱可以使激光雷达的运行环境保持在 20~25℃、0~80％RH 温湿度的状态。

◆ 技术参数

收发器	
激光波长	532nm Nd：YLF
望远镜类型	Galilean
脉冲重复频率	4000Hz
直径	80mm
脉冲能量	3~4 μJ
数据设备	
测距分辨率	5m，15m，30m，75m（可编程）
最大距离	15km
探测盲区	<100m
通信接口	USB
尺寸（长×宽×高）	38cm×30cm×48cm
重量	16kg（单人携带）

◆ 图 293　美国 SigmaSpace 公司迷你 MPL 微脉冲激光雷达

9.7.3　美国 YES 公司 TSI-880 全天空成像仪

◆ 设备简介

　　TSI-880 全天空成像仪是一款自动的、全彩色的天空成像设备，可以实时处理图像数据并显示白天的天空状况。TSI-880 全天空成像仪捕捉图像并把其转化为 JPEG 格式，用于分析云量。如果用户通过 TCP/IP（10/100BaseT）或 PPP（modem）和仪器联网，则此款仪器可以作为天空成像仪服务器方便用户进行远程操作。该设备可应用于云量分析、航空、军事、污染监测等方面。

◆ 技术参数

图像	352~288 色，24bit，JPEG 格式
采样率	可选，最快 30s
操作温度	-40~44℃
电源要求	115/230VAC
尺寸（长 × 宽 × 高）	41cm × 36cm × 71cm
重量	32kg

◆ 图294　美国YES公司TSI-880全天空成像仪

9.7.4　德国Jenoptik公司CHM 15k激光云高仪

◆ 设备简介

Jenoptik公司开发研制的CHM 15k激光雷达能够测量气溶胶剖面的厚度，它能测量云底的高度和穿透深度，还能测量边界层高度和垂直能见度。它的测量范围大，操作简单，安装维护方便。

◆ 技术参数

测量原理	光学（激光雷达原理）
电源	230VAC
测量范围	30m~15km
电源功率	250W（标准），最大800W
分辨率	15m
工作温度	−40~50℃
测量时间	5s~60min（可编程）
相对湿度	0~100%RH
测量对象	气溶胶、云
电气安全	D61010-1
尺寸	500mm×1564mm

◆ 图 295　德国 Jenoptik 公司 CHM 15k 激光云高仪

9.7.5　英国 Biral 公司 Aspect 气溶胶粒径及形状测定仪

◆ 设备简介

Aspect 气溶胶粒径及形状测定仪是一个可同时测定实时空气粒子的粒径及形状和总粒子浓度的商用气溶胶测量设备。该设备灵敏度高，可应用于气象学、医学和环境监测等领域。

◆ 技术参数

电源	90~264VAC，47~63Hz，最大 5A
数据通道	USB1.0 或 USB2.0
最大粒子吞吐量	20000 个/s
粒径	0.5~20μm
尺寸通道数	40
不对称因子	0~100
不对称通道数	20
示例流率	1L/min
总仪器流量	6.5L/min
气溶胶入口外直径	25~28mm
尺寸（长 × 宽 × 高）	305mm × 487mm × 303mm
重量	20kg

◆ 图 296　英国 Biral 公司 Aspect 气溶胶粒径及形状测定仪

9.8 气象站

9.8.1 美国 CES 公司 WeatherPak 军事气象站

◆ 设备简介

该公司全称 Coastal Environmental Systems，WeatherPak 军事气象站主要为军事领域中气象因子的测量而设计，也可拓展应用到其他领域。自 1981 年成立以来，Coastal 一直致力于研发耐用性、准确度、可靠性和稳定性好的气象观测设备。该气象站可测量风速、风向、空气温度和相对湿度、大气压、太阳辐射、净辐射、降雨量、能见度、天气现象、云高和地温等参数。

◆ 技术参数

（1）WeatherPak 主机设备

数据采集器密封于无火花铝的舱室，CPU：32 位微处理器，时钟频率：16.7MHz；程序空间：512kB 闪存，8kB 可擦除只读存储器；数据存储空间：1MB；软件看门狗和硬件看门狗；7 个差分或 16 个单端输入，可扩展；供电方式可选。

（2）超声波风速风向

风速测量范围：0~60m/s；风向测量范围：360°，无死角；准确度：风速 ±0.2%；风向：±3°。

（3）相对湿度和空气温度

相对湿度测量范围：0~100%RH；准确度：±2%RH（0~90%RH），±3%RH（90~100%RH）；准确度：1%RH；空气温度量程：−80~75℃；准确度：±0.1℃。

（4）大气压

测量范围：500~1200hPa；准确度：±0.3hPa

（5）总辐射

绝对校准：±5%（依据美国 NIST 标准）；灵敏度：一般 90μA/1000Wm^{-2}；线性度：达到 3000Wm^{-2} 时最大偏离 1%；响应时间：10μs。

（6）净辐射

测量量程：−2000~2000Wm^{-2}；光谱量程：0~100μm；灵敏度：10mV/Wm^{-2}。

（7）能见度和天气现象

测量：能见度和天气现象；分辨：雾、薄雾、雨、毛毛雨、雪和浮尘等；测量范围：10m~75km；准确度：±2%（2km）；光源/波长：红外880nm；前散射角度：45°；测量结构：水平；材料：硬铝合金；制造工艺：盐浴钎焊；MTBF平均无故障时间：>8年；传感器寿命：>25年；天气现象检测限：雨：0.015mm/h；雪：0.0015mm/h；最大降水量：250m/h。

（8）云高仪

测量范围：30~25000m；准确度：30m或±2%（以高者为准）。

（9）大地温度

测量范围：−50~50℃；准确度：±0.15℃。

（10）降雨量

准确度：<1.0%（2″/h）；接收直径：6″（15.4cm）。

（11）自动罗盘—修正风向

准确度：0.1°，用于自动修正风向。

（12）军事支架

美国军方标准，防腐蚀，60s内快速安装。

◆ 图297 美国CES公司WeatherPak军事气象站

9.8.2 美国 CES 公司便携式太阳能航空气象站

◆ 设备简介

该公司全称 Coastal Environmental Systems，便携式太阳能航空气象站是为满足战术军事用途的特殊要求而专门设计。测量值包括：风速和风向、露点、压力、温度、能见度、云高、冻雨、识别降水、降水量和闪电探测。该设备由 Weatherpark 箱、测云仪箱、笔记本电脑、太阳能电池板、主机和塔台组成。

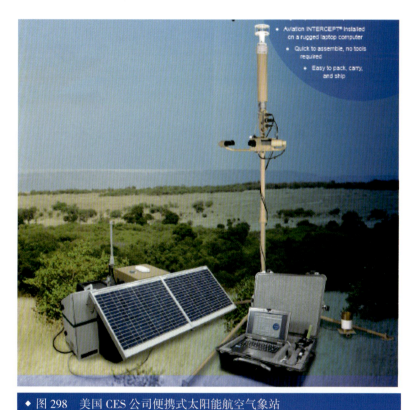

◆ 图 298　美国 CES 公司便携式太阳能航空气象站

9.8.3 美国 CES 公司 ZENO 科研级梯度气象站

◆ 设备简介

该公司全称 Coastal Environmental Systems，ZENO 科研级梯度气象站主要用于森林、农田或城市生态环境气象因子的垂直梯度观测，该设备精选高稳定性传感器，可在各种环境下长期运行。整套设备按照美国军方标准制造，其最显著的特征是专属 ZENO soft 软件植入硬件，菜单式程序配置。气象站安装简单、操作方便，点击软件就可实现远程或本地数据下载、更改取样速率或进行传感器配置。

◆ 技术参数

（1）ZENO 数据采集器

CPU：32 位微处理器，时钟频率：16.7MHz；程序空间：512kB 闪存，8kB 可擦除只读存储器；数据存储空间：1MB。

（2）风速传感器

测量范围：0~60m/s；启动风速：0.22 m/s；标定测量范围：0~50 m/s；准确度：±1%；操作温度：−50~65℃。

（3）风向传感器

风向测量范围：电子：0~357°，机械：0~360°，线性：±0.5% 全量程；准确度：±3°；阻尼比：标准 0.6（泡沫风尾），可选 0.25（金属风尾）；迟滞距离：小于 3m；操作温度：−50~65℃。

（4）相对湿度

测量范围：0~100%RH；准确度：±2%RH。

（5）空气温度

测量范围：−50~60℃；准确度：±0.1℃。

（6）太阳辐射

绝对校准：±5%（依据美国 NIST 标准）；灵敏度：一般 90μA/1000Wm^{-2}；线性度：达到 3000Wm^{-2} 时最大偏离 1%；响应时间：10μs；余弦校正：达到 80° 入射角余弦校正；方位角：误差 ±1%。

（7）光合有效辐射

测量范围：0~3000μmol；绝对校准：±5%（依据美国 NIST 标准）；稳定性：1 年以上变化 ±2%；响应时间 10μs；温度影响：最大 ±0.15%/℃；达 80° 入射角余弦校正；高度稳定的硅光电探测器（蓝光增强型）。

（8）净辐射传感器

波长范围：200~100000nm；灵敏度：10μV/Wm^{-2}；响应时间：<20s；方向误差：<3%；工作温度：−30~70℃。

（9）层杆式光量子

全日照：2000 μmol m^{-2}s^{-1}；线性量程：0~5000 μmol m^{-2}s^{-1}；灵敏度：μmol m^{-2}s^{-1}；准确度：±5%。

（10）红外表面温度

绝对准确度：±0.2℃（-15~60℃）；重复误差：±0.1℃（-15~60℃）；响应时间：<1s；目标温度输出信号：60μV/℃传感器温度变化。

（11）降水量传感器

准确度：0.25mm；接收直径：15.4cm；翻斗式。

（12）土壤温度传感器

测量范围：-50~50℃；准确度：±0.15℃。

（13）土壤湿度传感器

测量范围：0~100%RH；准确度：±2%RH。

◆ 图299　美国 CES 公司 ZENO 科研级梯度气象站

9.8.4 美国 CES 公司石油和天然气平台气象站

◆ 设备简介

该公司全称 Coastal Environmental Systems，它生产的石油和天然气平台气象站非常坚固、准确、可靠，并且能够承受与海洋平台操作有关的严酷条件，适合安装于石油和天然气平台。标配可测量项目包括：风速和风向、露点、压力、温度；可选测量项目包括：能见度、云高、冻雨、识别降水、降水量、地表以下的测量（电流计等）。

◆ 图 300　美国 CES 公司石油和天然气平台气象站

9.8.5 美国 CES 公司 WeatherPak MTR 自动气象站

◆ 设备简介

该公司全称 Coastal Environmental Systems，WeatherPak MTR 可为用户

提供风速、风向、气温、相对湿度和气压信息。另外 WeatherPak MTR 计算风稳定等级和仪器安装站点经纬度等信息。仪器每隔 1s 采集一次大气状况，设备每 5min 计算一次平均值，之后每隔 30s 传送一次数据到显示器显示出来。WeatherPak MTR 型自动气象站拥有与众不同的优势，便于用户操作并与当前气象设备集成，使整体功能进一步强大。

◆ 技术参数

	测量范围	误差
温度	−30~60℃	±0.2℃（0℃以上可达 ±0.1℃）
气压	500~1200hPa	±3hPa
相对湿度	0~100%RH	±3%RH

◆ 图 301　美国 CES 公司 WeatherPak MTR 自动气象站

9.8.6 深圳市智翔宇仪器设备有限公司 MULTI-5P 五参数微气象站

◆ 设备简介

深圳市智翔宇仪器设备有限公司 MULTI-5P 型五参数微气象站可同时测量风速、风向、温度、相对湿度和大气压力五参数，广泛应用于风力发电、电力安全监控、气象监测、桥梁隧道、航海船舶、航空机场、城市环境监测等领域。

◆ 技术参数

	测量范围	准确度	分辨率
风速	0~60m/s	±0.2m/s，当 V < 10m/s；±3%，当 V ≥ 10m/s	0.1m/s
风向	0~359.9°	±3°（V=10m/s 时测定）	0.1°
温度	−40~80℃	±0.2℃典型值	0.1℃
相对湿度	0~100%RH	±3%RH	0.05%RH
气压	10~1100hPa	±0.5hPa（25℃）	0.1hPa
防护等级	IP65		
防爆等级	本安型 IA 级		
工作温度	−40~70℃		
工作湿度	5~100%RH		
电源	12~30VDC		
尺寸（高×宽）	234mm×160mm		
重量	1.5kg		

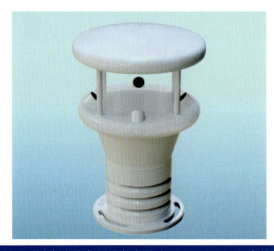

◆ 图 302　深圳市智翔宇仪器设备有限公司 MULTI-5P 五参数微气象站

9.8.7 深圳市智翔宇仪器设备有限公司 MULTI-6P 六参数微气象站

◆ 设备简介 ┄┄

深圳市智翔宇仪器设备有限公司 MULTI-6P 六参数微气象站可同时测量风速、风向、温度、相对湿度、大气压力和降雨量六参数，其余均与五参数气象站相同。广泛应用于风力发电、电力安全监控、气象监测、桥梁隧道、航海船舶、航空机场、城市环境监测等领域。

◆ 技术参数 ┄┄

	量程	准确度	分辨率
风速	0~60m/s	±0.2m/s，当 V < 10m/s；±3%，当 V ≥ 10m/s	0.1m/s
风向	0~359.9°	±3°（V=10m/s 时测定）	0.1°
温度	-40~80℃	±0.2℃典型值	0.1℃
相对湿度	0~100%RH	±3%RH	0.05%RH
气压	10~1100hPa	±0.5hPa（25℃）	0.1hPa
降雨	0~200mm/h		0.1mm/h
防护等级	IP65		
防爆等级	本安型 IA 级		
工作温度	-40~70℃		
工作湿度	5~100%RH		
电源	12~30VDC		
尺寸（高×宽）	240mm×160mm		
重量	1.5kg		

◆ 图 303　深圳市智翔宇仪器设备有限公司 MULTI-6P 六参数微气象站

10　采样器

海洋采样器主要是为了海洋科学研究，用于海水、海洋生物、海洋沉积物、底泥采集的设备，可以分为采水器、生物采样器、沉积物采样器和采泥器四大类。

本章收录了常用采样器的相关信息。

10.1 采水器

10.1.1 美国 SeaBird 公司 SBE32 采水器

◆ 设备简介

该设备通常与 911 Plus、SBE25、SBE19 Plus V2 等 CTD 设备配套使用，采集不同水层的水样。它既可定时触发，也可定深触发。利用磁开关控制采水瓶的动作，无转动部件，不受温度和压力的影响。有 12、24、36 瓶位三种方案，配以 1.7~30L 采水瓶，供用户选用。根据用户需要，备有 SBE32C 小型和 SBE32SC 超小型采水器供选用。

◆ 技术参数

	瓶数	容量	CTD 传感器	实时配置	自容配置	工作水深
SBE32	12	1.7 ~ 30L	SBE9 Plus	SBE11 Plus V2 甲板单元	ＳＢＥ１７ Plus V2	6800m，7000m，10500m 可选
	24	1.7 ~ 12L				
	36	请咨询厂家				
	12	1.7 ~ 30L	ＳＢＥ １９，１９Ｐｌｕｓ，19PlusV2、25 或 25Plus	SBE33 甲板单元	Au-Fire Module	
	24	1.7 ~ 12L				
	36	请咨询厂家				
SBE32C	12	1.7 ~ 8L	SBE9 plus	SBE11 Plus V2 甲板单元	ＳＢＥ１７ Plus V2	
			SBE 19，19 Plus，19 Plus V2、25 或 25 Plus	SBE33 甲板单元	Au-Fire Module	
SBE32SC	12	1.7 或 2.5L	SBE 19，19 Plus，19 Plus V2、25 或 25 Plus	SBE33 甲板单元	Au-Fire Module	

◆ 图304　美国 SeaBird 公司 SBE32 采水器

10.1.2　美国 SeaBird 公司 SBE55 ECO 小型采水器

◆ 设备简介

该采水器重量轻、体积小、便于投放，特别适用于装在小船上对河口、近岸、湖泊等水域进行采水作业，为海洋科研、生态调查提供水样。该采水器有两种结构：3 个 4L 瓶位和 6 个 4L 瓶位，可以分别与 SBE19、SBE25、SBE49 等设备集成。它既可以通过自动定深触发形式，无需用电缆就能投放；也可以与 SBE33 采水器甲板单元联用，用电缆和带滑环绞车进行实时采水。

◆ 技术参数

	瓶数	容量	CTD 传感器	实时配置	自容配置	工作水深
SBE55	3 或 6	4L	SBE 19, 19 Plus, 19 Plus V2, 25 或 25 Plus	SBE 33 甲板单元	Au-Fire Module	600m

◆ 图 305　美国 SeaBird 公司 SBE55 ECO 小型采水器

10.1.3　美国 Campbell 公司采水器

◆ 设备简介

Campbell 公司推出了 5 款 SIRCO 自动水质采样器，应用于雨水、污水或其他水质。这些采样器采用外部真空泵，通过吸管抽水，取代了传统的蠕动泵那种通过挤压软管的取水方式。真空泵的优点包括：采样速率更快，垂直升降更好，采样距离更长，维护更少。因为真空方法对水样的扰动少，从而更好地代表水的原始浓度，尤其在水样中悬浮颗粒物较多的情况。为了防止交叉污染，SIRCO 采样器采用空气压力清除水管中多余的水。其中 BVS4300 和 CVS4200 属于固定式水样采集器，可用于室内等固定位置的长期连续水样采集工作，PVS4100 为便携式水样采集器，具有良好的便携性，可适用于野外多地点的水样采集工作。

10 采样器

◆ 技术参数

	BVS4300 采样器	CVS4200 采样器		
供电	采样器：直流 13.6VDC，10A 或交流 88~264VAC，50/60Hz，2.5A（Max3A）； 冰箱：115VAC，60Hz， 小冰箱 1.3A， 大冰箱 2A； 加热：115VAC，60Hz，3.5A	采样器：直流 13.6VDC，10A 或交流 88~264VAC，50/60Hz，2.5A（Max3A）； 冰箱：115VAC，60Hz， 小冰箱 1.3A， 大冰箱 2A		
温度测量范围	标准：0~50℃， 带可调节的加热器和保温：−40~50℃	10~50℃		
尺寸	高：1.6m， 宽：0.66m， 深：0.66m	冷藏混合 高：1.39m， 宽：0.53m， 深：0.56m	冷藏分瓶 高：1.45m， 宽：0.61m， 深：0.61m	无冷藏 高：0.59m， 宽：0.43m， 深：0.48m
重量	冷藏：141kg， 非冷藏：109kg	冷藏混合：68kg， 冷藏分瓶：91kg， 无冷藏：32kg		
存储温度	−30~60℃	−30~60℃		

◆ 图 306　美国 Campbell 公司 CVS4200 固定式采水器

10.1.4　美国 McLane 公司 WTS-LV 大体积水样抽滤设备

◆ 设备简介

WTS-LV 是一款单次、连续抽取大容量的大体积水样抽滤设备，它让水体通过"过滤器支架内的过滤膜或吸附性滤筒"，收集水体中的悬浮或溶解性颗粒物。WTS-LV 可通过控制水体的流速和抽取水样的体积，收集不同种类、大小的生物样品和沉积物，仪器固有软件将自动记录采样时间、体积、压力值及流量等数据。当 WTS-LV 被回收后，用户可很容易下载这些采样期间记录的数据。

◆ 技术参数

型号	流速	最大容量	滤膜类型
LV04	1~4L/min	1500L	0.2~1 μm 聚碳酸酯或聚酯纤维滤膜，0.8~5 μm 玻璃纤维滤膜，60 μm 筛绢
LV08	4~8L/min	5000L	0.8~1 μm 聚碳酸酯或聚酯纤维滤膜，0.8~5 μm 玻璃纤维滤膜，60 μm 筛绢
LV20	10~20L/min	8000L	0.8~5 μm 玻璃纤维滤膜，60 μm 筛绢
LV30	15~30L/min	12000L	5 μm 玻璃纤维滤膜，60 μm 筛绢
LV50	25~50L/min	15000L	60 μm 筛绢
最大工作水深	5500m		
尺寸	64cm×36cm×64cm（长 × 宽 × 高）		
重量	空气中 51kg，水中 34kg		

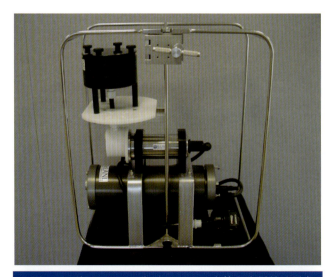

◆ 图 307　美国 McLane 公司 WTS-LV 大体积水样抽滤设备

10.1.5　德国 Hydro-Bios 公司 Multi-Limnos 自动采水器

◆ 设备简介 ....

　　Multi-Limnos 自动水样采集器的设计目的是从最大深度为 30m 的水中按照设定时间间隔自动采取 10 个水样。顶级的电子单元、最优的电量消耗设计，可在温度为 –40~85℃的极端环境中稳定运行。带有 10 个容积为 1L 的 Duran 玻璃瓶、浮子和锚。

◆ 技术参数 ....

水下单元	
采样容器	Duran 玻璃瓶，1L 容量
操作深度	最大 30m
取样间隔	1min~1500h
电源	3 节锂电池
操作温度	–40~85℃
尺寸（直径 × 长）	600mm × 830mm
空气中重量	约 27kg
水中重量	7kg 浮力（带灌满水的瓶子）
手持单元	
防护等级	IP65
电源	9VDC
操作温度	–5~50℃
尺寸	152mm × 83mm × 33.5mm

◆ 图308 德国 Hydro-Bios 公司 Multi-Limnos 自动采水器

10.1.6 德国 Hydro-Bios 公司 Slimline 多通道采水器

◆ 设备简介

Slimline 多通道水样采集器的仪器直径小、重量轻，在船上很容易操作。该仪器同时具备在线操作和离线操作2种操作模式。该采水器带有6个容积为1L或3.5L 的采水瓶，可在温度为 –40~85℃的环境中正常工作。

◆ 技术参数

工作水深	3000m，6000m（最大）
马达单元	由钛制成，电池供电（3节 3VDL123A 可选电池）
1L 型号	直径50cm，高度70cm，重30kg
3.5L 型号	直径65cm，高度75cm，重40kg
供电	85~260VDC

◆ 图309　德国Hydro-Bios公司Slimline多通道采水器

10.1.7　丹麦KC公司多通道采水器

◆ 设备简介 ··

多通道采水器是一种新型的采水器，带有12个50mL的注射器采水器，操作深度6000m。

◆ 技术参数 ··

材质	2mm 316不锈钢制成，表面电子抛光处理
工作电压	12~24VDC
采样瓶	12个50mL的瓶子
注射剂材质	Nylon PA 6.6
工作水深	6000m
外径	340mm
高	300mm
重量	空气中8.3kg，水中5.5kg

◆ 图 310 丹麦 KC 公司多通道采水器

10.1.8　丹麦 KC 公司 Niskin 多通道采水器

◆ 设备简介

Niskin 多通道采水器支架由 316 不锈钢（AISI 标准）制成，可装配 6 个、12 个或 24 个 Niskin 采样瓶，也可根据客户需求留有放置 CTD 的空间。

◆ 技术参数

型号	6 瓶	12 瓶	24 瓶
材质与结构	玫瑰花形支架，316 不锈钢制成		
采样瓶容量	1.7/2.5/5.0/7.5L 可选		
瓶数	6	12	24
释放	马达驱动释放		
电源要求	24VDC		
其他功能	可编程延时触发器（可选），需配电池组		
延时触发器	不含外壳,线缆和连接头,可编程设置 60s~1080h 之间任意间隔取样（适用于每个采样瓶）		
最大工作水深	可达 6000m		
尺寸（直径 × 长）	90cm × 110mm（不带采样瓶）		
重量	35kg（含电池）		

◆ 图311　丹麦 KC 公司 Niskin 多通道采水器

10.1.9　丹麦 KC 公司小型不锈钢采水器

◆ 设备简介

该设备是一个小巧的采水器、采用 316 不锈钢材质，有 0.5L、1.0L 和 1.5L 三种型号可选。

◆ 技术参数

材质	由 316 不锈钢（AISI 标准），外径为 54mm，表面电子抛光
其他	采水器顶部带有橡胶塞
线缆	配有 10m 直径为 5mm 的无刻度线缆
容量	0.5L，1.0L，1.5L 三种型号可选

◆ 图312　丹麦 KC 公司小型不锈钢采水器

10.1.10 丹麦 KC 公司沉积物孔隙水提取器

◆ 设备简介

该设备用于有机物质和沙土等沉积物中抽提水分。它使用薄膜乳胶分配单元，有效避免了样品的氧化。

◆ 技术参数

材质	POM 材质，不锈钢材质
压力桶	$5 \times 100 cm^3$
尺寸	33cm × 20cm × 52cm
重量	POM 材质：7kg，不锈钢材质：8kg
压力	40m

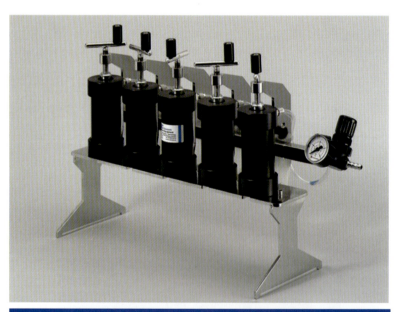

◆ 图 313　丹麦 KC 公司沉积物孔隙水提取器

10.1.11 日本 NIGK 公司 NWS-11C5 时间序列采水器

◆ 设备简介

该设备通过充气袋进行水样原位时间序列采集，可携带最多 11 个采样袋，每个采样袋最大采集 300mL 样品。

◆ 技术参数

采样瓶	最多 11 个
采样量	每个采样瓶最大采集 300 mL
工作水深	500m
空气中重量	27.5kg
水中重量	15kg

◆ 图 314　日本 NIGK 公司 NWS-11C5 时间序列采水器

10.1.12 日本 NIGK 公司 NWS-1000 大容量采水器

◆ 设备简介

该设备可以采集水样达 1000L，并且可以通过远程声学控制进行在指定深度的定时采样。

◆ 技术参数

采样袋	最多 4 个
采样量	每个采样袋最大采集 250mL
采样器材料	PVC
最大工作水深	7000m
空气中重量	680kg

◆ 图 315　日本 NIGK 公司 NWS-1000 大容量采水器

10.1.13 天津市海华技术开发中心 QCC9-1 表层油类分析采水器

◆ 设备简介

该设备用于采集海洋、湖泊、江河的水样，进行油类含量分析，也可采集常规分析的水样，是水质污染状况调查不可缺少的设备。是全国海洋污染监测网规定使用的采水器之一，也是全国第二次海洋污染基线调查中规定使用的标准采水器之一。

◆ 技术参数

进水时间	≤ 1min
工作水深	水下 0.5~1m
工作温度	−2~40℃
重量	2.5kg

◆ 图 316 天津市海华技术开发中心 QCC9-1 表层油类分析采水器

10.1.14 天津市海华技术开发中心大容量采水器

◆ 设备简介

适用于核放射元素监测和常规分析用水样的采集，操作简单、实用，整体为不锈钢材质。

◆ 技术参数

采水量	50~400L
放水时间	1.5~12min
工作水深	不受限制
工作温度	−2~40℃
重量	13~16kg

◆ 图317 天津市海华技术开发中心大容量采水器

10.1.15　天津市海华技术开发中心 QCC15 系列卡盖式采水器

◆ 设备简介

　　QCC15 系列卡盖式采水器具备开闭功能，可连击挂锤（多个采水器串联使用），能采集海洋、湖泊、江河、养殖场、港口的水样，用于环境污染调查和污染监测，也可用于常规分析采样。

◆ 技术参数

水深	可在任何深度取样
采水量	2.5~20L
放水时间	2~8min
重量	3~12kg

◆ 图 318　天津市海华技术开发中心 QCC15 系列卡盖式采水器

10.1.16　天津市海华技术开发中心 QCC15-A 系列横式卡盖式采水器

◆ 设备简介

　　QCC15-A 系列横式卡盖式采水器具备开闭功能，主要用于采集海洋、湖泊、江河、养殖场、港口等地表以上半米内的底质水体。

◆ 技术参数

工作水深	可在任何深度取样
工作温度	−2~40℃
采水量	2.5~10L
放水时间	2~6min
重量	3.6~11kg

◆ 图319　天津市海华技术开发中心 QCC15-A 系列横式卡盖式采水器

10.1.17　天津市海华技术开发中心 QCC10 系列球阀采水器

◆ 设备简介

该采水器具备闭—开—闭功能，可连击挂锤（多个采水器串联使用），能采集海洋、湖泊、江河的水样，用于重金属痕量分析，也可采集常规分析的水样，特别适用于各类水质环境的污染调查和监测。在第二次全国海洋污染基线调查中被列为标准采水器。在海洋局、环保局、地矿部、科学院、交通部、石油部等均有很多单位使用。

◆ 技术参数

采水量	1.7~10L
重量	2.5~8kg
放水时间	2~6min
工作水深	可在任何深度取样

◆ 图 320　天津市海华技术开发中心 QCC10 系列球阀采水器

10.1.18　天津市海华技术开发中心 QCC14-1 击开式采水器

◆ 设备简介

用于采集 500m 以内水样，可连接击挂锤使用，适用于微生物学分析用的水样采集。

◆ 技术参数

工作水深	≤ 500m
工作海况	≤ 4 级
工作温度	-2~40℃
采水量	0.5L

◆ 图 321　天津市海华技术开发中心 QCC14-1 击开式采水器

10.2 生物采样器

10.2.1 美国 McLane 公司 PPS 浮游生物采样器

◆ 设备简介

PPS 是一套专门现场采集水生环境中悬浮颗粒物的仪器。一套双重多口阀按时间序列工作方式让水依次通过 24 个直径为 47mm 的过滤器内。

◆ 技术参数

过滤器	47mm 膜过滤器
工作温度	0~35℃
泵流速	50~125mL/min，可选 100~250mL/min
最大容积	10L
最大工作时间	14 个月
工作水深	5500m
尺寸（长×宽×高）	150cm × 43cm × 43cm
重量	空气中 60.5kg，水中 35kg

◆ 图 322　美国 McLane 公司浮游生物采样器

10.2.2　美国 McLane 公司时间序列浮游动物采样器

◆ 设备简介

时间序列浮游动物采样器（ZPS7-50）既能按照标准的时间序列采集样品，也可在触发模式下收集样品。ZPS 采用一个专业设计的活塞式抽水泵收集样品，这种抽水泵通过一个圆屋顶形状的进水口产生负压。ZPS 将浮游动物输送到以滚筒缠绕方式的一张 3.5 cm×6cm Nitex 过滤网上，每张筛网能过滤达 250L 的水样。为了保护浮游动物，另外一层 Nitex 筛网将存留在采样网上的浮游动物包裹住，类似于夹心面包，并迅速将浮游动物移入充满固定剂的槽内进行储藏，直至回收采样器将其取出。

下个采样周期来临时，ZPS 将自动定位一张新的筛网，每张筛网可以重复 50 次这样的过程。当 ZPS 被回收后，操作者可以从充满固定剂的槽内取出筛网滚筒，并检查每张筛网上的浮游动物情况。ZPS 的整个采样过程和相机胶卷的行为相似，即使用前是滚筒形状。

标准的固定支架是 316 不锈钢焊接件，可使采样器直接固定到锚系上。

◆ 技术参数

最大样品数量	50
筛网孔径	Nitex 50~500 μm
筛网面积	3.5cm×6cm
另一张保护性筛网孔径	Nitex 50~500 μm
推荐的固定溶剂	戊二醛/海水缓冲剂
筛网清洗方式	海水反冲洗
采集器材料	丙烯酸和乙缩醛
抽水泵流速	15~25L/min
最大总体积	25000L
推荐体积/样品	250L
抽水泵类型	McLane 30L/min
体积误差	平均 ±5%
工作水深	5000m
尺寸（长×宽×高）	73cm×53cm×120cm
重量	空气中 102kg，水中 68kg

◆ 图 323　美国 McLane 公司 ZPS7-50

10.2.3　德国 Hydro-Bios 公司 MultiNet 浮游生物网

◆ 设备简介

MultiNet 浮游生物网用于海洋浮游生物连续分层采样。浮游生物采样网 MultiNet 是世界顶级的浮游生物自动采样器，它可以在连续的水层中进行水平采样和垂直采样。

◆ 技术参数

型号	Mini 型	Midi 型	Maxi 型	Mammoth 型
网袋大小	0.125m^2	0.25m^2	0.5m^2	1m^2
网袋个数	5	5	9	9
网孔大小	300 μm（或者用户指定）			
网底管	5	5	9	9
重量	22kg	22kg	70kg	70kg
网底管直径	11cm			
工作水深	3000m			
工作温度	-40~85℃			

◆ 图 324　德国 Hydro-Bios 公司 MultiNet 浮游生物网

10.2.4　德国 Hydro-Bios 公司 Apstein 浮游生物网

◆ 设备简介

　　Apstein 浮游生物采样网适用于湖泊调查，有各种形状和大小。滤网材料是 MOnly 合成筛绢，浮游生物网上还罩有 ABS 塑料。这套网很少需要维护，因为所有金属部件都有很强的抗腐蚀功能。网袋的腐蚀也是不会发生的，因为它们是由丝绸制成。MOnly 合成筛绢的网孔大小不会因为丝线拉伸而改变。Apstein 浮游生物网标准网孔大小是 55 μm，用于进行浮游植物的采集。用于采集浮游动物的网孔大小为 335 μm。可以根据用户的特殊需求，对每个网袋单独交货。

◆ 技术参数

438000	表层网，用于定性采集
	网口直径 25cm
	网锥体长 50cm
	带纱布的可旋网桶
438001	表层网，用于定性采集
	网口直径 25cm
	网锥体长 50cm
	带侧面开口和旋塞阀的可旋网桶
438030	浮游生物网，用于定性采集
	网口直径 40cm
	网锥体长 100cm
	带侧面开口和旋塞阀的可旋网桶
438010	浮游生物网，用于定量采集
	网口直径 10cm
	罩高度 13cm

续表

438010	网直径 25cm	
	网长 50cm	
	带侧面开口和旋塞阀的可旋网桶	
438020	浮游生物，用于定量采集	
	网口直径 10cm	
	罩高度 13cm	
	网直径 25cm	
	网长 50cm	
	带侧面开口和旋塞阀的可旋网桶	
	带闭合器，通过使锤激发	
438040	浮游生物，用于定量采集	
	网口直径 17cm	
	罩高度 20cm	
	网直径 40cm	
	网长 100cm	
	带侧面开口和旋塞阀的可旋网桶	
438050	浮游生物，用于定量采集	
	网口直径 17cm	
	罩高度 20cm	
	网直径 40cm	
	网长 100cm	
	带侧面开口和旋塞阀的可旋网桶	
	带闭合器，通过使锤激发	
440000	备用使锤，重量 400g，带直径 6mm 的绳孔	

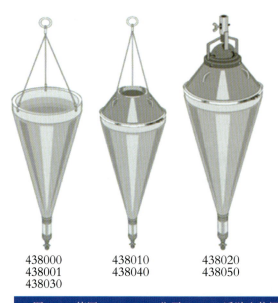

438000　　　438010　　　438020
438001　　　438040　　　438050
438030

◆ 图 325　德国 Hydro-Bios 公司 Apstein 浮游生物网

10.2.5　德国 Hydro-Bios 公司浮游生物计数管

◆ 设备简介

浮游生物计数管用于对浓度较低的浮游植物进行沉淀计数。由树脂玻璃制成，带可旋转拆卸的黄铜底座，外加 1 片盖玻片和 50 片底玻片。

◆ 技术参数

435021 浮游生物计数管，容量 5mL。

435022 浮游生物计数管，容量 10mL。

435023 浮游生物计数管，容量 25mL。

435028 盖玻片，适用于浮游生物计数管和组合式浮游生物计数框（浮游生物沉降器），直径 33mm，厚度 2mm，50 片/包。

435035 底玻片，适用于浮游生物计数管和组合式浮游生物计数框（浮游生物沉降器），直径 27.5mm，厚度 0.2mm，250 片/包。

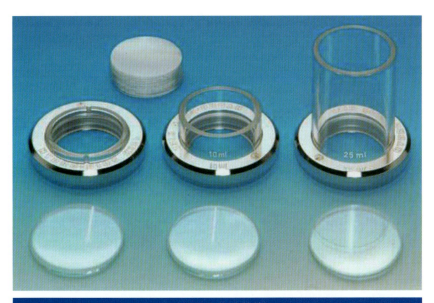

◆ 图 326　德国 Hydro-Bios 公司浮游生物计数管

10.2.6 德国 Hydro-Bios 公司浮游生物沉降器

◆ 设备简介

浮游生物沉降器用于对浮游植物进行沉降计数。浮游生物沉降器由生物学家 Utermöhl 发明，并由德国 Hydro-Bios 公司独家生产。浮游生物沉降器已经成为浮游植物沉降计数的国际标准，广泛应用于水生生物的观察计数。

◆ 技术参数

（1）435025 浮游生物沉降器

由 10mL、50mL、100mL 圆管各 1 个，与 3 片盖玻片、50 片底玻片和其他辅助操作附件组成一套完整的浮游生物沉降计数设备。

（2）435028 盖玻片

用于浮游生物计数管和组合式浮游生物计数框（浮游生物沉降器），直径 33mm，厚度 2mm，50 片/包。

（3）435035 底玻片

适用于浮游生物计数管和组合式浮游生物计数框（浮游生物沉降器），直径 27.5mm，厚度 0.2mm，250 片/包。

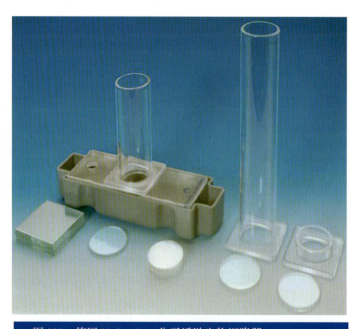

◆ 图 327　德国 Hydro-Bios 公司浮游生物沉降器

10.2.7　丹麦 KC 公司 KC-denmark 浮游生物采集泵

◆ 设备简介

该设备使用格兰富水泵抽水对浮游生物进行采集，最大工作水深有 60m、200m、500m、600m 可选。

◆ 技术参数

支架材质：AISI 316 不锈钢
格兰富水泵：18L/h、20.8L/h 可选（在 0m 水柱下），最大工作水深 60m、200m、500m、600m 可选
泵的较低部压克力管上安装带逆行阻止功能的数显流量计
压克力管的底端连接一个特殊的 60 μm 网孔的网袋

◆ 图 328　丹麦 KC 公司 KC-denmark 浮游生物采集泵

10.2.8　丹麦 KC 公司 KC-denmark 小型浮游生物采集网

◆ 设备简介

该采集网为小型浮游生物采集网，有 5~15 μm 和 20~200 μm 两种网孔尺寸。

◆ 技术参数

上部的圆柱形网采用结实的尼龙材料制成，直径 25cm，高 15cm
下部的锥形网袋由尼龙制成，40cm 深
不同尺寸的网孔：20~200 μm 或 5~15 μm

◆ 图329　丹麦 KC 公司 KC-denmark 小型浮游生物采集网

10.2.9　丹麦 KC 公司 Bongo 浮游生物网

◆ 设备简介

　　Bongo 浮游生物网用于浮游生物采样，标配为 300 μm 和 500 μm 的网，长 250cm，有 100~500 μm 的网可选。

◆ 技术参数

两个网口，直径 60cm，AISI 316 不锈钢材质
两个锥形网，上口直径 60cm，下口直径 11cm，标配为 300 μm 和 500 μm 的网，长 250cm，有 100~500 μm 的网可选
AISI 316 不锈钢夹子
AISI 316 不锈钢杆，用于加固塑料网桶
塑料网桶，含有四个侧窗，总面积 160cm^2，两个桶被夹子固定在一起
V 形翅片，黄铜，重 18kg（可选）
直径 6mm 不锈钢铁链（可选）

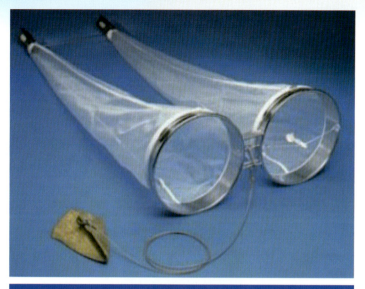

◆ 图 330　丹麦 KC 公司 Bongo 浮游生物采集网

10.2.10　丹麦 KC 公司 Wp2 闭合网

◆ 设备简介

Wp2 闭合网基于南森释放机制，通过坠落信标关闭生物网。

◆ 技术参数

3 个 6mm 直径的尼龙线，带马笼头和弹簧钩，长：85cm
AISI 316 不锈钢环，中间有待用环，内径 57cm，面积：$0.25m^2$
AISI 316 不锈钢夹子
a 网：200mm 尼龙网，带有 6 个环和 6mm 尼龙线闭合绳，长度：95cm
b 网：和 a 网是一样的，锥形结构，长度：166cm
网桶，直径 160mm 聚丙烯管，带有 6 个窗口，面积 $315cm^2$，窗口有 200 μm 的不锈钢网覆盖，下端带有 3 个环
25kg 铅块配重，11 个 2kg，外加铅块支架 3kg

◆ 图 331　丹麦 KC 公司 Wp2 闭合网

10.2.11　天津市海华技术开发中心浅海浮游生物网Ⅰ型

◆ 设备简介

全长 145cm，网口内径 50cm，面积 0.20m²，网口圈采用 10mm 不锈钢条，全网分三部分组成：

网上部为上口部：长 5cm，用细帆布；

网中部为过滤部：长 135cm，用 CQ14 或 JP12 筛绢；

网下部为网底部：直径 9cm，长 5cm，用细帆布，用于采集大型浮游动物及鱼卵仔稚鱼等。

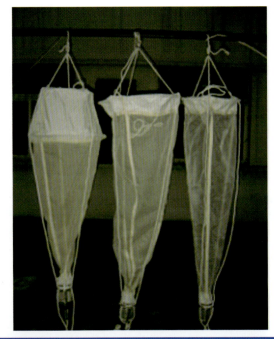

◆ 图 332　天津市海华技术开发中心浅海浮游生物网Ⅰ型

10.2.12　天津市海华技术开发中心浅海浮游生物网Ⅱ型

◆ 设备简介

全长140cm，网口内径31.6cm，面积0.08m²，网口圈采用10mm不锈钢条，全网分三部分组成：

头锥部：长35cm，用细帆布，网中圈直径50cm，网圈用10mm圆不锈钢条；

过滤部：长100cm，用CB36或JP36筛绢；

网底部：直径9cm，长5cm，用细帆布，用于采集中、小浮游动物。

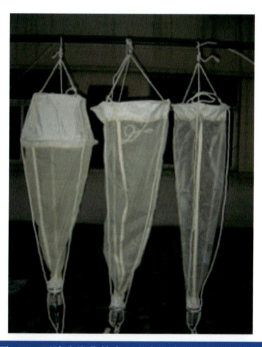

◆ 图333　天津市海华技术开发中心浅海浮游生物网Ⅱ型

10.2.13　天津市海华技术开发中心浅海浮游生物网Ⅲ型

◆ 设备简介

全长140cm，网口内径37cm，面积0.10m²，网口圈采用10mm不锈钢条，全网分三部分组成：

网上部为上口部：长5cm，用细帆布；

网中部为过滤部：长130cm，用JF62或JP80筛绢；

网下部为网底部：下口直径9cm，长5cm，用细帆布，用于采集浮游植物样品。

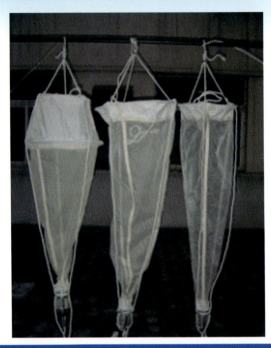

◆ 图334　天津市海华技术开发中心浅海浮游生物网Ⅲ型

10.2.14　中国船舶重工集团公司第七一〇研究所射网式大型生物采样器

◆ 设备简介

　　射网式大型生物采样器的发射系统主要部件为储能机构，采用高效能弹簧为储能器件，将储存的弹性势能转换为捕捉网具弹头组的动能。通过载人潜器或ROV携带采样器，当发现需要捕捉的海洋生物后，启动发射装置，触动限位开关，同时弹簧释放能量，将弹头组以高速弹出。4枚高密度弹头以锥度方式与发射角度成小角度开放，弹头被抛出后，原来被折叠在弹舱中的1m×1m的捕捉网被弹头从舱中拉出，由于弹头以一定的倾斜角度运动，因此捕捉网在前进的过程中被弹头拉动伸展，最终完全打开。当捕捉网触碰到生物样本后，弹头由于受到来自于网中心的瞬间拉力改变运动方向，对生物样本进行捕捉。

◆ 技术参数

捕捉网尺寸	1m×1m
捕捉网发射速度	2m/s
最大捕捉距离	6m
捕捉网回收速度	0.3m/s
网孔尺寸	不大于10mm

◆ 图335 中国船舶重工集团公司第七一〇研究所射网式大型生物采样器

10.2.15 中国船舶重工集团公司第七一〇研究所泵吸式大型生物采样器

◆ 设备简介

该设备由中国船舶重工集团公司第七一〇研究所和上海交通大学共同研制，泵吸式大型生物采样器搭载在ROV或载人潜器下方框架中，包括抽吸管、抽吸泵、驱动马达、样品网箱和辅助系统。吸口通过软管向ROV前方伸出，可由机械手抓持，可根据被抽吸生物的运动情况进行跟踪捕捉。大型生物被抽吸到下框取样网箱中。抽吸泵的驱动液压马达与ROV或载人潜器液压接口相连，通过控制ROV或载人潜器液压接口的开启与关闭来驱动或停止液压马达（抽吸泵）工作。

◆ 技术参数

吸口直径	120mm（可采集的生物体长5~150mm）
抽吸泵最大流量	不小于50m^3/h
采样器最大扬程	1.5m
空气中重量	不大于35kg

◆ 图 336　中国船舶重工集团公司第七一〇研究所泵吸式大型生物采样器

10.2.16　中国船舶重工集团公司第七一〇研究所诱捕式大型生物采样器

◆ 设备简介

　　该设备由中国船舶重工集团公司第七一〇研究所和国家海洋局第二研究所共同研制，诱捕式大型生物采样器通过光引诱、食物引诱等方式，吸引海洋生物靠近和进入捕获容器，在生物进入后自动检测并关闭机构，以捕获生物；通过集成声通信机和声学应答释放器，可以在自动侦测到深海大型生物进入容器并成功关门后，发出信号通知母船，并根据母船的声学指令释放锚系返回海面，自返式回收样品。可配置水下视像观测和环境探测数据同步记录装置，为科学研究提供有效的样品背景资料。

◆ 技术参数

诱捕方式	食物诱捕和光诱捕
生物捕捉舱	迷宫式和感应闭合式
作业平台	ROV、载人潜器或水下拖体
引诱光波长	5种
诱捕舱容积	不小于12.5L

◆ 图337 中国船舶重工集团公司第七一〇研究所诱捕式大型生物采样器

10.2.17 中国船舶重工集团公司第七一〇研究所海底微生物垫采样器

◆ 设备简介

海底微生物垫采样器具有海底微生物垫自主激发、微生物富集采集功能，可以采用存储单元模块化组合方式适应于ROV、载人潜器、拖体等多种水下作业平台，通过主动叶轮激发海底微生物垫，并可根据不同的海底底质自动调节激发速度，采用抽吸泵吸取微生物垫，滤网可根据不同的海底底质更换，并可通过更换成滤膜的方式用于采集表层沉积物样品。具有容器式及卷膜式两种样品存储模式，在需要大批次水下采样时采用卷膜式存储模式提高采集样品数量，在需要保压密封采样时采用容器式存储模式，并可将存储容器直接作为培养容器使用。

◆ 技术参数

样品存储模式	容器式和卷膜式
采样容器数量	8套
采样容器容量	500mL
样品膜存储次数	不少于25次
作业平台	ROV、载人潜器或水下拖体
抽吸流量	不小于15L/min

◆ 图338 中国船舶重工集团公司第七一〇研究所海底微生物垫采样器

10.2.18 中国船舶重工集团公司第七一〇研究所铲撬式大型生物采样器

◆ 设备简介

铲撬式大型生物采样器通过ROV或载人潜器的机械手操作，使铲撬刀片破坏贝类、海葵、海参、蠕虫等生物的吸盘，并将捕获的生物样品装入存储管中，可通过更换铲撬刀片适应不同采样目标，提高作业效率。

◆ 技术参数

最大铲撬力	>200N
采样器网底管尺寸（长×宽×高）	250mm×250mm×400mm
网孔	100目（150μm）

◆ 图339 中国船舶重工集团公司第七一〇研究所铲撬式大型生物采样器

10.2.19 中国船舶重工集团公司第七一〇研究所水体微生物原位定植培养系统

◆ 设备简介

水体微生物原位定植培养系统适合于在深海热液羽流中进行微生物原位富集，包括可控诱导生长的培养舱模块、监控模块、回收模块和信息采集记录与通信模块，以及可搭载和控制各部分模块的主体结构部分；该系统可由辅助投放装置进行深海定点布放于海底，并可遥控水面回收。

该系统具备无污染样品采集回收等功能，以获得深海水体环境中的原位定植培养的微生物样品及其环境信息，为进一步通过样品及局部环境监测参数记录数据，分析研究围绕定植培养所发生的深海微生物生态系统演变规律提供条件。

深海水体微生物原位定植培养系统可在布放完成后，自动展开锚系于热液羽流中，针对不同深度的水体环境下，通过培养舱的开启，并进行多次海水循环富集，从而完成微生物原位富集培养，获得通过培养舱中携带的多种营养物实现原位微生物的定向筛选富集培养的生物样品。

◆ 技术参数

水下重量	800kg
工作深度	120~4000m
工作温度	−4~55℃

续表

工作时间	不少于1年
温度、pH、溶解氧传感器	工作次数不少于12次,每次工作时间不少于1min
培养舱工作模式	数量12套,容积不小于1000mL,并可控制实现与外界海水连通及关闭,工作次数不少于5次,可进行时序设定,培养舱海水泵流量不小于0.2L/min,总工作时间不少于300min
水体定植剖面高度	高度(距海底)300m,分层数量不小于3层
回收方式	水声遥控回收
卫星定位报警装置	水下工作时间不少于1年,上浮出水后发送卫星定位信息,前24h定位周期30min,24h后定位周期3h,水面工作时间不少于30天
数据存储能力	满足1年工作周期内数据存储要求

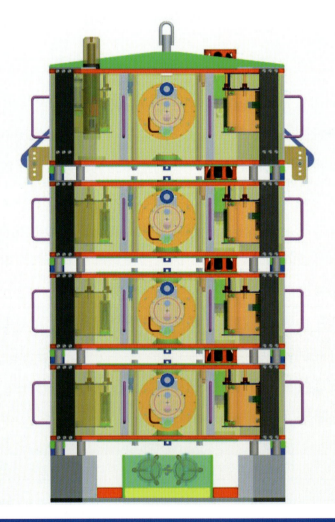

◆ 图340 中国船舶重工集团公司第七一〇研究所水体微生物原位定植培养系统

10.3 沉积物采样器

10.3.1 美国 McLane 公司时间序列沉积物采样器

◆ 设备简介

时间序列沉积物采样器是美国 McLane 公司专门为收集海洋和湖泊中的沉淀微粒而设计的一款沉积物样品采集器，该仪器可以在水下采样数天到数周，最长工作时间长达一年半。时间序列沉积物捕获器有两个型号，Mark78H-21 和 Mark78HW-13，前者一次可以采集 21 个样品，后者一次可以采集 13 个样品。Mark 系列沉积物捕获器，是采集水体沉积物样品、进行环境监测、碳循环分析等理想的工具。

◆ 技术参数

	型号	Mark78 系列	Mark8 系列
重量	空气中不带取样瓶	70kg	
	空气中带取样瓶（每个瓶装满水）	75kg（Mark78H-21），77kg（Mark78HW-13）	42kg
	水中	35kg	18kg
孔和漏斗	孔面积	$0.5m^2$	$0.25m^2$
	孔直径	80cm	53.7cm
	折流板材料	Polycarbonate，1.0mm 壁厚	
	蜂窝个数	大约 368	大约 420
	蜂窝直径	2.5cm	2.5cm
	蜂窝纵横比值（高度/直径）	2:5	2:5
	锥角	41°	41°
	底部直径	2.80cm	
	内部涂层	天然聚乙烯	天然聚乙烯
转动装置	样品瓶个数（Mark78H-21）	21	13
	样品瓶个数（Mark78H-13）	13	
	每个瓶子标准容量	250mL 和 500mL（Mark78H-21），500mL（Mark78H-13）	250mL 或 500mL
	转动盘直径	50cm	34.5cm

续表

转动装置	电动机	步进电机	
	驱动	齿轮传动	
	电机扭矩	30kg/cm	
	换瓶时间	25s（Mark78H-21），38s（Mark78HW-13）	38s
控制器	控制器材料	6AL/4V 钛合金	
	主要电池组	14 节 C 型碱性电池	
	备用电池	9VDC 碱性电池	
	通信方式	RS-232	
	选件	罗盘/姿态仪	
构架	材料	钛合金，Ti-45A/G-2	
	结构	焊件	
	缆绳配置	3 根，1.29cm 绝缘孔眼	
工作条件	最小工作周期	1min/瓶	
	连续工作最长时间	18 个月	
	深度	10000m（选用钛压力舱）	
	工作温度	推荐 -2~50℃（实际电子测试 10℃）	

◆ 图 341　美国 McLane 公司时间序列沉积物采样器

10.3.2 德国 Hydro-Bios 公司 Saarso 沉降物采样器

◆ 设备简介

　　Saarso 多通道沉降物采样器的设计主要用于垂直颗粒流较大的湖泊、大陆架和水栖环境沉降物的自动采集。在北极、南极、热带、亚热带等环境中，经过无数次的长期野外操作，已经证明了它的可靠性。这款仪器不需要很重的固定线缆，在较小的船上也可以很容易地安置和收回。多通道沉降物收集器的控制装置可以执行一年多时间的任务。为了防止捕集到的沉降物从收集筒的上部被冲走，每个收集器在开口处都安装一个可拆卸的软皮网格，收集器内部完全不含金属。当多通道沉降物收集器的采集瓶不工作时，它们与周围环境是隔离的。在布放和回收操作期间，收集筒底部是开放的，允许水流自动流过收集筒腔体。

◆ 技术参数

类型		尺寸	高度	空气中重量	水中重量
444100	6 瓶	直径 420mm	1000mm	12kg	5kg
444120	12 瓶	直径 520mm	1040mm	25kg	10kg
444140	24 瓶	800×800mm	1000mm	45kg	20kg
最大工作水深	3000m，6000m 可选				
采样间隔	通过手持终端或者 PC 终端编程				

◆ 图 342　德国 Hydro-Bios 公司 Saarso 沉降物采样器

10.3.3 德国 iSiTEC 公司 iSitrap 型沉积物采样器

◆ 设备简介

该设备专为浅水区（如滨海区）近底层布放而设计。它非常紧凑和轻便，使得易于操作，甚至只靠潜水员就可以操作它。采样板可轻松地进行单独替换，并且在捕集器位于水底时也可进行替换。

◆ 技术参数

采样瓶容量	100mL，材料为 PE
采样间隔范围	1min~99 天
采样筒直径	80~120mm（最大 250mm）
接口	RS-232
采样起点时间	手动触发或预先设定
数据记录	起止时间，马达运行时间，电源电压，外壳温度，操作数据
数据存储器设定	非易失性存储器，防断电故障
电子控制	微控制器系统，实时时钟，省电模式
工作水深	100m（根据要求也可有其他深度）
工作时间	长达 1 年
电源	电池包 13.5V/7.5Ah
电源耐久力	10 个周期的采样（每周期 12 步），省电模式下最长 1.5 年
尺寸（直径 × 高）	655mm × 465mm
重量	空气中约 30kg，水中 5kg

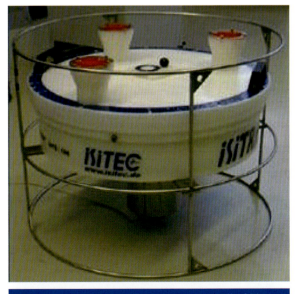

◆ 图 343　德国 iSiTEC 公司 iSitrap 型沉积物采样器

10.3.4　丹麦 KC 公司 Multi-corer 大型原位沉积物采样器

◆ 设备简介

该设备用于泥—水界面的取样，用于海洋化学、地球化学、生物研究的采样。采样头被水力推进底泥中。采样头采用液压阻尼，确保取到无扰动的底泥。内置采样管，方便更换。

◆ 技术参数

Multi-corer 4 采样管型	
材质	316 不锈钢，电子抛光
采样管	直径 60/52mm，长度 400mm，侵入深度：200mm
工作水深	6000m
尺寸	78cm×97cm
高度	保存时为 80cm，使用时为 105cm
重量	不含 6 个配重 70kg，含 6 个配重 130kg，最大 190kg
KC Multi-corer 6 采样管型	
结构	带可拆卸支撑腿，含 6 个聚碳酸酯采样管、6 个配重和一个液压阻尼器
采样管	600mm×100mm（长 × 直径）
配重	铅块，每个 10kg
材质	316 不锈钢，电子抛光
工作水深	6000m
尺寸	高 2.12m，底部直径 2.4m
重量	550kg
容量	6 个采样管，直径 100mm，长 600mm，侵入深度 370mm
Multi-corer 4 或 6 个采样管型	
材质	316 不锈钢，电子抛光
工作水深	6000m
4 个采样管系统	采样管：4 个，直径 110/105mm
	配重铅块：8 个，每个 20kg，侵入深度：35cm
	安全锁体积：132cm×106cm×188cm
	重量：标准 510kg，最大 990kg
6 个采样管系统	采样管：6 个，直径 110/105mm
	配重铅块：8 个，每个 20kg，侵入深度 50cm
	安全锁体积：178cm×126cm×210cm
	重量：标准 470kg，最大 950kg

◆ 图 344　丹麦 KC 公司 Multi-corer 大型原位沉积物采样器

10.3.5　丹麦 KC 公司重力沉积物采样器

◆ 设备简介

该采样器用于采集沙土，可拆卸，取样管长度可达 6m，对于较软的沉积物，长度可达 12m。

◆ 技术参数

采样管长度	6m，可拆卸式采样管，有 1.5m 和 3m 可选
材质	304 不锈钢，电子抛光
其他	橘形闭合器，防止样品漏出
	前置刀口，保护内部采样管
	添加额外部件，可作为 Piston 取样器使用
	顶部有 6 个操作杆和 2 配重铅块，每个 20kg

◆ 图 345　丹麦 KC 公司重力沉积物采样器

10.3.6　丹麦 KC 公司 Piston corer 沉积物原位采样器

◆ 设备简介

Piston corer 用于无扰动采样，采样深度根据底泥的硬度不同，为 2~4m。

◆ 技术参数

材质	316 不锈钢
采样管	长 1.7m，重量 270kg
内部采样管	304 不锈钢，长 2.2m 或 4.2m
可以根据用户要求配置铅块重量	

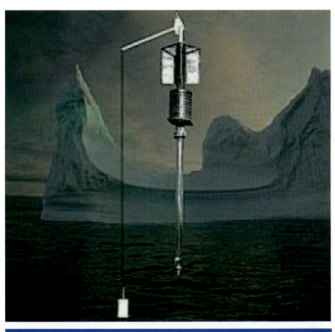

◆ 图 346　丹麦 KC 公司 Piston corer 沉积物原位采样器

10.3.7　丹麦 KC 公司 Haps 沉积物采样器

◆ 设备简介

Haps 沉积物采样器适用于从各种坚硬或柔软的沉积物中取样。采样器重 168kg，需要配合绞车操作。

◆ 技术参数

材质为316不锈钢,表面电子抛光
采样管由不锈钢(标准)或透明聚碳酸酯管制成
铅块配重
采集器上带有一个闭合器,防止样品流失

◆ 图347 丹麦KC公司Haps沉积物采样器

10.3.8　丹麦KC公司Kajak柱状沉积物采样器

◆ 设备简介

　　Kajak柱状沉积物采样器适合于线性沉积物采样,类似于手持式沉积物采样设计。该产品采用AISI 316不锈钢制造,适合海洋等环境使用。该仪器标配为聚丙烯酸采样管,如果遇到较硬的底泥物质,需配不锈钢外管和PP衬管使用,以防损坏。

10 采样器

◆ 技术参数 ··

标准配置	1个取样主体，可快速更换取样管
	1个50cm亚克力取样管，单头螺纹，单头尖缘
	6个配重铅块，单个重650g
	重量：8.1kg
	长：83cm
标准配件	备用管，60/52mm，亚克力，单头螺纹，单头尖缘，长50cm
	备用管，60/52mm，亚克力，单头螺纹，单头尖缘，长100cm
	备用管，60/52mm，亚克力，双头螺纹，长50cm
	备用管，60/52mm，亚克力，双头螺纹，长100cm
	AISI 316不锈钢取样管头，仅用于亚克力取样管
	橡胶塞，用于60mm亚克力取样管
	2只延长杆，AISI 316不锈钢，外径28mm，带手柄，总长400cm，重2.7kg
	配重铅块，单个重650g，最多可加装12块
	AISI 316不锈钢配重连接器，需要2个

◆ 图348　丹麦KC公司Kajak柱状沉积物采样器

10.3.9 日本 NIGK 公司沉积物采样器

◆ 设备简介

该设备用于深海沉积物长期采集,每次可以采集多达 26 个样品。

◆ 技术参数

型号	SMD26S-6000	SMD13W-6000	SMC7S-500
工作水深	6000m	6000m	500m
直径	80mm	500mm	154mm
采集样品数	26	13	7
采样量	270mL	200mL	500mL
空气中重量	107kg	84kg	25kg
水中重量	64kg	51kg	15kg

◆ 图 349 日本 NIGK 公司沉积物采样器

10.4 采泥器

10.4.1 丹麦 KC 公司 Box Corer 采泥器

◆ 设备简介 ┈┈┈┈┈┈┈┈┈┈┈┈┈┈┈┈┈┈┈┈┈┈┈┈┈┈┈┈┈┈┈┈

Box Corer 采泥器是一款针对海洋与湖泊软沉积物的采样工具,能对泥水界面的沉积物进行无扰动采样,适合地球化学等采样。

◆ 技术参数 ┈┈┈┈┈┈┈┈┈┈┈┈┈┈┈┈┈┈┈┈┈┈┈┈┈┈┈┈┈┈┈┈

型号	采样面积	采样深度
80.000–50	$29 \times 20 cm^2$	50cm
80.100–50	$34.5 \times 29 cm^2$	50cm
80.250–50	$50 \times 50 cm^2$	50cm
80.250–60	$50 \times 50 cm^2$	60cm
主支架,AISI 316 不锈钢,电子抛光		
采样桶,AISI 316 不锈钢,电子抛光		
内铲,AISI 316 不锈钢,电子抛光		
配重铅块,每个重 20kg		
安全锁 1 个		

◆ 图 350　丹麦 KC 公司 Box Corer 采泥器

10.4.2　丹麦 KC 公司 Day grab 静力式底泥采样器

◆ 设备简介

　　Day grab 静力采泥器适合于各种底质的沉积物采样。无论坚硬底质还是柔软底质采样，都具有适用性。采泥器的操作重量在 86kg 和 196kg 之间（不包括沉积物样品），需要绞车操作。最多可加载 22 块 5kg 配重的铅块。采泥器的标准配置含 4 块配重铅块。Day grab 静力采泥器主框架、抓斗及释放器由 AISI 316 不锈钢制成，表面电子抛光。Day grab 静力采泥器安装有一个安全夹，可防止非人为的采泥器释放造成的伤害。当 Day grab 静力采泥器撞击到海底，自动释放器会激发，样品就会被采集到采泥器中。它的顶部安装了 4 个盖子(120mm×120mm)，可以很方便地取得样品。

◆ 技术参数

取样体积	15L
取样面积	1000cm^2
采样深度	6000m
尺寸	70cm×70cm×70cm
重量	净重（除铅块）86kg，最大重量（含 22 个铅块）196kg
装运体积	120cm×80cm×96cm

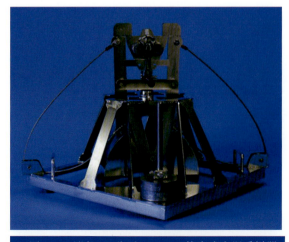

◆ 图 351　丹麦 KC 公司 Day grab 静力式底泥采样器

10.4.3　丹麦 KC 公司 Van Veen 底泥采样器

◆ 设备简介

Van Veen 底泥采样器可以用于生物学、水力学和环境学的采样分析。有小型、中型和大型三种抓斗。

◆ 技术参数

小型抓斗	
采样面积	250cm^2
取样体积	3.14L
盖子	共 4 个，60mm×70mm
尺寸	20cm×20cm×70cm
最大操作重量	8.5kg
中型抓斗	
采样面积	1000cm^2
取样体积	15L
盖子	共 4 个，120mm×120mm
尺寸	30cm×33cm×115cm
最大操作重量	20kg
大型抓斗	
采样面积	2000cm^2
取样体积	50L
盖子	共 2 个，150mm×177mm
尺寸	50cm×43cm×120cm
最大操作重量	135kg

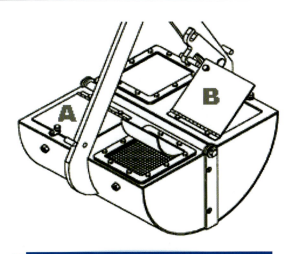

◆ 图 352　丹麦 KC 公司 Van Veen 底泥采样器

10.4.4　丹麦 KC 公司自由落体式底泥采样器

◆ 设备简介

该采样器主要用于从较硬的沙土中取样。由不锈钢外管、PP 衬管、推泥器、橘形闭合器和塞子构成。

◆ 技术参数

材质：AISI 316 不锈钢，表面电子抛光
可加载 2 个 7kg 的铅块，标配；上部的 2kg 铅块可选配；根据采样物的硬度和采样深度选配
该配置含外置刀口，防内置衬管损伤；橘形闭合器，防止沉积物在提升过程中泄露

◆ 图 353　丹麦 KC 公司自由落体式底泥采样器

10.4.5 丹麦 KC 公司 Ekman 底泥采样器

◆ 设备简介

Ekman 底泥采样器适用于高盐分水域进行底泥采样，该采泥器包括 5L 小采样器和可定制的大采样器两种型号。

◆ 技术参数

型号	小采样器	大采样器
取样体积	5L	定制
取样面积	225cm^2	400cm^2
工作水深	浅海湖泊使用	适合深海用
高度	45cm	定制
材质	AISI 316 不锈钢组成，表面经电子抛光处理	
重量	6kg	18kg
配重	无	4×2kg 或 8×2kg

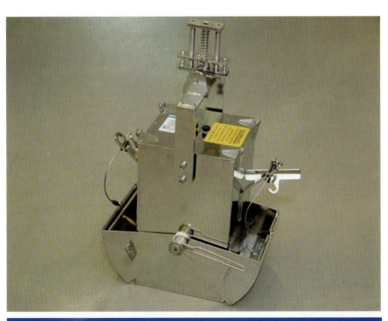

◆ 图 354 丹麦 KC 公司 Ekman 底泥采样器

10.4.6　天津市海华技术开发中心 QNC3-1 小型重力式采泥器

◆ 设备简介

适用于采集海洋、湖泊、河流、水产养殖场等泥质为黏土性的水底表层以下 0.5m 深的柱状泥样。

◆ 技术参数

使用底质	黏土软泥、灰质软泥
使用水深	≤ 100m
使用海况	≤ 4 级
取样尺寸	50mm × 1000mm
净重	< 40kg

◆ 图 355　天津市海华技术开发中心 QNC3-1 小型重力式采泥器

10.4.7　天津市海华技术开发中心 QNC6 系列挖斗式采泥器

◆ 设备简介

适用于采集海洋、河流、湖泊、水产养殖场等水底表层泥样。具有底质样品比较完整、全不锈钢的特点。已在全国海洋污染调查和监测中广泛使用。

◆ 技术参数 ……………………………………………………………………………………

适用底质	黏土软泥、灰质软泥、砂质软泥
使用水深	≤ 100m
使用海况	≤ 4 级
使用温度	−2~40℃
重量	15/35/100kg
取样面积	150mm × 150mm/200mm × 250mm/500mm × 500mm 可选

◆ 图 356　天津市海华技术开发中心 QNC6 系列挖斗式采泥器

10.4.8　天津市海华技术开发中心 QNC5 系列箱式采泥器

◆ 设备简介 ……………………………………………………………………………………
　　适用于采集海洋、河流、湖泊、水产养殖场等水底层泥样，具有泥样无扰动、底质样品比较完整、全不锈钢材质的特点，已在全国海洋底栖生物定量调查和监测中广泛使用。

◆ 技术参数

使用底质	黏土软泥、灰质软泥、砂质软泥
使用水深	≤ 100m
重量	50/95kg
使用海况	≤ 4 级
使用温度	−2~40℃
取样尺寸	300mm × 300mm × 200mm/500mm × 500mm × 300mm 可选

◆ 图 357　天津市海华技术开发中心 QNC5 系列箱式采泥器

10.4.9　天津市海华技术开发中心 QNC4-1 不锈钢静力采泥器

◆ 设备简介

　　不锈钢静力采泥器主要用于采集海洋、河流、湖泊、养殖场等水底表层含沙量较高的泥样，特点为采样量大。

◆ 技术参数

使用水深	≤ 100m
使用温度	−2~40℃
使用海况	≤ 4 级
使用底质	黏土软泥、灰质软泥、砂质软泥
取样量	330mm × 330mm × 165mm（长 × 宽 × 高）半圆柱形

◆ 图 358　天津市海华技术开发中心 QNC4-1 不锈钢静力采泥器

11 观测平台

通俗的讲，海洋观测平台就是用于安装海洋测量设备的平台。常见的海洋观测平台有卫星、航天器、海上固定平台、浮标、潜标、无人艇、海床基、水下无人艇、水下滑翔机、拖曳平台等。按照与海面的关系，海洋观测平台又可分为水上、水面、水下和海底四类。

本章收录了除卫星、航天器、海上固定平台外的常要观测平台信息。

11.1 漂流浮子

11.1.1 美国 PacificGyre 公司 Microstar 漂流浮子

◆ 设备简介

美国 PacificGyre 公司的 Microstar 是一种低价的海洋漂流浮子，携带有温度传感器，可以潜入海面下 1m 深度。

◆ 技术参数

遥测模块	铱星 SBD
	Globalstar Simplex
直径	20cm
重量	2.4kg
材质	ABS 塑料
表层温度传感器深度	10cm
潜入海面下深度	1m

◆ 图 359　美国 PacificGyre 公司 Microstar 漂流浮子

11.1.2 美国 PacificGyre 公司 SVP 漂流浮子

◆ 设备简介

SVP 漂流浮子在水深 2~50m 上跟踪海流，并可容纳一系列额外的传感器。标准的传感器配置包括海表面温度、气压、风速和盐度。

◆ 技术参数

遥测模块	铱星 SBD W/ 铱星 9602 Modem
	Argo 2W/ Kenwood PMT
	Argo 3W/ Kenwood PMT
	Globalstar Simplex/Globalstar STX-2
直径	36cm
材质	ABS 塑料
表层温度传感器深度	10cm

◆ 图 360　美国 PacificGyre 公司 SVP 漂流浮子

11.1.3 加拿大 Metocean 公司 Argosphere 漂流浮子

◆ 设备简介

Argosphere 是一种成本低、性价比高的漂流浮子，是专为近海海洋监测、海洋突发事件监测设计的。可以专门用于溢油监测，可从空中或者船上投放。

◆ 技术参数

直径	28cm	重量	10kg
材料	玻璃纤维	通信方式	Agros、GPS、Tiros
观测要素	水温	电池寿命	最短 2 个月
自由下落高度	3m		

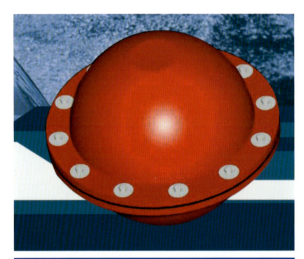

◆ 图 361　加拿大 Metocean 公司 Argosphere 漂流浮子

11.1.4　加拿大 Metocean 公司 Isphere 漂流浮子

◆ 设备简介

　　Isphere 是一种成本低、性价比高的漂流浮子，专为近海海洋监测设计，可以提供实时的海水温度、GPS 数据和海面状况。

◆ 技术参数

直径	39.5cm	重量	10.9kg
电子模块	Metocean 控制平台，Navman 定位模块		
观测要素	水温、海面状况	自由下落高度	10m

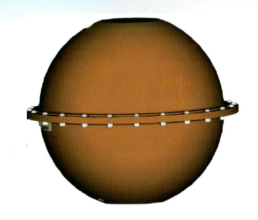

◆ 图362　加拿大 Metocean 公司 Isphere 漂流浮子

11.1.5　加拿大 Metocean 公司 ISVP 漂流浮子

◆ 设备简介

ISVP 是一种价格低、性价比高的漂流浮子，可以选择搭载多种传感器，适合于从空中或者船上投放。

◆ 技术参数

直径	39.5cm	重量	18.1kg
观测要素	气温、水温、相对湿度、海面状况		
电子模块	Metocean 控制平台，Navman 定位模块，铱星数据模块		
自由下落高度	10m		

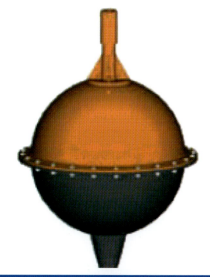

◆ 图363　加拿大 Metocean 公司 ISVP 漂流浮子

11.1.6　西班牙 AMT 公司 Boyas 漂流浮子

◆ 设备简介

　　Boyas 漂流浮子是依照海洋调查、环境监测、气象预报和科学实验的需要而逐步发展起来的一种小型海洋资料浮标,可根据用户设置的采样频率和时间间隔采集海洋环境数据,有定位和传输数据的功能。

　　Boyas 漂流浮子有 MD03、MD03i、ODi 共 3 种型号,体积小、重量轻、便于布放回收,非常适用于海岸带中短期科研项目,漏油追踪以及海域搜救工作。系统软件基于 GIS 设计,可与 Google 地图兼容,用户可通过软件设置数据采样频率和传输频率。

　　MD03 系列漂流浮子依靠固定的卫星通信网定位,并将采集的数据通过 GSM 或铱星双向卫星通信网络传输到地面接收站。

◆ 技术参数

	MD03	MD03i	ODi
信息传送	GSM	卫星	卫星
测量数据	GPS 位置、时间、温度、电池	GPS 位置、时间、温度、电池	GPS 位置、时间、温度、电池、模拟数字信号
自动工作时长	7 天	21 天	最多 1 年
软件	观测和参数测量,向谷歌地图输出数据		
可选安装			4 个模拟输入,4 个数字输入/输出
体积	1.8L	2.3L	5L
重量	1.2kg	1.7kg	3kg

◆ 图 364　西班牙 AMT 公司 Boyas 漂流浮子

11.1.7　日本 NIGK 公司 NDB-IT GPS 漂流浮子

◆ 设备简介

该浮子体积小，重量轻，容易布放，经久耐用，使用太阳能为电池充电。

◆ 技术参数

坐标系	WGS-84
位置误差	±50m
间隔	10m 或 1h
通信	铱星
浮子尺寸（直径 × 高）	315mm × 400mm
空气中重量	6.5kg
浮力	80N

◆ 图 365　日本 NIGK 公司 NDB-IT 漂流浮子

11.1.8 天津市海华技术开发中心 FZS3-1 表层漂流浮子

◆ 设备简介

FZS3-1 表层漂流浮子是一种随流漂移、利用卫星系统定位、具有数据实时传输功能的海洋观测仪器，可测量表层水温和表层的平均海流。这种浮标主要用来分析观测海域的表层海流特征及其漂移路径上的温度变化。

◆ 技术参数

工作寿命		连续工作 3 个月以上	
定位方式		Argos 卫星或北斗卫星、GPS（可选）	
数据传输		Argos 卫星或北斗卫星（可选）	
测量参数		测量范围	准确度
	温度	0~39℃	±0.2℃
	海流	拉格朗日法计算	

◆ 图 366　天津市海华技术开发中心 FZS3-1 表层漂流浮子

11.2 自沉浮式剖面浮标

11.2.1 美国 SeaBird 公司 Navis 自沉浮式剖面浮标

◆ 设备简介

Navis 浮标基于传统架构设计，传感器位于顶端，浮力气囊位于底端。Navis 浮标的浮力引擎采用一个容积活塞泵将硅油从内部输送到外部储蓄池来增加漂流体积使浮标上升。油循环设备（闭合回路）使用一个无缝天然橡胶外部气囊和一个达 300mL 的内部储油池。这套设备在原有浮标的基础上提高了能耗率、置放的稳定性以及投放深度。同时 Navis 浮标的自动压舱能力也大大降低了投放的准备时间。

◆ 技术参数

最小体积变化	1.70%
工作水深	2000m
通信方式	铱星收发器 9523
位置	GPS
停歇间隔	1~15 天
材料	铝壳，无缝天然橡胶外部气囊
存油量	300mL
压载物	自身压载，1 天平衡
自激活	当压力达到用户设定值时，自动开启
电源寿命	10 年
尺寸	壳直径 14cm，环直径 24cm，总长度 159cm
空气中重量	<18.5kg

◆ 图 367　美国 SeaBird 公司 Navis 自沉浮式剖面浮标

11.2.2 加拿大 Metocean 公司自沉浮式剖面浮标

◆ 设备简介

该浮标由加拿大 Metocean 公司研发,其主要功能包括跟踪洋流和测量海面下某一深度环境参量。

◆ 技术参数

到浮标中心长度	15m
工作气温	−20~50℃
工作水温	−2~45℃

◆ 图368 加拿大 Metocean 公司自沉浮式剖面浮标

11.2.3 美国 Webb 公司 APEX 自沉浮式剖面浮标

◆ 设备简介

APEX 自沉浮式剖面浮标的沉浮功能主要依靠液压驱动设备改变自身体积来实现,可以在海洋中自由漂移,自动测量海面到 2000m 深度之间的海水温度、盐度和深度，并跟踪它的漂移轨迹，获取海水的移动速度和方向，是建立全球海洋观测网的专用测量设备。

◆ 技术参数

续航力	4 年 /150 次升沉
工作水深	6000m
通信方式	Argos、铱星
尺寸（直径 × 长 × 天线）	16.5cm × 127cm × 69cm
重量	25kg

◆ 图 369　美国 Webb 公司 APEX 自沉浮式剖面浮标

11.2.4　法国 NKE 公司 Provor CTS4 自沉浮式剖面浮标

◆ 设备简介

　　Provor CTS4 剖面浮子是由法国 NKE 公司研发，浮标可在海洋中预定深度跟随海流漂移，按设定周期循环、完成垂直升沉运动，在上升过程中进行温盐剖面测量，在海表面通过 Argo 卫星定位并传送剖面测量的数据。

◆ 技术参数

测量参数	测量范围	初始误差	分辨率
温度	−3~32℃	±0.002℃	0.001℃
压力	0~2500bar	±2.4bar	0.1bar
盐度	10~42PSU	±0.005PSU	0.001PSU
工作水深	0~2000m		
寿命	4.5 年 /250 次升沉		
工作温度	0~40℃		

◆ 图 370 法国 NKE 公司 Provor CTS4 自沉浮式剖面浮标

11.2.5 日本 TSK 公司 NINJA 自沉浮式剖面浮标

◆ 设备简介

　　该浮标可以根据预设程序、通过调节浮力自动实现上浮和沉降。它可以安装各种传感器和通信工具，实现自动测量和数据传输。根据该浮标漂流的轨迹，计算出海流流速和流向；在升降过程中，测量海水的物理参数（如温盐深）。

◆ 技术参数

最大下沉深度	2000m
下降时间	5.5h
上浮时间	5.5h
尺寸（直径 × 长）	165mm × 1425mm
重量	空气中约 32kg

◆ 图 371 日本 TSK 公司 NINJA 自沉浮式剖面浮标

11.2.6　青岛海山海洋装备有限公司 C-Argo 自沉浮式剖面浮标

◆ 设备简介

　　C-Argo 自主升降浮标分浅海 C-Argo 和深海 C-Argo，是一种新型的海洋观测设备，该设备投放入水后根据预先设定参数，自动下潜至预定漂流深度随海水中性漂浮，到达上浮时间自动上浮，上浮过程中浮标 CTD 传感器对该剖面的温度、盐度、深度进行连续采样，上浮到海面后通过北斗卫星将定位数据和 CTD 采样数据发送给用户或数据中心。数据发送完毕，浮标再次下潜到预定深度，开始下一个剖面循环过程。如此循环往复，一个浅海剖面探测浮标将在海上连续工作 1~2 年，一个深海剖面探测浮标将在海上连续工作 3~4 年。该产品具有恶劣海况感知及自主规避、触底检测及漂流深度自适应调整、双向通信及在线参数修改设定、高准确度深度控制、防打捞自毁等功能，有较高的环境适应能力和生存能力。

◆ 技术参数

最大外形尺寸		310mm×2000mm
重量		40kg
剖面测量深度		0~2000m
剖面循环周期		10~240h（可任意设定）
寿命		70 剖面 /150 天
通信系统		北斗通信系统
CTD 参数	温度	测量范围：-5~45℃， 准确度：±0.005℃， 分辨率：0.001℃
	压力	测量范围：0~2000bar， 准确度：±0.1%(线性度)， 分辨率：0.1bar
	电导率	测量范围：0~65mS/cm， 准确度：±0.003mS/cm

◆ 图 372　青岛海山海洋装备有限公司 C-Argo 自沉浮式剖面浮标

11.2.7　天津市海华技术开发中心自沉浮式剖面浮标

◆ 设备简介 ……………………………………………………………………………

　　自沉浮式剖面浮标是一种长期、连续地进行温盐剖面探测的海洋仪器。浮标在水中自由漂流，按预定的程序自动上升、下降和数据采集，通过卫星发送测量数据。

◆ 技术参数 ……………………………………………………………………………

工作寿命		≥ 2 年或 ≥ 70 个工作循环	
定位与数据传输		Argos 卫星或北斗卫星	
工作水深		500m/2000m 可选	
测量参数		测量范围	准确度
	温度	0~35℃	±0.005℃
	电导率	0~65mS/cm	±0.005mS/cm
	压力	0~600bar/2500bar 可选	±0.2%F.S.

◆ 图 373　天津市海华技术开发中心 Argo 自沉浮式剖面浮标

11.3 定点升降剖面仪

11.3.1 加拿大 ODIM Brooke Ocean 公司 SeaHorse 定点升降剖面仪

◆ 设备简介

该设备利用波浪能，使装有不同传感器的载体沿着垂直锚系缆绳按预定程序作上、下运动，从而测出该海域各种参数的剖面数据。一般工作在 200m 水深海域，在波高大于 15cm，2s 波周期的条件下即能正常工作。它可搭载 SeaBird 等公司传感器，长 94cm，宽 61cm，高 37cm，重量 54kg。

◆ 图 374 加拿大 ODIM Brooke Ocean 公司 SeaHorse 定点升降剖面仪

11.3.2 美国 McLane 实验室 MMP 定点升降剖面仪

◆ 设备简介

McLane 定点升降剖面仪由美国 McLane 公司研发，是一款自容式加载多个传感器的测量平台，它提供长时间序列的温度、盐度、流速和其他环境参量的剖面数据。

◆ 技术参数

最大工作水深	6000m
最低工作温度	−20℃
CTD/ACM 采样频率	2Hz
剖面速度	25cm/s
空气中重量	70.5kg

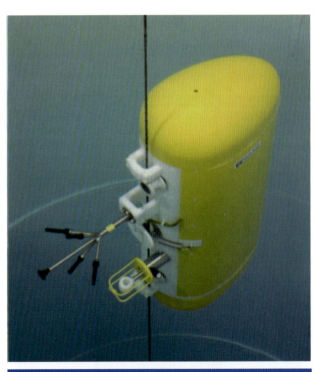

◆ 图375　美国 McLane 实验室 MMP 定点升降剖面仪

11.4 浮标

11.4.1 美国 Ocean Science 公司 Clamparatus 浮标

◆ 设备简介

Clamparatus 不需要对附着的浮标进行切割、打钻、焊接等任何改变。它通过专利方法夹合到浮标表面。Clamparatus 上 ADCP 的流速信息可以连续不断的被遥测并传输到岸上的基站。为了抗腐蚀和外观的需要，Clamparatus 被涂成了与海岸警卫队浮标一样的颜色。

◆ 技术参数

结构材料	铝
其余材料	316 不锈钢或钛
浮标类型	8ft×26ft 美国海岸警卫队钢制航行浮标
ADCP 尺寸	2~8in

◆ 图 376　美国 Ocean Science 公司 Clamparatus 浮标

11.4.2 美国 SOSI 公司浮标

◆ 设备简介

美国 SOSI 公司浮标通常服务于美国海洋预报、海事安全或观察区域气候变化的需求。这些浮标配置了各种气象学、海洋学传感器。开放水域中浮标的测量数据包括风和空气表面变化、波浪高度和方向的变化、海面温度、水的电导率和盐度等。

◆ 技术参数

遥测技术	Argos 或铱星
电源	碱性电池组
总排水量	727kg
外壳直径	1220mm
重量	295kg

◆ 图 377　美国 SOSI 公司浮标

11.4.3 美国 Mooring Systems 公司 Guardian 海面浮标

◆ 设备简介

Guardian 海面浮标是 Mooring Systems 公司生产一系列用于气象、海洋监测的海面浮标。它采用了沙林树脂材料的封闭式泡沫防护板，十分坚固，几乎不需要维护。停泊时，镀锌钢框架和脚架底座使浮标的安装更加稳定可靠。一个轻量级铝塔可安装一系列仪器仪表、太阳能电池板和导航灯。浮标中央有一个水密舱可供安装电池或电子产品，浮标的顶部可拆卸方便停泊时进入。

◆ 技术参数

	G-1000	G-2000	G-3000	G-5000
净浮力	454kg	907kg	1360kg	2268kg
泡沫体直径	61in（1549mm）	61in（1549mm）	82in（2082mm）	82in（2082mm）
泡沫体高度	16in（406mm）	24in（610mm）	24in（610mm）	42in（1067mm）
塔高	72in（1829mm）	82in（2083mm）	82in（2083mm）	94in（2388mm）
仪器井深	46in（1168mm）	54in（1372mm）	54in（1372mm）	88in（2235mm）
仪器井直径	12in（305mm）	12in（305mm）	12in（305mm）	12in（305mm）
基座高	32in（813mm）	32in（813mm）	32in（813mm）	48in（1219mm）
总高	10ft（3.1m）	11.5ft（3.5m）	11.5ft（3.5m）	15.3ft（4.7m）
重量	350kg	386kg	545kg	907kg

◆ 图378 美国 Mooring Systems 公司 Guardian 海面浮标

11.4.4　美国 InterOcean 公司浮标

◆ 设备简介

美国 InterOcean 公司提供各种坚固的海洋应用浮标体。包括 1800 系列、3800 系列和 1090 系列。

◆ 技术参数

	工作水深	浮力	空气中重量	直径	厚度
1800	100m	3kg	4.5kg	40cm	0.32cm
1805	500m	40kg	32kg	51cm	1.3cm
1805XL	100m	190kg	35kg	51cm	1.3cm
1820	300m	55kg	15kg	50cm	0.64cm
1825	300m	167kg	73kg	76cm	1.3cm
1830	500m	135kg	109kg	76cm	1.91cm
1835	500m	210kg	137kg	86cm	1.91cm
1840	1000m	165kg	180kg	86cm	2.54cm
1850	1000m	320kg	245kg	101cm	2.54cm
3800	300m	45kg	23kg	50cm	0.32cm
3810	300m	280kg	146kg	92cm	0.64cm
3820	500m	62kg	65kg	62cm	0.64cm
3830	600m	300kg	400kg	109cm	1.3cm
3840	750m	395kg	660kg	125cm	1.50cm
3850	1000m	272kg	795kg	125.7cm	1.91cm
3860	1000m	500kg	1000kg	141cm	1.91cm
1090F	900m	22.5kg	20kg	46cm	33cm
1090FM	2500m	26kg	23kg	46cm	33cm
1090FD	5000m	16kg	27kg	46cm	33cm

◆ 图379 美国 InterOcean 公司系列浮标体

11.4.5 加拿大 AXYS 公司 3m 浮标

◆ 设备简介

　　该浮标由美国伍兹霍尔海洋研究所设计，通过安装于浮标体的传感器测得波高、波向和波周期，该浮标通常适合于深海布放。

◆ 技术参数

	量程	分辨率	准确度
波高	±20m	0.01m	≤ 2%
周期	1.5~33s	0.1s	≤ 2%
方向	0~360°	1°	3°
通信方式	CDMA、GPRS 或卫星通信		
尺寸	直径3.4m		
重量	1200kg		

◆ 图 380　加拿大 AXYS 公司 3m 浮标

11.4.6　德国 Optimare 公司弹出浮标

◆ **设备简介**

弹出浮标作为数据载体，能够长时间有效的传递数据以及常规数据访问。它通过无线发送数据，可在给定的时间或特定的命令时，自动弹出设备，可单独释放或阵列释放，上升至海面，并将数据信息通过铱星传输至陆地基站，数据传输的频率是依据用户的定义。独立弹出浮标或阵列的部署，可以基于仪器或数据收集系统来完成。

◆ **技术参数**

电池续航	最高达 3 年（普通），最高达 6 年（锂电池）
工作电流	100 μA（控制器睡眠），7mA（活跃态）
基站通信	铱星，通过 SBD-Mode 浮标的双向通信，RUDICS 拨号连接，CRC 错误检测

续表

传感器通信	双向红外线通信，速度为 9600bps，通过红外信号唤醒
数据存储	标准 SD 卡存储，最大 2GB
存储温度	−40~85℃
运行温度	−20~60℃
最大工作水深	6000m
尺寸	0.5m×0.4m（高 × 直径）
重量	空气中 17kg，水中 12kg

◆ 图 381　德国 Optimare 公司弹出浮标

11.4.7　天津市海华技术开发中心多功能海洋环境监测浮标

◆ 设备简介

多功能海洋环境监测浮标是海洋浮标工程中心研制的水文气象自动监测系统。浮标分为浮标体、系留系统、传感器、数据采集系统、供电系统、安全报警、通信系统、接收系统（岸站）等几部分，通过搭载不同类型的传感器，可以完成对气象、海洋动力环境、水文和水质参数的长期、连续、自动监测，通过通信系统将不同的测量要素实时地传输到岸站数据接收系统。

◆ 技术参数

使用环境参数	极限条件	
水深	20~5000m	
波高	0~20m	
表面流速	0~3m/s	
风速	0~60m/s	
潮差	0~5m	
最低环境温度	−20~45℃	
测量参数	测量范围	准确度
风速	0~60m/s	$V \leq 20m/s$：±1m/s，$V > 20m/s$：±5% 测量值
风向	0~360°	±10°
气温	−20~45℃	±0.2℃
相对湿度	0.8~100%RH	±2%RH（0~90%RH），±3%RH（90~100%RH）
气压	800~1100hPa	±1hPa
表层水温	−2~40℃	±0.1℃
表层盐度	8~36PSU	±0.2PSU
温度剖面	−2~40℃	±0.1℃
盐度剖面	8~36PSU	±0.2PSU
深度	0~200m	±2%
波高	0.3~25m	±$H \times 4\%$ m
波周期	2~30s	±1.0s
波向	0~360°	±10°
海流剖面	0~300cm/s	水平 0.5cm/s，垂直 1cm/s
流向剖面	0~360°	±5°
罗盘	0~360°	±1°

◆ 图382　天津市海华技术开发中心多功能海洋环境监测浮标

11.4.8　杭州应用声学研究所 FHS 气象水文监测浮标

◆ 设备简介 ··

　　杭州应用声学研究所 FHS 气象水文浮标是一种能够自动采集、传输水文气象资料的圆盘型浮标。该浮标具有安全性好、稳性高、有效利用面积和容积大、供电功率大、抗恶劣环境强、容量大、工作环境好、寿命长、在位时间长、抗人为破坏能力强等特点。

◆ 技术参数 ··

技术指标	风向	测量范围	0~360°
		准确度	±3°
		分辨率	3°
		启动风速	1.1m/s
	风速	测量范围	0~100m/s
		准确度	±1%（量程值）
		分辨率	0.1m/s
		启动风速	1.0m/s
技术指标	能见度	测量范围	10~35000m
		准确度	±10%（≤10km），±20%（>10km）
		分辨率	1m

续表

技术指标	温度	测量范围	−50~50℃
		准确度	±0.2℃
		分辨率	0.1℃
	气压	测量范围	10~1100hPa
		准确度	±0.3hPa
		分辨率	0.1hPa
	波浪	波高	测量范围 ±20m，分辨率 0.01m，准确度 2%
		波周期	测量范围 1.6~33s，分辨率 0.02s，准确度 0.04s
		波向	测量范围 0~360℃，分辨率 1℃，准确度 1℃
	声学	低频工作带宽	1Hz~1.6kHz
		高频工作带宽	10Hz~200kHz
尺寸		排水量	启动风速
		直径	10m
供电		电池	胶体免维护蓄电池，总电量 420Ah
		太阳能电池板	4块 50W
环境要求		抗风能力	0~100m/s
		适应波高	0~15m
		适应潮差	≤6m
		适应表层流速	≤3.5m/s
		适应环境温度	−20~50℃
		相对湿度	0~100% RH
		冲击	≤300m/s²
		倾斜	≤30°

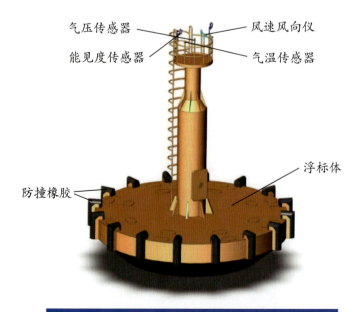

◆ 图383　杭州应用声学研究所 FHS 气象水文监测浮标

11.4.9　中国航天科技集团第五研究院第五一三所基于 AIS 的海洋浮标设备

◆ 设备简介

　　基于 AIS 的海洋浮标设备由 AIS 接收机、浮标导航通信测控终端、导航通信一体化天线及浮标体等。基于 AIS 的海洋浮标设备通过接收浮标投放海域过往船舶发送的 AIS 信号，将解调出的 AIS 报文数据通过 BD-1 短报文通信模块经扩频调制后发射至卫星中转或通过 3G 无线通信模块直接发送报文数据，经过地面岸站中心接收解调处理后送至上位机显示。此外，浮标还具有自身导航定位功能，通过接收岸基中心站发送的控制指令改变整机工作模式，并将定位信息与报文信息一起打包传输至岸基中心解调。

　　该设备由 AIS 接收机、浮标导航通信测控终端、一体化天线、浮标体等构成。AIS 接收机通过接收解调船舶发送的 AIS 信号，获得船舶报文信息。主要完成 GMSK 信号解调、NRZI 译码、位同步等处理功能，将解调的报文数据按照 AIS 报文数据包格式进行报文解析,经过去除填充数据,提取出 AIS 报文有效数据输出。浮标导航通信测控终端由 GPS/BD-2 导航定位模块、测控模块、BD-2 通信模块及 3G 网络通信模块组成。主要完成 AIS 报文数据存储打包处理，并按照 BD-1 短报文格式通过 BD-1 通信模块扩频调制后输出，并利用 3G 网络通信模块实现报文数据共享。导航通信一体化天线主要由 AIS 接收天线、GPS/BD-2 导航接收天线、BD-1 接发一体化天线组成。浮标体为设备的搭载平台，浮标形式为托盘式锚系浮标，带有太阳能帆板、供电电池、天线支架等。

◆ 技术参数

工作频段：156.025~162.025MHz	
调制方式：GMSK	
灵敏度：优于 −107dBm	
数据速率：9600bps	
数据接口：USB 接口一个，预留 RS232 接口一个，以太网接口一个	
通信模式：CSTDMA	

续表

浮标导航通信测控终端		
BD 短报文通信技术指标	灵敏度：−127dBm	
	数据速率：19200bit/s	
	误码率：10^{-6}	
	通信容量：每条短报文容量最多 120 个汉字	
导航定位指标	工作模式：GPS/BD−2 组合定位	
	定位频率：5Hz	
	定位精度：10m	
	灵敏度：优于 −135dBm	
天线		
频点：		
AIS 接收：156~162MHz		
GPS/BD−2 接收：1561~1576MHz		
BD−1 接收：2480~2500MHz		
BD−1 发射：1600~1630MHz		
驻波比：<1.5		
极化方式：接收右旋圆极化，发射左旋圆极化		
覆盖范围：方位角：0~360°，俯仰角 0~90°		
浮标体		
供电方式：太阳能电池		
直径：1.2m		
供电电压：12V		
无日照供电能力：> 1 周		

◆ 图 384　中国航天科技集团第五研究院第五一三所基于 AIS 的海洋浮标设备

11.5 潜标

11.5.1 青岛海山海洋装备有限公司实时传输潜标

◆ 设备简介

实时传输潜标是集潜标和浮标技术为一体的高新技术产品，主要用于观测获取深海海洋动力要素数据和信息。最大使用水深大于 4000m，系统工作时间不小于 1 年，具备与卫星双向实时通信传输和信息自存储功能。

实时传输潜标通过采用水面通信浮标智能补充技术、流线形大浮力主浮体、小直径系留通信缆抗流综合技术、数据感应耦合传输技术等实现了深海潜标数据的实时传输。开放式模块化设计的综合控制中心，可以提取集成 ADCP、CTD、DVS 和 RCM 系列传感器和其他测量设备测量数据，可进行 0~1000m 海流剖面、盐温剖面长期实时观测，适应不同用户需要。

运用流体动力学理论设计的带翼低阻力主浮体，采用水平系留方式，实测试验证明抗流能力大于 5kn，且姿态稳定，迎流阻力小。为搭载的仪器提供稳定的工作环境，保证测量参数的真实性，为科学准确测量奠定了基础。

本成果不仅可直接运用于海洋调查、勘探，还可以用于海洋防务，具有较为广泛的应用前景。

◆ 技术参数

最大工作水深	4000m
适应海流	0~4kn
潜标自动定深	0~300m（任意设定），准确度 3%
ADCP 剖面测量范围	0~600m（双 ADCP 上下观测）
温、盐、深等剖面测量范围	0~300m
温、盐、深、流等参数定点测量范围	300~1000m
水下服务期	≥1 年
卫星通信系统	每天或定期发送海洋动力参数测量数据，通信周期 1~24h 可设定，连续工作时间不小于 1 个月
存储能力	具有大于 365 天的测量原始数据的存储能力

◆ 图385　青岛海山海洋装备有限公司实时传输潜标

11.5.2　天津市海华技术开发中心海洋潜标

◆ 设备简介

　　海洋潜标系统是系泊于海面以下的可通过释放装置回收的单点锚定绷紧型海洋水下环境要素探测系统，用于海洋水下环境噪声、温度、电导率、深度、海流及其剖面分布等海洋环境参数的长期、定点、连续、多要素、多测层同步监测。并可根据测量任务的不同，在系统上挂接不同类型和数量的自容式仪器，获取不同参数资料。

◆ 技术参数

水下在位时间	195 天
有效工作时间	<180 天
最大工作水深	4000m
测量参数	环境噪声、温度、盐度、压力、海流剖面等（可选择）

◆ 图386　天津市海华技术开发中心海洋潜标

11.5.3　中国船舶重工集团公司第七一〇研究所实时监测传输潜标

◆ 设备简介

实时监测传输潜标是一种使用深度达到4000m，测量剖面最大深度量程100~2500m，进行定点、长时剖面观测并能实现实时数据传输的自主系统。可以搭载海水温度、盐度、深度及海流监测传感器，并具有多种传感器扩展潜力。

◆ 技术参数

最大工作深度	4000m
剖面量程	100~1500m 和 100~2500m 两个系列
系统工作时间	3年（每年现场维护一次）
剖面测量频率和系统采样频率	可设定
主要传感器测量范围	温度：0~35℃， 电导率：0~64mS/cm， 压力：0~2000bar， 流速：0~300cm/s， 流向：0~360°

◆ 图387　中国船舶重工集团公司第七一〇研究所实时监测传输潜标

11.5.4 杭州应用声学研究所 SLQ 深海内波探测潜标

◆ 设备简介

杭州应用声学研究所 SLQ 深海内波探测潜标用于长期连续监测布放海域的海洋动力环境，主要测量海洋内波的振幅、频率、运动速度和方向等参数。

◆ 技术参数

型号		SLQ
技术指标	内波振幅测量准确度	10m + 10% 振幅
	内波水平运动方向测量准确度	10°
	内波水平运动速度测量准确度	0.2m/s
	流速准确度	0.1m/s
	测流层厚	8m
	周期准确度	1min
	最大测量剖面范围	1000m
	工作最大水深	5000m
供电	工作电压	20~33.6V
	电池额定容量	29.6V

◆ 图 388　杭州应用声学研究所 SLQ 深海内波探测潜标

11.6 无人水面艇

11.6.1 美国 Ocean Science 公司 1800 Z 型水面艇

◆ 设备简介

Ocean Science 公司 1800 Z 型水面艇为进行浅水近海岸水文测量提供了便利。无需使用载人船或让人员置身于危险的水中测量，只要启动 Z 型水面艇就可以立刻开始测量。Z 型水面艇的回声探测器和 GPS 整合了一个无线调制解调器数据传输设备，使得操作人员在岸边的笔记本电脑上就可以实时监控船的轨迹。在笔记本电脑上不但可以浏览收集到的声学数据，并且能够轻松跟踪测线。

◆ 技术参数

远程遥控参数	
导航远程控制单元	Hitec 带船遥测
遥控频率	2.4GHz FHSS
遥控范围	1500m
数据遥测范围—蓝牙	600m
数据遥测范围（900MHz 水声通信）	>2000m
物理参数	
船体长度	180cm
船体宽度	90cm
重量	30kg
载重	20kg
船体材料	抗紫外线 ABS
发动机	一个有刷直流舷外挂机
常规速度	3~4kn
最大速度	4kn
电池续航	150min
电池组	12VDC，30Ah

◆ 图389 美国 Ocean Science 公司 1800 Z 型水面艇

11.6.2 美国 Ocean Science 公司 1800MX Z 型水面艇

◆ 设备简介

Ocean Science 公司 1800MX Z 型水面艇是浅水环境绘图设备，使用了 BioSonics 的 MX 单波束回声探测器。对于浅水、滩海或者难以到达的调查区域，Z 型水面艇 1800MX 为研究者获得有价值的环境数据和扩展测量范围提供了工具。它拥有长距离的 Ocean science Hydrolink-N 无线设备，操作者可以在岸边的笔记本电脑上实时观看清晰度 5Hz 的超声波回声图和回声示波器数据，同时可以获得清楚的导航信息。

◆ 技术参数

发射功率	105W
供电	12~18VDC 或 85~264VAC
拖拽力	5W
保险丝	AC 1A，DC 1.5A
发射声级	213dB（ref. 1m 1μPa）
Ping 率	5Hz
距离分辨率	1.7cm
工作水深	0.5~100m
DGPS 位置准确度	<3m，95%
DGPS 速度准确度	0.1kn RMS

续表

DGPS 上传速度	1s
脉冲时长	0.4ms
尺寸（长×宽）	180cm×90cm
重量	30kg

◆ 图390　美国 Ocean Science 公司 Z 型水面艇 1800MX

11.6.3　美国 Ocean Science 公司 Q-Boat1800 无线遥控水面艇

◆ 设备简介

　　Q-Boat1800 是一个搭载多普勒流速仪用于水体流速、流量及深度测量的专业三体水面艇。可定制 GPS 设备、深度传感器和其他传感器。

　　船体坚固又轻便，还具有抗紫外线功能，强劲的驱动力和 V 型底部设计使得该三体船即使在激流中也能稳当航行。防水的电子舱空间相当大，且操作方便。

　　Q-Boat1800 使用了 Futaba2.4GHz 频带，电池航行时间约 40~180min，取决于航行速度和水体环境。

◆ 技术参数

遥控设备	
射频频段	2.4GHz
射频调制	FHSS 格式
通信距离	300m
天线	全方位

续表

通信设备	
RF 射频	900MHz 或 2.4GHz
WiFi	OysterPE 海洋数传模块
船体外壳	
船体	具有抗紫外线功能，V 形底部设计，不锈钢配件
载荷	15kg
载荷体积	500cm × 700cm × 170cm
配置	两个无刷电机驱动
航行速度	一般 4m/s，最高 5m/s
续航时间	一般 40min，低速航行可达 180min
尺寸（长 × 宽）	180cm × 89cm
重量	23~25kg
操作时重量	40kg

◆ 图 391　美国 Ocean Science 公司 Q-Boat1800 无线遥控水面艇

11.6.4　美国 Ocean Science 公司高速 Riverboat 无人水面艇

◆ 设备简介

　　Ocean Science 高速 Riverboat 是一流的 ADCP 载体。先进的船体设计使船能够保持仪器的位置和保证数据收集的质量。某些急流可能会对传统设计的三体船造成困难，但可以被高速 Riverboat 相对轻松地应对。高速 Riverboat 由高强度的抗紫外线 ABS 材料制成，足以完成棘手的测量任务。

◆ 技术参数

常规水速	3~5m/s
最大水速	6.09m/s
中间船体长度	152.5cm
船翼结构	三体船，可折叠
ADCP 尺寸	2~8in
回波测深传感器	外部挂载
Crossbar 材料	阳极化铝
船体材料	高强度抗紫外 ABS
总宽度	122cm
重量	13.6kg

◆ 图 392　美国 Ocean Science 公司高速 Riverboat 无人水面艇

11.6.5　美国 DOE 公司 H-1750 无人水面艇

◆ 设备简介

　　H-1750 长 1.75m，功能强大。它为在各种环境中的无人测量而设计，是远程遥控电子水面船，完全为一整套数据采样定制。该船速度可达 5m/s（10kn），可由两人轻易部署，1.75m×1.00m 的架构使其可通过卡车或 SUV 运输。其应用包括：水质测量、海洋测探、港口安全和高清录像监视。其优点是：轻便便携、无线遥控距离达 2km、可轻易接入第三方部件。

◆ 技术参数

遥测模块	
无线遥控距离	2km
天线	全方位远端天线
通信频率	2.4GHz
特征数据	
最大速度	5m/s
电池续航时间（最大速度下）	1h
勘测速度	1~2m/s
电池续航时间（勘测速度下）	4h
航行器数据	
长度	1750mm
宽度	1000mm
底盘	抗蚀铝合金，不锈钢硬件，泡沫填充
有效负载	20kg

◆ 图393　美国DOE公司H-1750无人水面艇

11.6.6　美国DOE公司I-1650无人水面艇

◆ 设备简介

　　I-1650长1.65m，功能强大。它为各种环境中的无人测量而设计，是远程遥控电子水面船。它由计算机、GPS和测深声纳及其他一系列部件组成。轻便坚固的外壳由铝和纤维增强塑料制成。该船速度可达5m/s（10kn），庞大的电子箱水密性好、宽阔、轻易可及。它重30kg，可由两人轻易部署，使其可通过卡车或

SUV 运输。其应用包括：水质测量、海洋测探、港口安全、河流调查和浅水调查。

◆ 技术参数

最大速度	5m/s
勘测速度	2~3m/s
电源续航	锂电池（约 4h）
电池续航时间（最大速度下）	1h
电池续航时间（勘测速度下）	4h
无线遥控距离	2km
天线	全方位远端天线
通信频率	2.4GHz
设备电源	镍氢电池
设备尺寸	直径 50~228mm
长度	1650mm
宽度	695mm
底盘	抗蚀铝合金，不锈钢硬件，泡沫填充
有效负重	20kg

◆ 图 394　美国 DOE 公司 I-1650 无人水面艇

11.6.7　法国 ACSA 公司 BASIL 无人水面艇

◆ 设备简介

　　BASIL 是一个抗干扰能力很强的无线电遥控的橡胶充气艇，最初为布放直布罗陀海峡的系泊浮标设计，采用 ACSA 灵活的 USV 设计可以携带各种载荷。操作界面包括电子海图显示和运载器远程遥控的界面，可以同时控制几个无人水面艇。

◆ 技术参数

无线通信范围	6km（15km 可选）
自主工作	8h
最大速度	3kn
负载	170kg
尺寸（长×宽×高）	3.4m×1.5m×1.2m
重量	380kg

● 图 395　法国 ACSA 公司 BASIL 无人水面艇

11.6.8　法国 Eca Hytec 公司 Inspector MK Ⅱ 无人水面艇

◆ 设备简介

无人水面艇 Inspector MK Ⅱ 主要特点是带有可配置传感器，可实现重复调查、导航准确度高、海上耐久性强、操作高效、可靠性强、确保船员安全。可配置多波束测深仪、浅地层剖面仪、测扫声纳、地磁仪、EdgeTech4600 等传感器，同时可进行泥沙分析、海洋探测、磁映射、影像三维处理等任务，主要用于浅水及较浅水区域的调查和监测，沿海和近海水文、海洋地理的调查，港口和近海设备的调查、维护，以及目标检测和分类。

◆ 技术参数

动力	2HP
速度	0~25kn
持续工作时间	20h（6kn）
海况	4级，5级可选
认证	IACS (BV 2000)
旋转臂	安装有 MBES/SSS/ADCP/IMU/SVP
外壳	铝制
尺寸（长 × 宽）	8.40m × 2.95m
重量	高达 4700kg（包括 1000kg 有效载荷）

◆ 图396 法国 Eca Hytec 公司 Inspector MK Ⅱ 无人水面艇

11.6.9 德国 Evologics 公司 Sonobot 无人水面艇

◆ 设备简介

Sonobot 使用广泛，为港口、岛屿水文测量提供了轻便的调查工具。此外，Sonobot 功能广泛，坚固耐用，传感器性能优良。Sonobot 用最小的运输、布署和回收成本完成了精确的水文测量以及高质量图片采集。

◆ 技术参数

无线模块	IEEE 802.11
自动驾驶仪	灵活的路径规划，实时航海控制 DGPS
DGPS	Java DGPS L1/L2/L2C/L5，Galileo E1/E5A，GLONASS L1/L2；SBAS 准确度：±4cm（水平），±2cm（垂直）
回声探测仪	S2C 宽带单波束，80~120kHz 最小探测深度 0.5m，最大探测深度 60m，准确度 6mm
侧扫声纳	工作频率 670kHz，分辨率 2cm
数据采集	手提 PC，4GB RAM，2.5in SSD128GB
动力	2 个 43mm 引擎，每个 700W，最小推力 100N； 2 个无刷发动机； 2×4 锂离子蓄电池 14.8V/10Ah
无线网范围	2km
工作距离	40km
工作速度	4km/h，最大 13km/h（可选）
持续工作时间	10h
环境要求	风速 3.4~5.4m/s，波高 <0.5m
高度	450mm
宽度	920mm
长度	1320mm
重量	30kg

◆ 图 397　德国 Evologics 公司 Sonobot 无人水面艇

11.6.10　珠海云洲智能科技有限公司 ESM30 无人水面艇

◆ 设备简介 ···

在突发环境事件处置时，ESM30 无人水面艇可深入污染禁区，按规定的路线、坐标、采样量，实现多采样点全自动化作业，搭载在线监测设备后，还能实现连续多监测点的在线水质检测，并将检测数据实时传输、显示、存储。

◆ 技术参数 ···

材料	高强度纤维增强型玻璃钢
颜色	黄黑或定制
续航	6h(2m/s)
最大航行速度	2m/s
最大航程	40km
最大作业半径	20km
导航模式	自动/手动
负载	15kg
设备空间	500mm×400mm×250mm
船体尺寸	1150mm×750mm×430mm
船体重量	26kg

◆ 图 398　珠海云洲智能科技有限公司 ESM30 无人水面艇

11.6.11 珠海云洲智能科技有限公司 ME70 云洲无人水面艇

◆ 设备简介

ME70 云洲无人水面艇监测平台是将先进的智能导航水面机器人技术与测量监测技术相结合，提出了智能化、无人化、集成化、机动化、网络化的测量解决方案。此技术及产品可用于地貌测绘、航道测量、核辐射测量、水下地质勘探等领域，可以最大限度地规避人员安全隐患，大大提高了水下监测的机动性和效率。

◆ 技术参数

材料	高强度纤维增强型玻璃钢
颜色	蓝白或定制
续航	10h(2m/s)
最大航行速度	2m/s
最大航程	70km
最大作业半径	35km
导航模式	自动 / 手动
负载	40kg
设备空间	800mm × 580mm × 250mm
船体尺寸	1470mm × 900mm × 600mm
船体重量	58kg

◆ 图 399　珠海云洲智能科技有限公司 ME70 云洲无人水面艇

11.6.12 中国船舶重工集团公司第七一〇研究所 CU-11 多用途无人水面艇

◆ 设备简介

CU-11 型无人水面艇系统由机动式主控端、可自主行航行的无人艇（USV）和艇上搭载设备组成。该艇采用双柴油机驱动双喷水推进装置，可实现按设定作业计划航迹自主航行，也可遥控航行，能够自动执行多种任务（视不同任务载荷而定）。

无人艇体积小、可通过集装箱实现快速陆上运输和搭载大型舰船实现远洋航渡并实时布放，执行急、难、险、重的多种任务，具有无人化、多功能、多用途特点，可快速出现在危险地区的水域、热点争夺地区海域、海盗或恐怖分子经常出没的咽喉要道、高价值目标附近的水域。通过搭载的不同设备无人艇可对目标水域执行气象、水文监测任务以及侦查、跟踪、识别、图像回传任务，并可对可疑目标进行警告、拦截或处置。

◆ 技术参数

最大任务载荷	1.3t
最高航速	35kn
适应最高海况	4 级
续航力	200km
测控距离可达	10km
艇长	11.3m
型宽	3.3m
正常排水量	8.9t

◆ 图 400　中国船舶重工集团公司第七一〇研究所 CU-11 多用途无人水面艇

11.6.13 北京海兰信波浪能水面无人艇

◆ 设备简介

海兰信波浪能水面无人艇是一种海洋传感与传输平台，以波浪能为推进动力，以太阳能为计算、传感和通信的能源。具有自主航行、远程可控、可在高海况条件下长时间连续作业，持续采集、处理和传输海洋数据。该设备已在海南文昌海域进行长期测试，并成功通过威马逊台风（9级海况），并首次获取9级海况下台风中心数据。

◆ 技术参数

（1）超长续航时间：系统在无需维护的情况下可航行数百天。

（2）无人自主航行：高效远程控制，自动/手工驾控模式可随时切换；航迹点精准控制，误差在半径40m以内（GPS定位基准）。

（3）适应严苛海况：最高可在9级海况下执行任务。

（4）海上数据中心：智能化数据处理系统和能源配给系统。

（5）运营费用经济：可定点释放回收，反复使用。

（6）产品成熟、安全可靠：经长期实海测试和上百条艇使用验证。

◆ 图401　北京海兰信波浪能水面无人艇

11.6.14 北京海兰信混合动力自扶正水面无人艇

◆ 设备简介

混合动力自扶正水面无人艇是一种以汽油动力提供高速行驶能力，太阳能动力保障工作环境的自主海洋传感与传输平台。系统可通过搭载不同的探测载荷，为海洋防务、海岛保护与开发、海洋油气开发与防护、海洋渔业调查、海洋环保、海洋学研究等领域提供数据勘测服务。目前，整机已完成实海测试，核心技术（自动控制、表面桨等）已成功应用于国内外多个军民领域。

◆ 技术参数

（1）经上百艘远洋船应用验证过的成熟自主航行自动控制技术。

（2）先进自主的小目标雷达自动避障技术：$0.1m^2$ 目标，3n mile 测距。

（3）自主成熟的高速表面桨推进技术：可根据需求灵活调整速度指标，最高可达 75kn；

（4）汽油—太阳能复合动力转换技术：可提供高速行驶能力，并提供低速平稳测量环境，已获得专利证书。

（5）自主自扶正技术。

◆ 图 402　北京海兰信混合动力自扶正水面无人艇

11.7 自主水下机器人（AUV）

11.7.1 法国 Eca Hytec 公司 Alister18 Twin 多功能自主水下机器人

◆ 设备简介

Alister18 Twin 多功能自主水下探测艇能够完成沿海水文调查、油气检测调查、水下结构检测、战争水雷识别、港口保护等工作。准确度高、可盘旋移动、稳定性好、机动性高。

◆ 技术参数

工作水深	300~600m
最高航行速度	5kn
自动航行时间	15h
平台长	2.6~3.3m
重量	490~620kg

◆ 图 403　法国 Eca Hytec 公司 Alister18 Twin 多功能自主水下机器人

11.7.2 法国 Eca Hytec 公司 Alister27 多任务自主水下机器人

◆ 设备简介

Alister27 能够进行水文测量、高分辨率地震勘测、沉积物分析、国土安全、快速环境评估（REA）、情报收集、秘密侦查（RECCE）和水雷侦测等任务，具有高稳定性、安装部署方便、操作灵活等优势。

◆ 图 404　法国 Eca Hytec 公司 Alister27 多任务自主水下机器人

11.7.3　美国 FSI 公司 SAUV II 太阳能自主水下机器人

◆ 设备简介

该设备用于沿海或港口监控、水下设备数据接收等，采用可再生的太阳能提供设备载荷、推进和通信所需要的能量，载荷能力强大，可最深下潜 500m，续航时间比一般 AUV 长。该 AUV 可在水面通过铱卫星或射频通信进行数据传输并完成充电，随后下潜进行预定任务。

◆ 技术参数

最大工作水深	500m
太阳能板面积	$1m^2$
航行速度	1~2kn
通信	RF（标准）、声学调制解调器和铱星（可选）
应急装置	水下重新定位脉冲、闪光灯和 VHF
电池	2kWh 可充电锂电池

续表

待机功率消耗	10W
推进器功率	58~140W
充电速度	0.4~0.7kWh/天
尺寸（长×宽×高）	2.3m×1.1m×0.5m
重量	空气中200kg，水中1kg

◆ 图405　美国FSI公司SAUV II太阳能自主水下机器人

11.7.4　美国Bluefin公司Bluefin-21自主水下机器人

◆ 设备简介

　　Bluefin-21是一种高度模块化的自主水下机器人，一次能够携带多种传感器和有效载荷。充足的电能保障了它即使在最大工作水深下也拥有较大的扩展性，同时它也拥有足够的灵活性，适合各种船舶进行布放回收操作。

◆ 技术参数

直径	53cm
长度	493cm
空气中重量	750kg
静浮力	-7.3kg
起吊点	1个（位于AUV中部）

续表

最大工作水深	4500m
续航力	25h（标准负载和 3kn 航速下）
航行速度	高达 4.5kn
供电	9 块 1.5kWh 耐压型锂聚合物电池包，共 13.5kWh
推进器	万向涵道推进和控制系统
导航	实时准确度≤0.1% 航行距离（CEP50）；INS（惯性导航系统），DVL（多普勒海流计程仪），SVS（服务段性能仿真）和 GPS，USBL（超短基线）
天线	集成 GPS、RF、铱系统和频闪灯
通信方式	RF、铱星和水声通信，通过岸电电缆连接的以太网
安全系统	故障和泄漏检测，失重，水声应答器，频闪，RDF 和铱系统（所有模块独立供电）
软件	GUI—基于 Operator Tool Suite 软件
数据存储	4GB 内存，另有额外数据存储空间
标准配置	EdgeTech 2200-M 120/410kHz 侧扫声纳（可选功能：EdgeTech 230/850kHz 动态聚焦），EdgeTech DW-216 浅地层剖面仪，Reson 7125 400kHz 多波束测深仪

◆ 图 406 美国 Bluefin 公司 Bluefin-21 自主水下机器人

11.7.5 美国 MIT 水下机器人实验室 Odyssey IV 自主水下机器人

◆ 设备简介

Odyssey IV AUV 是基于麻省理工学院的水下机器人实验室团队的多年设计和现场经验研究开发出来的。平滑的流线型造型是从 Odyssey IV II 类 AUV 派生而来，可以下潜到极大的深度。尺寸相对较小，但是同时还为有效载荷留下空间。

该系统包括：高分辨率的立体图形数码相机，底栖生物 C3D 多波束声纳，采样返回器，质谱仪，机械手和浮力驱动器。

◆ 技术参数

电池	锂离子
储能	4.5kWh
有效载荷重量	20kg 净重
推进力	4×1HP
转发（浪涌）速度	2m/s
垂直（升沉）速度	1m/s
横向（摇摆）速度	0.5m/s
下潜速度	200m/min
最大工作水深	6000m
尺寸（长×宽×高）	2.6m×1.5m×1.3m
空气中重量	25kg

◆ 图 407　美国麻省理工学院 Odyssey IV 自主水下机器人

11.7.6　美国 WHOI 研究所 ABE 自主水下机器人

◆ 设备简介

　　ABE AUV 主要用于深海海底观察，其特点是机动性好，能完全在水中悬停，或以极低的速度进行定位、地形勘测和自动回坞。该 AUV 长 2200mm，速度 2kn，续航力根据电池类型在 12.87~193.08km 之间。其动力采用铅酸电池、碱性电池或锂电池。该系统包括：压力传感器，姿态传感器（倾斜、翻转、上升），地质传感器等设备。

◆ 技术参数

操作范围	20~40km(14~20h)
续航力	锂离子电池组 (5kWh)
静态消耗功率	<50W
工作消耗功率	210~300W（依据工作状态）
航行速度	0~1.4kn（最大速度）
下降时间	1000m/h
标配传感器	压力传感器 >4500m，姿态传感器，地质传感器

◆ 图408　美国 WHOI 研究所 ABE 自主水下机器人

11.7.7　美国 WHOI 研究所 REMUS100 自主水下机器人

◆ 设备简介

REMUS100 AUV 是一款紧凑，重量轻的可深入水下百米的专业操作 AUV，REMUS100 可以配置各种各样标准的或客户指定的传感器和系统选项，以满足用户的任务要求。应用包括：水文调查、科学取样与制图、浅水域反水雷（VSW）、污染监测与监控、管道检测、海底搜寻和调查、国土安全、生物量调查和渔业作业。该系统可测量深度、温度、水流速度、盐度、声速、背向散射光、潜水员能见度、侧扫图像、荧光等。

◆ 技术参数

直径	19cm
重量	37kg
最大工作水深	328m

◆ 图 409　美国 WHOI 研究所 REMUS 100 自主水下机器人

11.7.8　美国 WHOI 研究所 REMUS600 自主水下机器人

◆ 设备简介

REMUS600 AUV 是通过海军研究办公室资助，美国 WHOI 研究所为海军开发的耐力持久、有效载荷能力强和工作水深大的自主水下机器人。REMUS600 与 REMUS100 AUV 拥有一样成熟的软件和电子系统。在深度达 600m 的情况下，它有近 24h 的任务耐力，速度可达 4kn。其增加有效载荷的航程为 286n mile，且需辅助设备很少。

◆ 技术参数

尺寸（直径 × 长）	32.4cm×325cm
重量	240kg
最大工作水深	600m（1500m 可选）
供电	5.2kWh 可充电锂电池
续航时间	约 24h
速度	高达 2.1m/s（4kn）
导航	惯性导航 /DVL，长基线，WAAS GPS
定位	声学应答器，声学调制解调器，铱星模块
通信方式	声学调制解调器，铱星，WiFi，100MB 以太网
标准传感器	ADCP/DVL，惯性导航单元，侧扫声纳，铱星，GPS，CTD
可选	用户指定，但包括双频 300/900kHz 侧扫声纳、摄像机、电子照相机、荧光、多波束声纳等

◆ 图 410　美国 WHOI 研究所 REMUS600 自主水下机器人

11.7.9 美国夏威夷大学 SAUVIM 自主水下机器人

◆ 设备简介

夏威夷大学 SAUVIM AUV 可对水下作业的机器人进行实时三维显示。三维可视化系统的建立基于三维图形平台,如 OpenGL、VTK、OGRE、WPF 等。该系统包括:测深、温度、水流速度、盐度、声速、背向散射光、潜水员能见度、侧扫声纳、荧光等测量传感器。

◆ 技术参数

航速	3kn
最大工作水深	6000m
续航力	5km
尺寸(长×宽×高)	5.8m×2.1m×1.8m

◆ 图411 美国夏威夷大学 SAUVIM 自主水下机器人

11.7.10 美国 Ocean Server 公司 Iver2 自主水下机器人

◆ 设备简介

美国 Ocean Server 公司生产的 Iver2 水下航行器是目前市场占有率较高

的 AUV。根据用户的需要，目前提供两种型号：Iver2-580-S 标准型 AUV 和 Iver2-580-EP 扩展型 AUV。Iver2 水下航行器可以在海水和淡水中使用，其主要用途包括海洋勘探、环境监测、搜索和回收、调查和常规数据的收集等。

◆ 技术参数

直径	14.7cm
结构材料	碳纤维管
长度	140cm（根据配置而定）
空气中重量	21kg（根据配置而定）
水中重量	1.2kg
最大工作水深	100m
功耗	600~800W/h，锂电池供电，独特的设计使运输安全
续航力	速度为 2.5kn 时工作超过 24h
驱动	带有 Kort 喷嘴的直流无刷电机直接驱动
控制	4 个独立的鳍控制面，偏航、倾斜和自动侧滚校正（鳍可替换，型号可大可小）
命令控制	无线电盒子由电池供电，可选用 900MHz 和 802.11g 无线网络把任务传给潜器，潜器停在水中时可开始任务（远程桌面）和拷贝回传数据
导航	DVL 航程推算导航
集成传感器	深度（压力）、高度计（声学）、罗盘、漏水传感器
数据处理机	两个 OceanServer 专门设计的 CPU，一个是 Intel ATOM 1.6GHz，运行 Windows XPe 操作系统，另外一颗是辅助 CPU，主要用于用户的应用
硬盘容量	2 个 64GB 固态驱动器
深度（压力）传感器	测量范围：0~100m，误差：±0.1%F.S.
高度计	测量范围：0~100m，误差：±0.2% 量程
罗盘	具有三轴定向，包含航向、姿态参数； 航向测量准确度：0.5°，分辨率：不低于 0.1°； 俯仰和横滚测量准确度：1°（0~60° 范围）； 数据更新率：不低于 20Hz； 支持真北数据及磁北数据输出
多普勒速度仪	最大底跟踪距离：80m，准确度：0.2%，流速测量范围：±9.5m/s； 分辨率：0.1m/s；具有跟踪设定水层的功能
水声 Modem	发射功率：<50W，数据率：不小于 5400bps， 传输距离：不小于 1km

	续表
电导率和温度传感器	电导率：测量范围：0~90mS/cm，准确度：0.005mS/cm； 温度：测量范围：-5~45℃，准确度：0.005℃
相机	彩色相机分辨率：720×480，黑白相机分辨率：720×480
多波束声纳	波束数：120； 波束宽度：120°×3°； 距离分辨率：0.2%F.S.； 显示模式：提供扇形、线形、透视图、剖面图等； 扇形大小：可根据需要设置为30°，60°，90°，120°； 量程：最大可达100m； 帧频：不小于15fps； 文件格式：有通用数据格式输出，数据可在其他笔记本上查看
备用套件	传动轴、及其配套油脂等（2套）； 控制面及其伺服系统（即尾翼片，一个红色，3个黄色）(4片)； 易损坏的螺钉、螺栓等紧固件若干； "O"形密封圈及其配套油脂； 专用的扳手、螺丝刀等

◆ 图412 美国 Ocean Server 公司 Iver2 自主水下机器人

11.7.11 英国 SAAB Seaeye 公司 Sabertooth 混合水下机器人

◆ 设备简介

Sabertooth 型混合水下机器人是目前集成了 SAAB 公司军用型混合 ROV/AUV 所有先进技术和功能的商业水下运载器。该 ROV/AUV 混合水下机器人可在 6 自由空间内进行 360°自由旋转运行和悬停，兼容各种传感器和辅助测量设备接口，满足长距离水下航行应用要求。该混合水下机器人可采用光纤脐带缆遥控和无缆自主程序控制两种工作模式，内置大容量电池组可通过水下基站进行充电（同步进行数据交换），满足长距离、长时间水下工作应用要求。

◆ 技术参数

设备工作水深：3000m；

单体型配置前进推进力：30kgf，侧向推进力：25kgf，垂直推进力：50kgf；

双体型配置前进推进力：100kgf，侧向推进力：30kgf，垂直推进力：50kgf；

最大水下运行速度：4kn；

内置电池组续航时间：2~4h/3~10h；

设备续航距离：20~40km；

内置航向（罗经）、姿态、深度等传感器；

深度自动测量，航向姿态自动测定，推进器航速锁定功能等自动控制功能；

推进器增益控制，推进器速度锁定，自动锁定深度，自动航向姿态锁定，相机云台，相机焦距，相机切换，照明灯开关，灯光强度等自动调节功能。

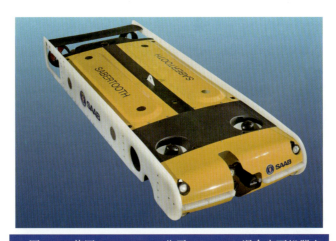

◆ 图413　英国 SAAB Seaeye 公司 Sabertooth 混合水下机器人

11.7.12 英国 NOCS 研究所 Autosub 自主水下机器人

◆ 设备简介

Autosub 自主式机器人携带有各种可更换传感器，因而具备进行不同专业数据采集和记录样品的能力。Autosub 自主式机器人能够执行预定程序任务，搜集海底到表面的海洋数据。此外，该仪器还能进入环境恶劣的海洋区域，如被冰覆盖的区域。设备有惯性导航系统、300Hz 俯仰式声学多普勒海流剖面仪、6 自由姿态控制和 GPS 接收机等。

◆ 技术参数

尺寸（长 × 宽）	7m×0.9m
航速	3kn
续航力	500km/144h

◆ 图 414　英国 NOCS 研究所 Autosub 自主水下机器人

11.7.13 加拿大 ISE 公司 Arctic Explorer 自主水下机器人

◆ 设备简介

Arctic Explorer AUV 是一个海底探测器，可以从船上或冰孔发射，模块化部分可以分开运输。长度超过 7m，重量超过 2000kg，执行任务时间可达 80h，覆盖距离达 450km。独特的可变压载系统，使得该系统可在任务期间停放在海底或在冰面下部。

系统由控制电脑、速度传感器、深度传感器、海拔高度传感器、声学通信及应急设备等组成。

◆ 技术参数

尺寸（直径 × 长）	0.74m × 7.4m
重量	2200kg
工作范围	450km
最大工作水深	5000m
运动速度	0.5~2.5m/s，巡航速度 1.5m/s

◆ 图 415　加拿大 ISE 公司 Arctic Explorer 自主水下机器人

11.7.14　加拿大 ISE 公司自主水下机器人

◆ 设备简介

该公司的 AUV，无需与控制站进行任何物理连接或进行通信。可以预先对 AUV 编程，使得其执行任务，并有进行简单决策的能力。适用于水下任务，如海底勘探，速度为 1~2.5m/s。

◆ 技术参数

尺寸	直径 0.69m (300/3000m)~0.74 m(5000/6000m)，长 4.5~6.0m
重量	640~1850kg
最大工作水深	300/1000/3000/5000/6000m 可选
续航力	24~85h
航程	120~450km
速度航程	0.5~2.5m/s
典型负载	CTD，侧扫声纳，浅地层剖面仪，多波束
电源	1.6kW 锂离子电池组
标配	速度传感器，深度传感器，姿态传感器

◆ 图416 加拿大 ISE 公司自主水下机器人

11.7.15 瑞典 SAAB 公司 AUV62-MR 自主水下机器人

◆ 设备简介

AUV62-MR 无人潜航器系统由瑞典国防装备管理局、瑞典国防研究所和萨博公司共同研发。AUV62-MR 处于反水雷模式时，将装备合成孔径声纳对水雷进行精确定位。处于反潜模式时，AUV62-MR 则利用声纳回波和噪声共同对目标进行定位。

瑞典国防装备管理局称瑞典军队已经在潜艇探测演习中测试了 AUV62-MR 的性能。目前 AUV62-MR 能够以 4kn 的速度航行 20h，未来可能采用燃料电池以获得更长的续航时间。届时,该无人潜航器将可以水下模式同母船一起离开港口。

瑞典国防装备管理局称萨博公司已经完成了该系统的第一个合同,正期待更多的合同。该系统由 AUV62-MR 潜器、任务计划和分析单元(MPAU)、电池和充电系统、仪表着陆系统以及布放和回收系统组成。

◆ 技术参数

覆盖区域	约 2.5~20km²/h
声纳分辨率	优于 4cm×4cm(实际)
扫描宽度	2m×200m(高分辨率),2m×400m(REA)
尺寸	总长度 4~7m,直径 53cm
最大工作水深	约 500m
工作速度	0~20kn
定位准确度	一般 ±5m

◆ 图 417 瑞典 SAAB 公司 AUV 62 自主水下机器人

11.7.16 瑞典 SAAB 公司 Double Eagle MkII/III 自主水下机器人

◆ 设备简介

该设备主要作为潜艇的武器或补充军备。萨博提供了 Double Eagle MkII/III 两用鱼雷系统。该设备灵活性好，生命周期成本低。它由水雷侦查系统和测绘系统装置组成。

◆ 技术参数

空气中重量	约 360kg，水中重量可调，通常略有正浮力
尺寸（长 × 宽 × 高）	2.2m × 1.3m × 0.5m
最大工作水深	500m
速度	>6kn，0.7n mile 横向，0.4n mile 垂直；6kn 上升 / 下降
推进	2 个 5kW 无刷电机，约 2500N 向前的推力，6 个 0.4kW 无刷电机
相机	外部彩色 CCD
声纳	电子扫描声纳
传感器	3 个速率陀螺，1 个磁通门罗盘，1 个深度传感器，4 个泄漏传感器，1 个速度记录和 1 个高度表

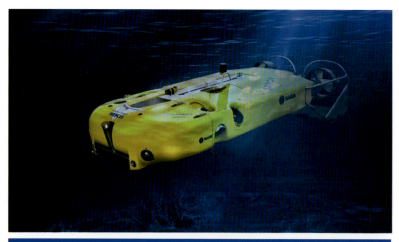

◆ 图 418 瑞典 SAAB 公司 Double Eagle MkII/III 自主水下机器人

11.7.17 丹麦 ATLAS Maridan ApS 公司 Sea Otter MkII 自主水下机器人

◆ 设备简介

该水下机器人是为了各种军事和商业目的制造的,严格遵守有关结构、推进、能源、通信、导航和有效载荷的模块化方法。它的主要任务包括:水雷探测及处理,秘密情报监视和侦查,快速环境评估,海床制图和水文调查。

该系统由 MARPOS 惯性导航系统(INS)、多普勒记录(DVL)、差分全球定位系统、CTD 和压力传感器、Klein2000 侧扫声纳、Reson8125 多波束测深仪,浅地层剖面仪组成。

◆ 技术参数

尺寸(长 × 宽 × 高)	3.45m × 0.98m × 0.48m
重量	1100kg
速度	0.0~8kn
最佳测试速度	4kn
流速	3kn
转弯半径	<10m(4kn)
最大工作水深	600m
操作深度	5~600m
续航时间	24h

◆ 图 419　丹麦 ATLAS Maridan ApS 公司 Sea Otter MkII 自主水下机器人

11.7.18 挪威 Konsberg Maritime 公司 Hugin3000 自主水下机器人

◆ 设备简介

2000年1月在墨西哥湾，C&C Technologies 公司利用 Hugin3000 为油气公司完成了6000m长的海底管线调查。Hugin3000 使用铝氧燃料电池，可潜深3000m，并可以4kn的航速续航45h。Hugin3000 导航系统的主要装置包括惯性导航、多普勒声速仪搭配超短基线的声波定位、差分式卫星天线。在侦搜/调查仪器方面，Hugin3000 配有多声束系统、侧扫声纳及海底地层剖面仪。

◆ 技术参数

重量	1400kg
尺寸（长×宽×高）	5.50m×1.00m×1.00m
航速	4kn
最大工作水深	3000m
续航力	440km/60h

◆ 图420 挪威 Konsberg Maritime 公司 Hugin3000 自主水下机器人

11.7.19　挪威 Konsberg Maritime 公司 Hugin1000 自主水下机器人

◆ 设备简介

在 Hugin1000 之前，挪威研制的民用 Hugin1 型/2 型和 Hugin3000 型已博得国际水下探测业界的肯定。Hugin 1 型承担着军用试验型的任务。Hugin1000 就是在 Hugin1 型和 Hugin3000 型的基础上研制的新型无人水下航行器。Hugin1000 外观与 Hugin3000 相似，只是长度和直径略小。头部为水滴形，主体呈圆柱状，圆锥形尾部装有十字形舵叶和螺旋桨。流线形的器体有利于它在水下航行。它是一种无需母舰用电缆控制的自主式无人水下航行器，也是新一代的水雷侦察系统。

Hugin1000 采用惯性导航系统和差分 GPS 系统及声定位系统，确保无人水下航行器的正确航行和定位。它配备了先进的测量装置、多普勒计程仪、压力计和回声测深仪等。

◆ 技术参数

重量	850kg
尺寸（长 × 宽 × 高）	4.5m × 0.75m × 0.75m
航速	3~4kn
最大工作水深	1000m
续航时间	24h

◆ 图 421　挪威 Konsberg Maritime 公司 Hugin1000 自主水下机器人

11.7.20　日本东京大学 URA 实验室 R1 自主水下机器人

◆ 设备简介

R1 项目的目标是建立一个长续航、在水下能够自主航行的潜器。R1 自主水下机器人可以连续运行一天，该系统可进行海底山脊系统调查，CTDO 海底测量，海底温度异常详细调查，还可用于重力场调查。

◆ 技术参数

重量	4.35t
总长	8.27m
主船体直径	1.15m
总高度	2.02m
水平翼展跨度	1.80m
液体负载空间	600L
控制电脑	PEP-9000，VM40，2×MC68040，25MHz
CCDE	60kWh，280VDC
基础引擎	YNAMAR 3TN66E，最大输出：5kW
惯性导航系统	激光陀螺仪
多普勒声纳	1MHz(2~30m)
前置声纳	275kHz
后置声纳	375kHz
声学通信	20kHz

◆ 图 422　日本东京大学 URA 实验室 R1 自主水下机器人

11.7.21 日本JAMSTEC"浦岛"号自主水下机器人

◆ 设备简介

深海巡航艇"浦岛"号（URASHIMA）是自主深海探测机器人，由JAMSTEC于1998年开发。能够确定自己的位置，并按照预先定义的路径运动。浦岛号于2005年2月28日成功完成了317km的连续巡航。"浦岛"号能够自动收集海洋学数据（如盐度、水温和溶解氧），也能沿着海底巡航，以获得超高分辨率海底地形和海底结构。该艇由电脑内置程序导航，可以在一个特定的固定位置或在狭窄的道路或区域进行调查。

该艇包括物理测量设备及深海海底研究设备。其中物理测量设备包括自动水质采样器（用于测量CO_2）、CTDO（盐度，水温，溶解氧）等；深海海底研究设备（地震研究等）包括高灵敏度数字相机、侧扫声纳、浅地层探查器、多波束回声测深仪等。

◆ 技术参数

最大工作水深	3500m
巡航距离	>100km（锂离子电池），>300km（燃料电池）
尺寸	10m×1.3m×1.5m（长×宽×高）
重量	约7t（与锂离子电池），约10t（与燃料电池）
速度	3kn（最大4kn）
电源	锂离子电池或燃料电池
操作	自动或声遥控器（无线，从支援舰操作）

◆ 图423　日本JAMSTEC"浦岛"号自主水下机器人（URASHIMA）

11.7.22　中国科学院沈阳自动化研究所"探索者"号水下机器人

◆ 设备简介

"探索者"号是我国第一台无缆自主水下机器人,其研制成功标志着我国水下机器人研究逐步向深海发展。可应用于海洋测量、失事船只救助调查、海洋科学考察。

◆ 技术参数

最大工作水深	1000m
最大航速	4kn
续航能力	6h
横向抗流能力	1kn
侧移速度	1kn
回收海况	4级
下潜速度	0.5kn
携带能源	充油铅酸电池

◆ 图424　中国科学院沈阳自动化研究所"探索者"号水下机器人

11.7.23　中国科学院沈阳自动化研究所 CR-01 自主水下机器人

◆ 设备简介

CR-01 自主水下机器人是国家"863"计划支持的重大研究项目,由中国科学院沈阳自动化研究所为主要研制单位，采取国际、国内合作的方式，于1993年开始研制，它是我国第一台深海（6000m级）自主水下机器人，它的研制成功使我国成为世界上拥有此项技术和设备的少数几个国家之一。可应用于海底资源调查、海洋学调查。

◆ 技术参数

最大工作水深	6000m
最大航速	2kn
续航能力	10h
重量	1250kg
外形尺寸	直径0.8m，长4.32m

▶ 图425　中国科学院沈阳自动化研究所 CR-01 自主水下机器人

11.7.24　中国科学院沈阳自动化研究所 CR-02 自主水下机器人

◆ 设备简介

　　CR-02 自主水下机器人是在 CR-01 的基础上，以中国科学院沈阳自动化所为主要研制单位，于 2000 年研制成功的新型深海自主水下机器人，主要用于复杂地形下的海洋调查，包括深海考察、水下摄影、照相、海底地势及剖面测量、水文物理测量、深海多金属结核勘查、深海钴结壳调查等。其主要应用目标是太平洋海底火山区资源调查。

◆ 技术参数

最大工作水深	6000m
最大水下速度	2.5kn
连续水下录像时间	5h
续航能力	>10h
重量	1400kg
外形尺寸	直径0.8m，长4.5m
定位准确度	10m
拍摄照片量	3000张

◆ 图426 中国科学院沈阳自动化研究所CR-02自主水下机器人

11.7.25 中国科学院沈阳自动化研究所"潜龙一号"自主水下机器人

◆ 设备简介

"潜龙一号"自主水下机器人是《国际海域资源研究开发十二五规划》重点项目之一，是中国大洋协会为有效履行与国际海底管理局签署的多金属结核勘探合同，委托中国科学院沈阳自动化研究所牵头，联合中国科学院声学研究所、哈尔滨工程大学等单位共同研制的。它是我国具有自主知识产权的首台实用型6000m AUV深海装备，以海底多金属结核资源调查为主要目的，可进行海底地形地貌、地质结构、海底流场、海洋环境参数等精细调查，为海洋科学研究及资源勘探开发提供必要的科学数据。可应用于海底资源调查、海洋科学研究、地形地貌探测、军事应用、深海考察包括水下摄像拍照、海底地势与剖面测量、水文物理测量、深海多金属结核勘查和开发区考察等。

◆ 技术参数

最大工作水深	6000m
测深侧扫覆盖宽度	2×200m（定高40m航行时）
巡航速度	2kn
续航能力	24h
连续摄像时间	5h
拍摄照片量	3000张
浅剖作用距离	50m（软泥）
载体主尺寸	直径0.8m，长度4.5m
空气中重量	<1500kg
技术配合	6人
操作工人	2人
起吊设备	>4t
臂展	>4m
6m标准集装箱控制间	

◆ 图427 中国科学院沈阳自动化研究所"潜龙一号"自主水下机器人

11.7.26 中国科学院沈阳自动化研究所半潜式自主水下机器人

◆ 设备简介

半潜式自主水下机器人基于翼身融合设计理念，以柴油发动机为动力，喷水推进器为推进设备，可在半潜状态高速航行（自主或遥控），并具有良好的操纵性能和海况适应能力，可执行水面监视侦察（ISR）等任务，也可拖曳拖体开展海洋学调查等。

◆ 图428 中国科学院沈阳自动化研究所半潜式自主水下机器人

11.7.27　中国科学院沈阳自动化研究所长航程自主水下机器人

◆ 设备简介

在掌握了深海系列自主水下机器人技术的基础上，中国科学院沈阳自动化研究所于"十五"期间提出并重点开展了长航程系列自主水下机器人的研制，并于2010年研制成功。长航程AUV可连续航行数十小时、续航能力达数百千米，多次刷新了我国AUV单次下水航行时间和航行距离的记录，它代表了当前我国长航程AUV的最高水平，总体技术已达到国际先进水平。长航程AUV的研制成功，表明我国水下机器人技术自主创新能力达到了一个新水平，具备了自主研究、开发长航程AUV产品能力。

◆ 图429　中国科学院沈阳自动化研究所长航程自主水下机器人

11.7.28　中国船舶重工集团公司第七一〇研究所Merman200自主水下机器人

◆ 设备简介

中国船舶重工集团公司第七一〇研究所Merman200轻型AUV携带侧扫声纳、

CTD 等设备，可对水下目标、地形地貌、水文参数等进行精确测量。

◆ 技术参数

重量	约 45kg
尺寸（直径 × 长）	324mm × 3000mm
最大航速	6kn
续航能力	约 20h（4kn）
最大工作水深	200m
导航准确度	0.4%CEP
探测设备	小型侧扫声纳（2200 型）

◆ 图 430　中国船舶重工集团公司第七一〇研究所 Merman200 自主水下机器人

11.7.29　中国船舶重工集团公司第七一〇研究所 Merman300 自主水下机器人

◆ 设备简介

中国船舶重工集团公司第七一〇研究所中型 AUV Merman300 携带前视声纳、侧扫声纳、CTD 等设备，对水下目标、地形地貌、水文参数等进行精确测量。

◆ 技术参数

重量	约 1400kg
尺寸（直径 × 长）	533mm × 7000mm
最大航速	6kn

续表

续航能力	不小于400km（4kn）
最大工作水深	300m
海况适应性	3级
导航准确度	0.4%CEP
探测设备	前视声纳、侧扫声纳、CTD

◆ 图431　中国船舶重工集团公司第七一〇研究所 Merman300 自主水下机器人

11.7.30　中国船舶重工集团公司第七一〇研究所投送型巨型自主水下机器人

◆ 设备简介

中国船舶重工集团公司第七一〇研究所投送型巨型AUV，具有航程远、定位准、载荷大的优点，可用于水下物资运载、能源补给等。

◆ 技术参数

重量	约14000kg
尺寸（直径×长）	1200mm×18000mm
最大航速	8kn
最大工作水深	200m
无线电通信	10km
卫星通信	北斗
导航准确度	0.5%CEP
抗流	3kn

◆ 图 432　中国船舶重工集团公司第七一〇研究所投送型巨型自主水下机器人

11.7.31　中国船舶重工集团公司第七一〇研究所 ASSV-1 半潜式自主水下机器人

◆ 设备简介

ASSV-1 半潜式自主水下机器人是一种能够在近水面长时间自主或者遥控航行的通用平台，具有适应海况能力强、数据通信带宽高、续航能力强等特点。半潜式无人航行体也可以拖曳一个拖体航行，其本身和拖曳的拖体均可以携带各种类型的传感器完成海平面及数百米水深范围内的各种海洋数据或地质地貌等的观测，并且实时传输回到母船或者地面指控中心。

◆ 技术参数

最高航速	不小于 15kn
续航时间	≥ 24h（15kn 航速）
无线遥控距离	不小于 30km
无线数据传输带宽	≥ 5Mbps（距离 ≥ 15km）

◆ 图 433　中国船舶重工集团公司第七一○研究所 ASSV-1 半潜式自主水下机器人

11.7.32　杭州应用声学研究所 ZQQ 型自主水下机器人

◆ 设备简介

杭州应用声学研究所、705 所联合研制的 ZQQ 型无人自主式航行器是一款功能完全模块化的自主水下机器人（AUV），该航行器具有大潜深、长续航的能力，能够在最大潜深 1000m 进行声学探测，3kn 航速下连续航行 38h。采用模块化思想设计，各部件采用通用的机械及电气接口，可以搭载 715 所研制的标准化侧扫声纳或多波束声纳、水声通信声纳。其用途包括海底地形地貌测量、资源勘探、水下物体搜索、水文环境调查等。

◆ 技术参数

型号		ZQQ
CTD	电导率测量范围	0~70mS/cm
	电导率准确度	±0.01mS/cm
	温度测量范围	−5~35℃
	温度准确度	±0.002℃
	深度测量范围	1000 m
	深度准确度	±0.05%
航行记录仪		能记录航行过程中所有航行动作及传感器数据

续表

多普勒计程仪	探测深度	50~80m
	海底跟踪深度	400m
	测流精度	0.4%V±2cm/s（V测量值）
水声通信声纳	通信速率	2~4kbps（高速率模式），50~400bps（低速率模式）
	最大工作距离	5km
多波束声纳	工作频率	200±1.5° kHz
	波束数	128
	探测范围	150°×3° 扇形波束
	地形探测精度	10cm±0.5%× 水深
侧扫声纳	工作频率	200±1.5° kHz
	波束数	16个，左右各8个
	探测范围	60°×3° 扇形波束
	作用距离	100m
	侧扫条带宽度	8倍作用距离
规格尺寸	空气中重量	470kg左右（根据搭载设备而定）
	水中重量	5kg
	尺寸	350mm×4700mm（根据搭载设备而定）
航程	最大航程	200km
	最大航速	5kn
	继航能力	3kn速度下38h
硬件	通信及输出	以太网（1000Mbps）
软件	显示控制软件	
环境要求	工作温度	0~50℃
	存储温度	−40~85℃
	耐压深度	1000m

◆ 图434　杭州应用声学研究所ZQQ型自主水下机器人

11.7.33 天津市海华技术开发中心小型水下自主水下机器人

◆ 设备简介

小型水下自主水下机器人的主要特点是能够根据观测任务的需要,搭载所需要的观测仪器,按照用户设定的航线自主进行垂直梯形剖面走航测量,并且在预定地点(例如,需要调查的特定海区、重大自然灾害海区、海洋环境污染海区),进行定点坐底连续测量,然后自动上浮自动返航。航行中获得的测量数据通过卫星和网络传送到用户。

小型水下自主水下机器人可以扩大调查的范围,获取定点、走航、连续、实时、高密集观测资料,提高获取海洋动力环境数据的质量与数量,解决特殊海区实时观测资料的匮乏问题,它与传统的观测技术相比具有调查范围广、观测密度高、观测成本低、完全自动化、高度机动性和面向用户需求的灵活性。特别是它能够解决特殊海区、特殊海洋"事件"的实时观测问题,例如海洋自然害灾、海洋污染和生态灾害的应急观测。小型水下自主航行观测平台在海洋资源开发、海洋科学调查研究、防灾减灾以及国防建设等方面,具有重要的工程价值和广泛的应用前景。

◆ 技术参数

定位精度	水平面内 200m
航行速度	2~5kn
最大工作水深	100m
巡航半径	70km
坐底观测时间	72h
流速测量范围	±4m/s
流速准确度	±1% 或 ±0.5cm/s
流向测量范围	0~360°
流向准确度	±5°
温度测量范围	−2~35℃
温度准确度	±0.005℃
电导率测量范围	0~65mS/cm
电导率准确度	±0.005mS/cm

◆ 图435　天津市海华技术开发中心小型水下自主水下机器人

11.8 水下滑翔机

11.8.1 美国 Liquid Robotics 公司 SV3 波能滑翔机

◆ 设备简介

基于前两代产品，SV3 在能源利用，外观设计，导航定位等方面取得了突破性进展。SV3 在海上利用波浪能和太阳能可工作数年，且无需维护、燃料和船员。其中太阳能为传感器和处理器赋予功能，波浪能则转化为航行动能。SV3 自带辅助推进器，可提供额外的速度，适应不断变化的任务需求，适应在边界条件下的精确导航和操作。

SV3 在外观整体上还是沿用了 SV2 的设计，依然由紧密连在一起的两个部件组成，但是尺寸更大，达到了 2.9m（SV2 只有 2.1m），能够承受 45kg 的重量（SV2 只能承受 18kg）。

SV3 上配备了非常专业的设备，能够对当前海域的温度、盐度、波浪、天气情况、水体荧光和溶解氧等一些参数进行监测。同时 SV3 携带有 GPS 导航仪、铱星模块、Wifi 和蜂窝调制解调器，可实现自主驾驶与操作，观测数据的实时下载和转发，并可作为海上移动数据中心。SV3 依靠大容量储能装置和电力推进器，在强流海域、低太阳辐射海域均可有效工作，即使在 8 级海况下也能正常工作。SV3 还具有高度模块化、运输安装方便、有效载荷能力强、传感器即插即用等特点。

◆ 图 436　美国 Liquid Robotics 公司 SV3 系列波浪滑翔机

11.8.2 美国 Exocetus 公司沿海水下滑翔机

◆ 设备简介

该沿海滑翔机是在 6 年时间里用美国海军研究办公室提供的资金发展起来的。6 年中已有 18 台水下滑翔机交付给美国海军,这些水下滑翔机总共已有 4500h 的工作时间。

Exocetus 沿海滑翔机是专为在沿海水域中使用设计,由于淡水从河流流入沿海水域,所以这些水域通常是高流速且水密度大。Exocetus 沿海滑翔机的设计方便增加更多的传感器,而不会或几乎很少对滑翔机外壳产生影响。

Exocetus 沿海滑翔机拥有一台浮力引擎,这台引擎是传统水下滑翔机的 7 倍大。通过使用一套获得专利的自适应压舱设备,这个引擎允许在大范围变化的水密度下进行操作。压舱设备允许 Exocems 沿海滑翔机在不用像传统水下滑翔机那样进行预压舱的情况下进行部署。这台更大的浮力引擎同样允许 Exocetus 沿海滑翔机方便地在 2kn 的水流下进行操作。Exocetus 沿海滑翔机能在 200m 的深度操作,对大部分沿海应用来说足够了。

Exocetus 基本型滑翔机模式被设计成使用碱性电池组或锂电池组,分别可以操作大约 14 天和 60 天。这台水下滑翔机有 4 种通信模式:铱星、Argos 卫星、UHF 数据链和 WiFi 可以选择声学调制解调器用来与水下设备通信。

Exocems 基本型水下滑翔机模式拥有一个 AML 的 CTD 传感器和一个 Tritech 声学高度计。过去几年集成在滑翔机上的附加传感器包括:Reson 全向水听器、Wilcoxon 矢量水听器、WetLabs 水质传感器、RINKO 快速反应溶解氧传感器,也为 SeaBird 的 GPCTD、SatlanticSUNA 硝酸盐传感器、LND 伽马射线(校准铯 –137)传感器的安装进行了设计。

沿海水下滑翔机有以下型号:

低氧区滑翔机:有 GPCTD、DO 和水质传感器;

风能评估滑翔机:有水听器;

海洋酸化滑翔机:有 GPCTD、DO、pH 值、硝酸盐、pCO_2、WETLabs 水质传感器等;

哺乳动物监测滑翔机:有水听器等;

辐射监测滑翔机：有铯-137传感器等。

◆ 技术参数

（1）物理参数

直径：12.75in(32.4cm)；长度(含天线)：113in(2.87m)；

重量：240lb(109kg)。

（2）浮力引擎

总体积：5L；总浮力变化：±5.5lb(24.4N)。

（3）电池

单电池作为纵摇和横摇模块，姿态调整反应快。

碱性电池：2850WH(14MJ)，70lb(32kg)。

锂电池：18600WH(67MJ)，70lb(32kg)。

（4）通信形式

铱星通信；Argos卫星通信；GPS；

数据链通信(900MHz)；Wifi高速度下载的短范围通信。

（5）通舱

该滑翔机有6个通舱提供给传感器集成，2个在船首，4个在船尾，2个通舱在滑翔机头部，浮力发动机的上方，在被浸没的前锥上。1个是用于给高度计和BE安全锁，1个是闲置的，可以扩展一个Exocetus提供的插件。4个通舱是在滑翔机的末端，分布于电子舱的边缘，它们连通浸没的尾部整流罩部分。1个用于AML CTD/SVTP(如果安装)，1个用于Exocetus紧急提升袋设备(如果安装)，2个空闲的用来扩展Exocetus提供的插件。

（6）外部表面

表面是316SS玻璃纤维，或处理过的铝，铝表面由EnduraTM100R-V/CR过程处理。

◆ 图 437　美国 Exocetus 公司沿海水下滑翔机

11.8.3　美国 Webb 公司 Slocum G2 水下滑翔机

◆ 设备简介

　　Slocum G2 滑翔机是多功能的远程水下自主航行器,它可以完成海洋调查和测控。浮力驱动、长距离量程和耐用是它成为地区规模水体测量的理想仪器。可换的泵部探头和科学传感器使它能够根据探测任务的变化完成切换。此外,它成本低廉。

◆ 技术参数

部署	1~2 人多功能、可移动部署
电池	碱性干电池或锂电池
航程	碱性干电池:600~1500km,锂电池:4000~6000km
电池	碱性干电池:15~50 天,锂电池:4~12 个月
配置选择	工作深度:4~200m 或 4~40000m
导航	GPS 航点,压力传感器、高度计、航迹推算
通信方式	RF 调制解调器、铱星、Argos、声学调制解调器
速度	水平平均:0.35m/s(0.68kn)
重量	54kg
尺寸	航行器长度:1.5m,外壳直径:22cm

◆ 图438 美国 Webb 公司 Slocum G2 滑翔机

11.8.4　美国 Bluefin 公司 Spray Glider 水下滑翔机

◆ 设备简介

　　Spray Glider 被设计用于深海，最大下潜深度 1500m。它采用细长的低阻力的流线型外壳，它把天线内置于飞翼中，以进一步减小阻力。拥有自主式导航系统，不需要使用声学浮标。

◆ 技术参数

最大工作水深	1500m
速度	0.19~0.35m/s
能量类型	17.5MJ 电池
作业时间	6 个月以上
航程	4800km
导航	GPS，罗经，深度传感器
可集成传感器	SBE CTD，可选溶解氧、荧光、浊度、高度计
通信方式	铱星通信
重量	52kg
尺寸（直径 × 长）	0.2m × 2.13m
容积变化	700mL
潜水角度	18~25°

◆ 图 439　美国 Bluefin 公司 Spray Glider 水下滑翔机

11.8.5　美国 iRobot 公司 Deepglider 水下滑翔机

◆ 设备简介

该水下滑翔机是美国华盛顿大学的海洋学家查尔斯·埃里克森及其同事研发的。该水下滑翔机的能耗非常低，利用海水浮力的变化来推动自身，也非常轻巧，发射和回收都不需要起重机。水下滑翔机的表面装备了传感器，用以搜集包括海水盐度和温度在内的数据，并通过卫星传回实验室。

水下滑翔机的动力来自浮力引擎，浮力引擎的外部装有一个气囊，引擎将油压进或压出该气囊。当气囊中的油被压出来后，气囊就会瘪下去，这样船体的密度就发生了变化，由此导致滑翔机能在海中上下浮动。另外，由于水下滑翔机的两侧配备有翼展，所以来自海洋中的一些垂直力量会被转化为水平运动。尽管这样的水平移动的速度很慢（大多数滑翔机的速度至多约为半节），但是效率极高，这意味着滑翔机能执行长期的任务。

◆ 技术参数

最大工作水深	6000m
有效载荷	25kg
速度	0.25m/s
能量类型	锂电池
作业时间	10 个月以上
航程	8500km
导航	GPS，内置航位推算法，高度计
可集成传感器	SBE CTD、溶解氧、荧光
通信方式	铱星通信

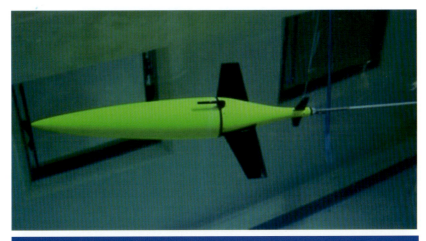

◆ 图 440　美国 iRobot 公司 Deepglider 水下滑翔机

11.8.6　法国 ACSA 公司 Sea Explorer 水下滑翔机

◆ 设备简介

Sea Explorer 是一款设计卓越的水下滑翔机，可以执行多种长期航行任务。它是一款经济高效的数据采集平台，具有续航时间长、负载能力大、速度快、隐蔽性好、维护简便等特点。

◆ 技术参数

速度	1kn	卫星通信	世界范围（铱星）
工作水深	10~70m	电池寿命	数月，取决于传感器
转弯半径	15m	传感器	CTD、溶解氧DO、散射仪、荧光计、高度计、GIB定位仪等
负载	9L/8kg，分为干/湿两个区域		

◆ 图441 法国ACSA公司Sea Explorer水下滑翔机

11.8.7 天津深之蓝海洋设备科技有限公司"远游一号"水下滑翔机

◆ 设备简介

"远游一号"(SZLAUG-1)是国内第一款企业自主研发的电驱动水下滑翔机，外形为低阻力长圆形机体，嵌入集成通信与定位天线，活塞式高效浮力引擎，融合电源设计的姿态调节机构，应用"电磁罗盘、GPS、压力计、高度计、北斗/铱星"方案实现自主导航，可搭载水听器、CTD等科学传感器，实现长时间、大航程的轨迹运动，获得全方位的海洋环境数据。

◆ 技术参数

额定潜深	200m
最大工作水深	250m（深海模式泵可至1000m）
航程	750km
速度	0.7kn
直径	220mm
长度	2.1m
重量（空气中）	60kg
排水量	60kg
浮力变化量	510mL
纵倾角（俯冲角）	20~35°
艏向控制	尾舵
能量	锂电池，72Ah
导航	GPS/北斗、电子罗盘、压力传感器、航位推算
天线	GPS+铱星/北斗天线（尾部）
通信方式	铱星/北斗卫星通信和无线通信
安全系统	应急抛载系统，控制系统"看门狗"保护
数据管理（数据储存能力）	3.7GB
标配传感器	CTD
搭载方式	可配置中间舱或外置

◆ 图442 天津深之蓝海洋设备科技有限公司"远游一号"——水下滑翔机

11.8.8　中国船舶重工集团公司第七一〇研究所 C-Glider 水下滑翔机

◆ 设备简介

水下滑翔机通过改变自身排水量，改变剩余浮力，提供水下上浮或下沉运动的动力，质心调节可以使水下滑翔机头部朝上或朝下，这样水平滑翔翼在平台向前运动时始终保证产生垂直于运动方向的升力，从而实现了由自由上浮和下沉转变为沿着一定角度的滑翔运动。通过控制可交替在设定深度范围上下滑行，形成锯齿形路径。通过给定自身位置和目标点位置，选择适当的滑翔斜率和运动方向，就可以逐步接近目标点。根据海区深度和海流分析，水下滑翔机能在海洋某地理位置实现动态虚拟锚泊，以非常低的能耗实现超长航程的水中航行，搭载的传感器随 AUG 在海水中做剖面测量，以实现长期海洋观测。

◆ 技术参数

总体参数	总重量	< 90kg
	总长度	< 3m
	壳体直径	< 0.3m
性能指标	最大工作水深	1200m
	续航力	≥ 3 个月或低速（0.5kn）航程 ≥ 1000km
	最大水平滑翔速度	1.5kn
	最大抗流速度	1.0kn
	具有定点虚拟锚泊工作能力	定位准确度 3km
	负载能力	5kg
	通信方式	无线、北斗或铱星卫星通信
	定位	北斗卫星、GPS 定位
传感器指标	温度范围	1~32℃，准确度：±0.002℃
	深度范围	0~1200m，准确度：±0.1%F.S.
	电导率范围	0~60mS/cm，准确度：±0.003%F.S.

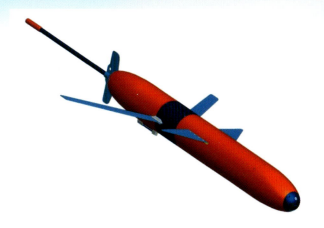

◆ 图 443 中国船舶重工集团公司第七一〇研究所 C-Glider 水下滑翔机

11.8.9 中国海洋大学 OUC-I 声学水下滑翔机

◆ 设备简介

水下滑翔机利用其净浮力和姿态角调整获得推进力,能源消耗极小,只在调整净浮力和姿态角时消耗少量能源,并且具有效率高、续航力大的特点。

声学水下滑翔机是搭载矢量水听器的水下滑翔机,可以大范围远航程的采集海洋环境背景噪声,并能对海洋目标进行声学探测。

◆ 技术参数

系统指标	最大工作水深	1500m
	最大滑翔速度	≥ 1kn
	续航能力	≥ 1000km
矢量水听器	声压灵敏度	−200dB(1kHz)
	声速灵敏度	−200dB(1kHz)
	工作频带	10Hz~5kHz
	侧向精度	≤ 5°
CTD	电导率测量精度	± 0.005mS/cm
	温度测量精度	± 0.005℃
	压力测量精度	± 0.1%F.S.
高度计	测量范围	0.7~100m
	工作频率	200kHz
其他	长度(含天线)	3.3m
	直径	240mm
	重量	80kg
	翼展	1m

◆ 图 444　中国海洋大学 OUC-I 声学水下滑翔机

11.8.10　天津大学"海燕"水下滑翔机

◆ 设备简介

"海燕"系列水下滑翔机是携带测量传感器沿设定航线自动观测，获取连续、实时、高密度海洋环境数据观测资料的观测平台。"海燕"水下滑翔机采用浮力驱动技术，通过调节自身净浮力实现升沉，调节内部重心位置改变姿态，并借助固定翼的升力实现水下滑翔运动，同时具有螺旋桨推进能力。规划轨迹后，其可通过搭载 CTD 等传感器测量任务航线上数据，使用卫星或无线通信返回观测数据、并接受遥控指令。它具有低阻力、低噪声、低功耗、长航时、大航程、高隐蔽性等特点。

◆ 技术参数

最大工作水深	1300m
最大滑翔速度	1.2kn
最大推进速度	3kn
续航能力	1000km（极限深度工作剖面不小于 210 个）
供电	一次锂电池，24VDC，18MJ
传感器搭载能力	5kg（可根据传感器负载调整）
电气特性	数据存储容量 32MB Nor Flash + 8GB Nand Flash， 全双工串行数据通道 9 路， 16 位精度 A/D 通道 8 路， I/O 接口 22 个
定位方式	全球 GPS（可选配北斗，两者选一）

续表

通信方式	无线通信，铱星通信（可选配北斗，两者选一）
可搭载传感器	温盐深传感器（CTD）
甲板控制能力	能同时对 10 台滑翔机实现有效控制
尺寸	主体长度 2.3m， 天线杆长度 0.9m， 主体直径 0.22m， 翼展 1.0m
重量	70kg ± 10%

◆ 图 445　天津大学"海燕"水下滑翔机

11.8.11　中国科学院沈阳自动化研究所水下滑翔机

◆ 设备简介

水下滑翔机是一种将浮标、潜标技术与水下机器人技术相结合而研制出的一种无外挂推进装置、依靠自身浮力驱动的新型水下移动观测平台，其具有低噪声、低能耗、投放回收方便、制造成本和作业费用低、作业周期长、作业范围广等特点。中科院沈阳自动化所水下滑翔机系统主要包括水下滑翔机本体和水面监控系统。水下滑翔机本体搭载测量传感器，执行海洋水下环境参数观测作业任务。水面监控系统通过卫星通信链路与水下滑翔机本体进行通信，实现对一台或多台水下滑翔机的远程监控，具有信息显示、任务规划、编辑、下载等功能。水下滑翔机本体采用模块化设计，分为艏部舱段、姿态调节舱段、观测舱段和尾部舱段等 4 个舱段。其中观测舱段可以根据需求定制扩展各种探测传感器，包括 CTD、浊度计、叶绿素、溶解氧、营养盐等。中国科学院沈阳自动化研究所自 2003 年起开展水下滑翔机相关研究工作，2008 年研制成功首台水下滑翔机样机。2014 年，中国科学院沈阳自动化所水下滑翔机完成了 4 次海上试验，滑翔机海上累计工作天数超过 80 天，累计航程达到 2500 多千米，累计观测剖面数超过 600 个。

◆ 技术参数

技术指标	浅海滑翔机	深海滑翔机
正常航行速度	0.5kn	0.5kn
最大航行速度	1kn	1kn
航行范围	800km	1000km
续航时间	30 天	40 天
通信与定位（二选一）	方案 1：铱星通信、GPS 定位；方案 2：北斗短数据包服务与定位	
测量传感器	基本配置 CTD，温度量程 1~32℃，准确度 ±0.002℃；电导率量程 0~60mS/cm，准确度 ±0.003 mS/cm；深度量程 0~2000m，准确度 ±0.1%F.S.；可定制扩展其他传感器（包括溶解氧、浊度计、叶绿素等）	
尺寸	载体长度 2m，直径 0.22m	载体长度 2m，直径 0.22m
重量	<65kg	<70kg
最大工作水深	300m	1000m

◆ 图 446　中国科学院沈阳自动化研究所水下滑翔机

11.8.12 天津市海华技术开发中心"蓝鲸"系列水下滑翔机

◆ 设备简介

"蓝鲸"系列水下滑翔机针对近海岸及温跃层环境观测而开发，具有机动性高、折返距离小、剖面密度大、搭载负载重、抗流能力强、自带能源多和使用更加广泛的优点。"蓝鲸"系列水下滑翔机根据设计潜深等级不同系列化定型了"蓝鲸"600，"蓝鲸"300，"蓝鲸"200，"蓝鲸"150，"蓝鲸"100 和"蓝鲸"50 等六款水下滑翔机产品。"蓝鲸"系列水下滑翔机具有模块化可重构的机械电气设计，其柔性化设计的中间负载舱段可以根据客户需求定制加装相应的声、光、电等海洋科学传感器。其定制并使用的传感器有单通道水听器、溶解氧和 pH 值传感器、滑翔机 CTD、GPS 波高仪、核剂量率传感器、核辐射量传感器和海洋浮游生物通量传感器等。

已经销售 20 多台，其中 4 台"蓝鲸"300 用于东印度洋上升流观测，2 套"蓝鲸"200 用于南海环境背景噪声监听，2 套 200m 级用于南海温跃层观测，2 台"蓝鲸"100 用于西太平洋核监测，2 台"蓝鲸"050 用于大亚湾水质及核监测。

◆ 技术参数

项目	参数
工作水深	50~300m
航程	>2000km
航行时间	>3 个月
速度	0.3~0.5m/s
总排水量	58kg

◆ 图 447　天津市海华技术开发中心"蓝鲸"系列水下滑翔机

11.8.13　华中科技大学电能驱动型深海滑翔机

◆ 设备简介

　　电能驱动型深海滑翔机是一种通过净浮力和姿态调节获得推进动力的新型水下航行器，和喷水推进型深海滑翔机相比，其主尺度（直径 0.24m，长 2.5m，排水量 97kg）相同，内部模块可互换，且根据客户使用需求升级为喷水推进型深海滑翔机。相对于常规小型水下滑翔机（一般排水量约 50~60kg），电能驱动型深海滑翔机可搭载更多的电池，具备更远的航程能力，是我国中型尺度的浮力驱动式深海滑翔机，可用于对海洋化学、海洋生物、海洋核污染等海洋环境监测和军事应用等领域。由于配备了北斗导航定位系统，电能驱动型深海滑翔机具有实时数据传输与指令接收能力，满足我国国防设备和数据安全需求。电能驱动型水下滑翔机最大下潜深度不小于 1000m、最大滑翔速度不小于 1kn、最大航程不小于 2000km，可搭载 CTD 等海洋仪器，具有航行距离远、作业时间长、噪声低、作业费用低、对母船的依靠性小等特点。

　　多个水下滑翔机长时间联合作业，可大范围监测突发海洋环境异常；可在我军事海域监视、深水巡逻和警戒，或在敌控海域进行持久情报搜集；可充当水下航行器或水下声纳阵列等水下设备与卫星通信 / 导航网络节点等。将水下滑翔机用于海洋环境监测与测量，将有助于提高海洋环境观测的时间和空间密度，提高人类监测海洋环境的能力。

◆ 技术参数

电能驱动型深海滑翔机平台	最大工作水深	>1000m
	最大航程	>2000km
	最大滑翔速度	>1kn
	滑翔角范围	15~60°
	负载	5kg
	通信方式	北斗+射频
传感器	CTD 等	
其他	工作温度	5~50℃
	储存温度	−10~50℃
	供电	可更换的内置电池，电压 24V
	尺寸	主体：0.24m×2.5m（不含天线），天线：0.6m，翼展：1.24m
	重量	97kg

◆ 图 448　华中科技大学电能驱动型深海滑翔机

11.8.14 华中科技大学喷水推进型深海滑翔机

◆ 设备简介

喷水推进型深海滑翔机是为了满足当前海洋环境监测与测量的需要,特别是在我国部分海域洋流和黑潮影响较大的区域,将深海滑翔机和喷水推进相结合的一种续航久和机动性强的新型混合驱动深海滑翔机,主要用于对海洋化学、海洋生物、海洋核污染等海洋环境监测和军事应用等领域。在洋流或黑潮较小的区域,采用滑翔模式;在洋流或黑潮较大的区域,采用推进模式,穿越复杂海域。喷水推进型深海滑翔机能够有效胜任我国海域复杂海况下的作业任务。喷水推进型深海滑翔机配备了北斗导航定位系统,具有实时数据传输与指令接收能力,满足我国国防设备和数据安全需求。喷水推进型深海滑翔机最大下潜深度不小于1200m,最大滑翔速度不小于1kn,最大喷水推进速度不小于5kn,最大航程不小于1000km,可搭载CTD等海洋仪器,具有抗流能力强、机动性好、噪声低、作业时间长、航行距离远、作业费用低、对母船的依赖性小和对密度变化较大的海域适应性强等优点。

多个深海滑翔机联合作业,可大范围监测突发海洋环境异常;可在我军事海域监视、深水巡逻和警戒,或在敌控海域进行持久情报搜集;可充当水下航行器或水下声纳阵列等水下设备与卫星通信/导航网络节点等。将深海滑翔机用于海洋环境监测与测量,将有助于提高海洋环境观测的时间和空间密度,提高人类监测海洋环境的能力。

◆ 技术参数

	最大工作水深	>1200m
喷水推进型深海滑翔机平台	最大航程	>1000km
	最大滑翔速度	>1kn
	最大喷水推进速度	>5kn
	滑翔角范围	15~60°
	负载	5kg
	通信方式	北斗和射频

续表

传感器	CTD 等	
其他	工作温度	5~50℃
	储存温度	−10~50℃
	供电	可更换的内置电池，电压 24V
	尺寸	主体：0.24m×2.5m（不含天线）， 天线：0.6m， 翼展：1.24m
	重量	97kg

◆ 图 449　华中科技大学喷水推进型深海滑翔机

11.9 拖曳平台

11.9.1 加拿大 ODIM Brooke Ocean 公司走航式剖面测量设备

◆ 设备简介

该设备是一种高度自动化、能在船只走航的条件下测量各种参数剖面数据的测量设备。它可按最大深度、最小离海底高度和最大放缆长度设置载体回收条件，具有很完善的防触底功能。这种测量设备克服了传统测量方法（即抛锚或漂泊投放）的缺点，节省大量的测站时间。

可安装温盐深传感器、声速剖面传感器、荧光传感器和光学浮游生物计数器等，测出各种参数随深度变化的剖面曲线。

◆ 技术参数

航速	投放深度（m）						
	MVP30	MVP30-350	MVP100	MVP200	MVP300-1700	MVP300-3400	MVP800-5000
0	125	350	300	600	1700	3400	5000
1	105	280	265	525	1400	2670	4000
2	90	236	235	470	1200	2200	3400
3	78	205	215	420	1040	1900	2950
4	70	180	195	380	925	1650	2600
5	62	160	180	350	835	1450	2330
6	57	145	165	320	759	1250	2100
7	52	133	155	300	695	950	1930
8	48	112	145	280	640	740	1780
9	45	80	135	260	590	580	1450
10	42	58	128	248	470	460	1170
11	38	42	120	230	375	370	960
12	30	30	100	200	300	300	800
13	20	20	60	145	250	240	675
14	13	13	28	100	210	200	570
15	7	7	4	70			
尺寸（m）	0.7×0.3	0.9×0.7	0.9×0.8	1.3×0.7	2.0×1.4	2.0×2.0	2.25×2.7

续表

重量	120kg	250kg	500kg	680kg	1600kg	1800kg	4220kg
功率	1HP	1.5HP	5HP	15HP	25HP	25HP	40~45HP
传感器技术规格							

		电导率	温度	压力（深度）	可选传感器
CTD	准确度	±0.005mS/cm	±0.002℃	±0.05%F.S.	荧光计，激光浮游生物计，溶解氧
	分辨率	0.0012mS/cm	0.0006℃	0.002% F.S.	
	采样率	最大25Hz	最大25Hz	最大25Hz	
	响应时间	25ms	85ms	1ms	
SVP	测量范围	1400~1500m/s	10~6000m		
	准确度	±0.05m/s	±0.05%F.S.		
	分辨率	0.015m/s	0.01m		

◆ 图450　加拿大 ODIM Brooke Ocean 公司 MVP 走航式海洋剖面测量设备

11.9.2　美国 SOSI 公司便携式海洋环境测量设备

◆ 设备简介

便携式海洋环境测量设备（POEMS）基于模块化设计，在外壳上有两个防水舱，便于传感器的安装。它可以被船舶携带，并且以最高5kn的速度被船拖曳。

玻璃纤维外壳、不锈钢紧固件和防污涂层确保了 POEMS 在恶劣的水体中的使用寿命。

POEMS 有一个单脚锚泊。电池可以维持它运行 90 天，并可以用外部电线充电。POEMS 使用了 RF 遥测技术进行通信。

POEMS 标配有四套传感装置，分别是 CTD 剖面仪、ADCP、气象学套件和 GPS 设备。

◆ 技术参数

重量	1300lb
直径	27in
高度	25in
长度	134in
速度	30.5m/min

◆ 图 451　美国 SOSI 公司便携海洋环境测量设备

11.9.3　美国 SOSI 公司玻璃纤维水下拖曳式测量仪器箱

◆ 设备简介

SOSI 生产的走航式运载工具主要是玻璃纤维硬壳结构的平衡浮力的拖曳式仪器箱。SOSI 12kHz 拖曳式仪器箱适用于低频海床测绘设备。可以下潜到 6000m 深。

◆ 技术参数

长度	211.5in
宽度	48in
高度	34in
重量（空气中）	3500lb
作业深度	500m
设计深度	6000m
稳定性	±1°
净浮力	250lb

● 图452　美国SOSI公司玻璃纤维水下拖曳式测量仪器箱

11.9.4　美国SOSI公司开放框架拖曳式测量仪器箱

◆ 设备简介

该设备采用雪橇式设计，通常用于电缆铺设、海洋采矿、环境影响评估。这种设计不仅使拖曳式仪器箱在水层中稳定，并且在它们降落到海床的过程中保持了方向不变。

基于大量的数值分析和模型测试，开放框架拖曳式测量仪器箱高度稳定。通常携带有照相机和闪光灯。

◆ 图 453　美国 SOSI 公司开放框架拖曳式测量仪器箱

11.9.5　中国船舶重工集团公司第七一〇研究所 TDUV-1 水下三维拖曳平台

◆ 设备简介

本设备接头采用通用化设计，便于换装各种传感器，如温盐深传感器、声速剖面传感器、荧光传感器等，以满足客户多样的使用需求，同时由于本拖曳体是方形框架型结构，内部水交换流畅，可以提高测量的精度，并且本设备可以实现三维运行，不但可以在海洋中通过周期性上下进行剖面测量，还可以在水平面内 S 形前进进行平面测量。三维运行能力同时能确保本设备有较强的紧急避障避险能力和姿态稳定性调整能力。

◆ 技术参数

壳体尺寸（直径 × 长）	200mm × 2400mm
工作水深	≤ 300m
水平展开范围	-150~150m
适应海况	≤ 3 级
拖曳速度	3~5kn

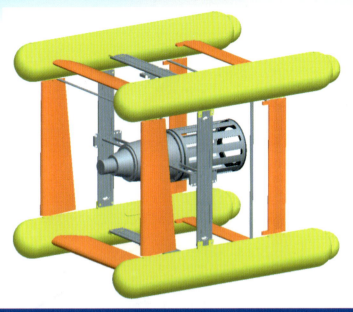

◆ 图454　中国船舶重工集团公司第七一〇研究所 TDUV-1 水下三维拖曳平台

11.9.6　杭州应用声学研究所 CZT 系列拖曳式多参数剖面测量系统

◆ 设备简介

杭州应用声学研究所 CZT 拖曳式多参数剖面测量系统（简称"CZT 型拖剖系统"）利用船舶走航过程，以波浪式轨迹运动和搭载不同类型的传感器，对海洋剖面实施快速、高效和实时的多参数同步测量。

◆ 技术参数

型号		CZT1-1	CZT1-2	CZT1-3	CZT1-4
技术指标	适应海况	≤4级			
	航速	5~9kn			
	剖面范围	5~50m	5~100m	5~200m	5~500m
	剖面轨迹	正弦、三角、定深			
	信号采集通道	≥8			
	绞车收放速度	0.01~0.08m/s			
	拖缆长度	100m	180m	320m	850m

续表

规格尺寸	绞车功耗	5.5kW	7.5kW	9.2kW	11kW
	绞车尺寸（mm）	1100×1070×900	1200×1250×1000	1400×1600×1200	1870×1950×1550
	拖体尺寸（mm）	1534×1600×973	1534×1600×973	1534×1600×973	1534×1962×973
	拖体重量	200kg	200kg	200kg	220kg
环境要求	工作温度	−2~55℃			
	储藏温度	−40~55℃			
	冲击振动	冲击加速度 300m/s^2			
供电	工作电压	220VAC/1kW，380VAC/15kW			
	峰值电流	220V/1A，380V/20A			
可选配件	GPS				

◆ 图 455　杭州应用声学研究所 CZT 系列拖曳式多参数剖面测量系统